恐龙研究指南

[英] 达伦·奈什 著　[英] 保罗·巴雷特 著

牛长泰 译

中国友谊出版公司

目　录

第一章

恐龙的研究史、起源以及它们的世界

数亿年来，地球上存在过形形色色的动物，恐龙是其中最壮观、最著名的类群之一。恐龙最早出现于 2.3 亿年前的三叠纪，并在之后的侏罗纪（距今 2.01 亿至 1.45 亿年之间）与白垩纪（距今 1.45 亿至 0.66 亿年之间）时期成了当时陆地生命的霸主。在这漫长的岁月里，恐龙占据了每一片大陆，演化出成百上千个不同的属种，迄今为止人们发现和命名的恐龙超过 1000 种。在这 1000 多种恐龙中有许多稀奇古怪的动物，人们常常沉浸在对它们的想象之中：超级捕食者暴龙（*Tyrannosaurus*）、背具骨板的剑龙（*Stegosaurus*）和长颈长尾的梁龙（*Diplodocus*），这些恐龙在从古至今所有灭绝和现存的动物中是最为人熟悉、最受欢迎的。但是，恐龙的命运远远不只是作为灭绝的巨兽在大荧幕上获得成功，也不仅仅是作为最引人注目的展品出现在博物馆展厅的中央。它们是一类不断演化、结构复杂的动物，拥有惊人的适应能力，随着环境的不断变化演化出了各种独特的生活方式，在 1.5 亿多年的漫长岁月里，它们成功地演化并在当时占据着主导地位。正如随后我们会在书中看到的那样，将恐龙描述为现存动物中最成功的类群之一也是恰当的，因为恐龙并不只存在于那朦胧而遥远的过去，在某种程度上它们一直在生存和繁衍，成为现在最常见且分布广泛的动物类群之一。

关于恐龙最著名的“事实”之一就是它们体型庞大。最大的恐龙与现代的鲸体型相当，然而与鲸不同的是，恐龙是生活在陆地上的动物。巨大体型的演化正是恐龙演化史中的一个重要部分，有几类恐龙的体型演化得极其巨大。在恐龙的演化史中也发生了许多其他的演化事件与生物特征的革新事件，这使得恐龙成为科学家们研究的焦点。体甲、角、头冠、棘、骨板还有武器化的尾部，上述特征的演化与细化曾在恐龙的演化史中多次发生。一些恐龙还演化出了有史以来最特化的牙齿与复杂齿系，其中一类恐龙则演化出了陆生动物中有史以来最不可思议的颈部。

恐龙中既有两足类群又有四足类群，它们由一类古老的爬行动物演化而来，这些爬行动物也包括两足类群与四足类群。从两足的身体形态演化为四足形态，反之亦然，这种能力使得恐龙与众不同。事实上，恐龙能轻易地完成这些转变，这可能是它们取得成功的原因之一。

无论儿童还是成人，当他们看到恐龙时，常常会很兴奋并有兴趣去了解它们。正如这张图片中所展示的异特龙（*Allosaurus*）和梁龙，许多非鸟恐龙在活着的时候看起来非常壮观。

一项壮观的化石记录向我们展现了1.6亿年前带羽毛的小型食肉恐龙（兽脚类）如何演化成鸟类，今天我们有一系列充分的证据表明，鸟类就是恐龙——并不只是恐龙的近亲或恐龙的后裔，而是恐龙辐射演化中所产生的一员。因此，羽毛和飞行能力的演化是恐龙演化史中至关重要的一部分，

如今，该方面的研究主题可能会比其他研究主题引起更多的研究兴趣。

鸟类就是恐龙，这个事实至关重要。这意味着我们需要抛弃恐龙已经灭绝的观点。恐龙没有灭绝。恐龙有三个主要类群：兽脚类（theropods）、蜥脚类（sauropodomorphs）和鸟臀类（ornithischians）。其中，兽脚类中的一个子类群的成员从6600万年前白垩纪末的大灭绝中幸存了下来，在随后的时间里，它们的多样性呈现爆发式增长。这个兽脚类恐龙子类群的成员——鸟类——现在大约有1万种。一些专家估计，在地质时期存在过的鸟类多达100万种。大多数鸟类都演化出了较小的体型，它们的平均体重大约是40克，平均身长小于20厘米。鸟类较小的体型意味着它们能够采取其他恐龙难以采取的生活方式。我们将在第五章和第六章更充分地探讨

精美的化石表明一些似鸟恐龙全身都覆盖着羽毛，在外观上比长期以来人们所认为的更像鸟类，比如这只发现于中国下白垩统地层的千禧中国鸟龙（*Sinornithosaurus millenii*）。

鸟类的起源、演化与多样性。

鉴于鸟类在物种数量、地理分布以及解剖结构上的创新等方面的重要性，在讨论恐龙的历史与多样性时有必要将鸟类的恐龙特征提前加以介绍。不得不说，将鸟类归为恐龙增加了我们将恐龙作为一个整体来认知的难度。例如，当我们谈到食肉恐龙时，我们讨论的是猫头鹰（owls）、鹰（hawks）、隼（falcons）还是异特龙和暴龙呢？当我们讨论恐龙灭绝的时候，难道我们是在指渡渡鸟（dodos）和旅鸽（passenger pigeons）的消亡吗？

古生物学家通过几种途径来解决上述问题。某些书中使用的一种解决方案是预先声明“恐龙（dinosaur）”这一术语是“非鸟恐龙（non-bird dinosaur）”的同义词。这似乎很方便，但不太准确，因为鸟类确实是恐龙，这个事实是如此重要，以至于无论何时当我们听到“恐龙”一词时，我们应该有意识地想到鸟类而不是忽视它们。现在许多科学家利用一些专业术语来表达“除鸟类外的所有恐龙”这个意思，最著名的就是“非鸟恐龙”与“非鸟翼类恐龙（non-avialan dinosaur）”。在本书中我们使用“非鸟恐龙”这一术语来特指那些不是鸟类的恐龙，但当我们谈到那些不包括从白垩纪末期大灭绝中幸存的鸟类的其他恐龙时，我们也会使用“非鸟恐龙和古鸟类”（non-bird dinosaurs and archaic birds）这一术语。本书中我们将“恐龙”这一术语作为恐龙总目（Dinosauria）这一类群的同义词使用，即包括鸟类的所有恐龙。

当新的恐龙化石被发现时，古生物学家的首要任务是查看技术文献中已经描述和发表过的化石。如果对这种动物有足够的了解，我们便可以从化石中解读出这只恐龙的身体比例、体型以及生活方式等信息。学者们最关注的还是解剖结构上的细节特征。如果化石揭示的特征是独一无二的，并且未曾在近缘物种中发现过，那么它可能需要一个新的名称。通过比较一种新恐龙和其近缘物种在解剖结构上的细节特征，学者们可以得知这些恐龙化石所代表的恐龙在恐龙系谱中所处的位置，随后他们可以利用这些化石对相关动物群的演化史提出一种可行的观点，即一种假说。对生物演化史的研究称作系统发生学（phylogeny），大量关于恐龙的研究工作都是以系统发生学为主题的。

但是，对于古生物学而言，恐龙化石除了被用来描述一种恐龙并确定其在演化树上的位置以外，它们还有更多的研究价值。古生物学家也会研究骨骼的工作方式以及骨骼中包含的恐龙生物学信息。骨骼不只是作为固定肌肉的支柱或横梁，它们是一直在生长的并且形状不断变化的结构，其内部也在不断生长与重建。古生物学家通常将骨骼切成合适的薄片或几段，并在显微镜下观察它们，观察的结果往往能揭示很多关于恐龙的生长方式甚至繁殖方式的信息。科学家们还研究牙齿、肌肉以及其他结构，试图以此来解释这些灭绝的动物在活着的时候是如何活动的，即它们是如何移动、呼吸以及进食的。研究解剖结构与运动、功能以及习性之间的关系的学科叫作功能形态学（functional morphology）。如今，计算机辅助技术经常被用于对恐龙的解剖学和功能形态学的研究，这些技术包括三维成像、CT 扫描与基于大量图片和测量数据的数字重建（一种叫作摄影测量 [photogrammetry] 的技术）。我们将在第三章重点介绍恐龙的功能形态学，并在第四章讨论这些研究对恐龙生物学与行为学的意义。

我们也可以通过足迹化石掌握恐龙行走与奔跑方式的直接证据。已知的中生代恐龙足迹化石有数百万个，这些足迹化石提供了有关恐龙运动方式和生活习性的数据。我们还发现了恐龙粪便、消化道内容物以及皮肤印痕化石，所有这些

名字的意义

卡尔·林奈（1707—1778）是一名瑞典生物学家，后来成为研究动植物分类的专家。他发明了至今仍在使用的双名命名法。

与现生的动物不同，灭绝的物种是没有俗名的。我们只会用所谓的学名来命名这些动物，比如 *Tyrannosaurus rex*，*Triceratops horridus* 或 *Archaeopteryx lithographica*。这些学名总是以斜体书写。无论现生还是灭绝的物种，所有的动物、植物还有真菌，都被配以这些由两部分组成的名字，即双名（binomial）。双名命名法是由瑞典生物学家卡尔·林奈于 1758 年创立的。双名的第二部分是种名（即物种的名称，物种是指由一组形态和遗传特征相似且可以相互交配的种群所组成的整体）。这些物种按属（genera，单数形式为 genus）归在一起。双名的第一部分，即属名（有时会简写），是指一组形态大体相似，彼此之间的亲缘关系比其他属的物种更密切的物种。比如 *Triceratops horridus* 是 *Triceratops* 属包括的两个物种之一（另一个为 *Tr. prorsus*）。需要注意的是，并非所有的属都包含一个以上的物种，绝大多数的化石恐龙属只包含一个物种，所以在描写这些物种时，我们通常只用属名来指代它们。

双名命名法导致了一个不幸的后果，就是这些学名概述了一个物种处于演化树上某一位置的假设，而当我们发现新的演化关系时这就会带来麻烦。例如，我们将 *Tr. horridus* 和 *Tr. prorsus* 归入 *Triceratops* 属中是因为我们认为这两个物种之间的亲缘关系很近，但是如果将来的研究表明它们中的一个物种与另一个属中一个物种的亲缘关系比和 *Triceratops* 属的物种更近时，这个属中的一个物种或者两个物种便需要更改学名。只要我们不断地发现物种之间的演化关系，物种的双名就注定要改变。

林奈不仅奠定了双名命名法的使用基础，他还正式确立了生物的分类系统，并将种与属纳入这个系统。这个分类系统拥有一套按顺序排列的层级，大的层级包含了小的层级。属被归并为叫作科（family）的层级，科归并为目（order），目归并为纲（class），纲归并为门（phyla）。这便形成了种和属之上的分类基础。习惯上，一个属——我们继续举 *Triceratops* 的例子——与其他的属被归并到一个科中（在这个例子里的科是指角龙科 [Ceratopsidae]）。这个科（和其他的科）被归到目当中（在这个例子里的目是指鸟臀目

[Ornithischia]），以此类推，其他的生物单元也是如此。

林奈的分类方法是存在问题的，包括科学家在内的人们倾向于认为不同类群的动物之间解剖结构上的变化量是相同的，例如非鸟恐龙与古鸟类的“科”和“目”内部所包含的解剖结构上的变化量和现代哺乳类的“科”和“目”是相似的。

但实际情况并不是这样，按照林奈的分类方法，不同的动物类群是截然不同的，相应地，它们包含的变异也不同。在一定程度上，出于这个原因，许多生物学家和古生物学家已经放弃了林奈的分类单元，他们发现简单地命名相应的进化支更为有效。科学家们采用了一种叫作系统发生系统学（phylogenetic systematics）或分支系统学（cladistics）的生物分类系统。在该系统内，只要是一个分支，即任何起源于同一祖先的所有物种组成的类群，这个类群就可以被命名。

从包含少数物种的小类群到拥有上千个物种的巨大类群，分支命名被应用于非鸟恐龙和古鸟类的各个生物分类层级。与林奈分类系统里“科”这一层级基本对应的小分支仍在使用，例如暴龙科（Tyrannosauridae）和角龙科（Ceratopsidae）。上述分支及与其亲缘关系相近的其他物种共同组成的分支也被命名，而这些分支的名称也在被广泛使用，例如，暴龙科和它的近亲组成的分支被称为暴龙超科（Tyrannosauroidea），而角龙科和它的近亲，如祖尼角龙（*Zuniceratops*）和图兰角龙（*Turanoceratops*）一起组成的分支叫作角龙超科（Ceratopsoidea）。今天，大量的分支名称被应用于恐龙类群的命名，随着我们对恐龙系谱

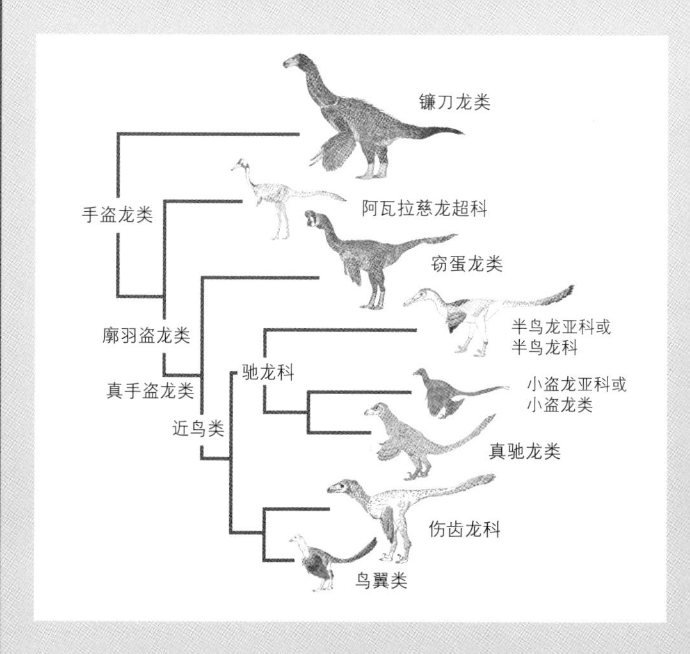

分支图是对生物间演化关系的图解，在此我们举的是手盗龙类兽脚类的例子。一幅分支图展现了不同的类群是如何被归入一个分支的，许多分支都被赋予了名称，在这个例子中，手盗龙类、廓羽盗龙类和驰龙科以及其他类群都是分支。

树形状的更多了解以及新的演化关系的证据被发现，新的分支名称也会不断产生。

分支的名称既有学名又有俗名，我们依据使用它们的方式在这两类名称之间切换。例如，恐龙总目（Dinosauria）的成员通常会被称为恐龙（dinosaurs）。同样，鸟臀目(Ornithischia)、装甲亚目（Thyreophora）以及虚骨龙次亚目（Coelurosauria）的成员通常被分别称为鸟臀类(ornithischians)、盾甲龙类（thyreophorans）和虚骨龙类（coelurosaurs）。

挖掘化石，尤其是像这具近乎完整的剑龙骨骼化石这样的大型化石，是一件相当困难的事情。发现并运走这些化石仅仅是漫长的科研道路的第一步。

科技改变了研究恐龙化石的方式，如今古生物学家经常使用CT扫描技术来研究化石。许多古生物学研究团队拥有它们自己的扫描仪。这幅图展示了伦敦自然历史博物馆的一名研究员正在检查剑龙头骨的扫描结果。

建立演化树

描述不同动物物种之间演化关系的一个标准方法是用树状图来表示这些物种的演化位置。随着越来越多的化石与数据被发现，我们所描绘的恐龙演化树正变得越来越复杂。同时，我们制作这些演化树的方法也变得越来越复杂。

在 20 世纪 80 年代之前，古生物学家经常将一些动物物种归为一类，仅仅因为它们拥有其他种类的物种所没有的特征，他们在试图解释物种之间的亲缘关系时也常常只考虑一小部分解剖学特征。

随着越来越多的研究人员采用生物学家维利 · 亨尼希（Willi Hennig）重建演化关系的思想与方法，上一段所提到的传统方法在 20 世纪的最后几十年中被逐步放弃。亨尼希建立了一个名为系统发生系统学的学派，现在通常叫作分支系统学派。亨尼希认为一组物种只能在一种情况下被归为一类，那就是这些物种都拥有独特的最近演化特征，我们应该识别并命名的类群应该只是那些由共享同一祖先的物种所组成的类群——这些类群被称为分支（clade）。

在研究一类生物时，科学家们搜集了大量的信息。尽管在过去我们重建演化关系时只应用了少数特征，但如今我们拥有成百上千条信息来重建演化关系。通过识别所关注的类群中不同物种之间的一系列特征，再识别出研究中所包含的物种中哪个具有原始特征，哪个具有衍生特征，科学家们制作出一张庞大的数据表，来描述所分析的特征在这一类群中不同物种之间的分布。对于动物化石来说，能够用于分析的显然只有解剖学方面的不同特征。当人们研究现生动物时，它们可用于分析的特征可以是基因序列的一个片段、生活习性的一些方面，甚至是分布、气味或者声音这样的特征。例如，在灵长类中，拥有尾巴是一个原始的特征状态，原始的化石灵长类以及在灵长类演化史中较早演化出来的现生灵长类就长着尾巴，同样与灵长类亲缘关系最近的动物（比如树鼩）也有尾巴，所以没有尾巴是一个衍生的特征状态。随后，专家们会用几个不同的电脑程序分析这些数据，程序会计算所有的数据并将它们进行排序，这样共享数量最多的特征状态的物种们会被归为一类。

系统发生研究的结果一般是一幅树状图，这幅树状图通常被称为分支图或系统发生树。该图不仅展示了物种在分支图上可能的排列方式，同样展现了图上的分支点或节点是如何得到很好的支撑的。有些节点拥有许多衍生特征数据支撑，在同一组物种内部对这些特征状态分别进行计算，有时会发现每个计算结果所指示的物种间的亲缘关系都是相同的，这时该节点的可信度便大大增加，但是有些节点就没有这么多的数据作为支撑，可信度也随之降低。实际上，用于计算的数据越多，树状图也就越复杂。而且系统发生研究往往不会产生单一的树状图，程序通常会发现特征数据有其他同样合理的替代性的排列方式，因此程序的运算结果通常会展现出几幅不同的树状图（有时会达到成百上千幅甚至更多）。

从事系统发生研究的学者从来不会忽略一个事实，那就是每幅分支图都只是一个研究假说，它们只是通过现有方法对现有数据所做的现有解释，这些结果可以在以后被人们通过各种方法进行检验，并可以随着新的数据加入、错误数据被识别以及对数据进行重新解读而发生改变。通过生成一幅依据尽可能多的信息建立起来的分支图，我们希望能准确地重建生物演化模式。只有在这样的演化模式的基础上，我们才有希望了解生物在它们演化史中所发生的真实变化。

都为我们提供了有关恐龙生物学和习性的重要额外信息。我们将在第四章进一步了解这类化石。

许多关于恐龙的生物学和习性的问题仍未得到解答。恐龙的足迹化石以及骨骼化石堆积在一起的现象表明，很多种恐龙都是群居动物，它们成群地生活、移动以及筑巢。许多现代动物与同种的成员在一起时，会表现出各种各样的社会行为，这适用于蜥蜴、龟和鳄类，以及鸟类和哺乳动物。我们假定非鸟恐龙也同样复杂，而对于这些问题大多数化石记录是没有记载的，这让我们只能对此进行推测。恐龙一定会向异性求爱，与天敌战斗，它们必须寻找食物和水源，躲避恶劣的天气，它们可能还会和朋友打斗嬉闹，帮助和照顾它们的宝宝和亲戚，与其他种类的恐龙互动。如果认为化石记录对上述问题完全没有记载，那么这种看法是错误的。已发现的大量恐龙蛋和巢穴的化石揭示了恐龙的筑巢和繁殖行为。恐龙幼崽与成年恐龙化石被保存在一起的案例能让人们一瞥恐龙的育幼行为。化石记录中发现的某些恐龙物种内部的变异可以向我们展示不同性别和不同生长阶段的恐龙的差异，以及由此产生的恐龙种群的社会结构类型。化石上的咬痕和伤痕则记录了恐龙与捕食者或同种恐龙的打斗或互动。

我们随后会再次回到这个主题（见第四章）。所以，在讨论关于恐龙习性和生活方式这些主题时，我们不得不依靠间接推断法——将恐龙和现生动物进行比较，这些用于比较的现生动物被认为在生活方式和生态学上与恐龙相似。我们也将在很大程度上依靠另一种方法来讨论这些主题，在这一方法

有些恐龙是群居动物，比如这些晚白垩世的具头冠的鸭嘴龙类。几种鸭嘴龙类的成员会在相同的生境里生活。这些动物可能会使用身体语言、声音信号和气味来进行交流。

中人们将已灭绝的动物类群的成员与现生的有亲缘关系的动物相比较，这些动物与已灭绝的动物在演化树上的位置相近。这种方法叫作系统发生包围法（phylogenetic bracketing）。

地质时期与地质年代表

当我们谈到恐龙和其他生物化石的时候，我们经常需要提到化石的地质年龄。比如说霸王龙（一种暴龙）生存于白垩纪，白垩纪是距今 1.45 亿—0.66 亿年这段地质时期。更具体地说，暴龙生存于晚白垩世，晚白垩世是白垩纪的一部分，时间跨度为距今 1 亿—0.66 亿年。再具体一些，暴龙生存于马斯特里赫特期，马斯特里赫特期是晚白垩世的一部分，时间跨度为距今 0.72 亿—0.66 亿年。一般来说，一个恐龙物种的存在时间通常为 100 万—300 万年，随后它们便会灭绝，也就是说没有一种恐龙在整个晚白垩世都一直存在，更别说整个白垩纪了。因此，专家们发现“期”这个单位在描述恐龙的地质年龄时是最有用的，比如说马斯特里赫特期。但在本书中我们一般不用“期”来表示时间。

在谈到化石的年龄时，我们其实是将两类信息融合在了一起。像“Cretaceous”和“Maastrichtian”这样的名词在最开始的时候都是应用于岩石地层的命名，后来人们认为它们也相当于一些特定的地质时期。所以我们对于地质记录的理解实际上是结合了两个方面：一方面是岩石地层的定义与识别以及地层之间的排列方式，另一方面是我们对地质年代的理解，这建立在地球化学与放射性同位素定年数据的基础上。

地球上的岩石和沉积物是层状排列的，这些层之间可以依据颜色、密度、构造以及所含的化石来加以区分。这些地层排成一个序列，被称为地质柱状图，这个柱状图拥有相应的命名体系来为图中的地层命名。单一的层属于更大的地层单位——组（formation），很多的组又一起组成了一个系（system）。以此类推，众多的系又一起组成了一个庞大的系的集合叫作界（erathem）。绝大多数地球表面的地层属于三个界中的一个，其中每一个界都包含与其他界非常不同的化石。这三个界即古生界（古生代）、中生界（中生代）和新生界（新生代）。非鸟恐龙和早期鸟类的化石便存在于中生界的岩石中。中生界被划分为三个系：古老的三叠系、比较厚的侏罗系和更厚的白垩系。系有时会被划分为上下两个不同的阶段，有时也会有一个与上下两个阶段不同的中间阶段。比如说，一套侏罗系的岩层可能属于下侏罗统、中侏罗统和上侏罗统中的一个。

因为沉积物是在漫长的地质时期沉积下来的，并且需要经过成百上千年的时间才能从沉积物的状态（像沙和泥）转变为岩石。长久以来人们都清楚地质柱状图代表了十分漫长的时间阶段，但是对于其中所涉及的时间节点的精确定年一直都没有进展，直到 20 世纪初期一项叫作放射性定年法的技术的出现才打破了这个僵局。这是基于放射性衰变的原理——放射性元素（像钾、铀和氩）的成分随着时间以恒定且可测量的速率衰变，通过测量岩层中放射性元素的衰变量，便可以精确地测定岩石本身的年龄。

放射性定年法的结果表明地球的年龄约为 45 亿年，生命起源于约 37 亿年前，古生代开始于约 5.41 亿年前，中生代开始于约 2.52 亿年前。恐龙（化石）最早出现在距今约 2.3 亿年的中生代岩石中。放射性定年法被应用于整个地质柱状图中岩石的定年。岩层之间的界线年龄被精确测定，并且在界线处的地质记录一般会保存有特殊的地质事件，比如生物的灭绝。随着定年技术与认知的进步，这个年代体系不断得到改进和完善，因此地质柱状图中的界线年龄有时会更新。比如，我们过去将白垩纪和新生代之间的界线年龄定年为距今 6500 万年，但是在 2012 年，这个年龄被定为距今 6600 万年。

宙	代	纪	世	期	距今百万年
显生宙	中生代	白垩纪	晚白垩世	马斯特里赫特期	66
				坎帕期	72.1
				圣通期	83.6
				康尼亚克期	86.3
				土伦期	89.8
				塞诺曼期	93.9
			早白垩世	阿尔布期	100.5
				阿普特期	113
				巴雷姆期	125
				欧特里夫期	129.4
				瓦兰今期	132.6
				贝里阿斯期	139.8
		侏罗纪	晚侏罗世	提塘期	145
				钦莫利期	152.1
				牛津期	157.3
			中侏罗世	卡洛夫期	163.5
				巴通期	166.1
				巴柔期	168.3
				阿林期	170.3
			早侏罗世	托阿尔期	174.1
				普林斯巴期	182.7
				辛涅缪尔期	190.8
				赫塘期	199.3
		三叠纪	晚三叠世	瑞替期	201
				诺利期	208.5
				卡尼期	227
			中三叠世	拉丁期	237
				安尼期	242
			早三叠世	奥伦尼克期	247.2
				印度期	251.2

地质时期被划分为一种逐层细分的分层体系。恐龙主宰的时期被称为中生代，是显生宙的一部分。

如果一个人对古生物和生物演化史感兴趣，那么有两方面知识是他必须要了解的——地质柱状图中各个地质年代的名称和各个年代的年龄，后者可能更重要一些。像“Mesozoic”和“Cretaceous”这样的术语实际上既用来作为一段岩石地层的名称，又用来表示与这段地层年龄相对应的地质时期，其结果就是我们有了两组平行的术语——暴龙生存于晚白垩世，而它的化石产自上白垩统的岩层中。在本书中我们会认真地对这两组命名系统加以区分。

恐龙发现简史

人们第一次科学地认识非鸟恐龙是在19世纪40年代。在当时，英国解剖学家理查德·欧文（Richard Owen）提出，发现于英格兰南部的三具大型爬行类骨骼化石的髋部拥有相同的特征，而这些特征是其他爬行类没有的。拥有这些不寻常特征的爬行类都十分巨大，这些被欧文认为重要的关键特征也显示出这些动物的身体与四肢是如何特化以承受身体的巨大重量。欧文基本上把它们视为“超级爬行类”——不同于现代大多数体型较小、四肢伸展的爬行动物，而是类似于大象和犀牛等大型哺乳动物。欧文将这些动物命名为“dinosaurs（恐龙）”，意思为“terrible reptiles（恐怖的蜥蜴）”，这里“terrible”一词具有“awesome（可怕的，令人畏惧的）”或“fearfully great（非常大）”的含义。

理查德·欧文是维多利亚时期最具影响力的生物学家和古生物学家之一。他在当时发现了大量的化石，其中有一些在英国发现的爬行类化石可以被归入一类动物，这个类群被欧文命名为恐龙总目。

这三种被欧文认为是恐龙总目的创始成员的动物是肉食性的兽脚类恐龙巨齿龙（*Megalosaurus*）和植食性的禽龙（*Iguanodon*）与林龙（*Hylaeosaurus*）。这些恐龙早在欧文对它们做出研究的几十年前就被发现了，但人们一直都认为这三种动物没有较近的亲缘关系。事实上，在当时科学家们记录了大量令人困惑的大型古爬行动物化石，其中许多化石令人兴奋、新奇，而这些化石看起来和现生的爬行类（龟、蛇、蜥蜴、鳄鱼等）没有明显的密切亲缘关系。

实际上，在此之前的几个世纪中，人们一直在不断地发现恐龙以及其他早已灭绝的动物的骨骼化石，人们对这些化石感到非常困惑。其中一些人——包括古代的希腊人、罗马人和中国人——把这些骨骼化石解释为神话中的英雄与怪物的遗骸。事实上，一些专家认为某些神话传说中虚构的生物

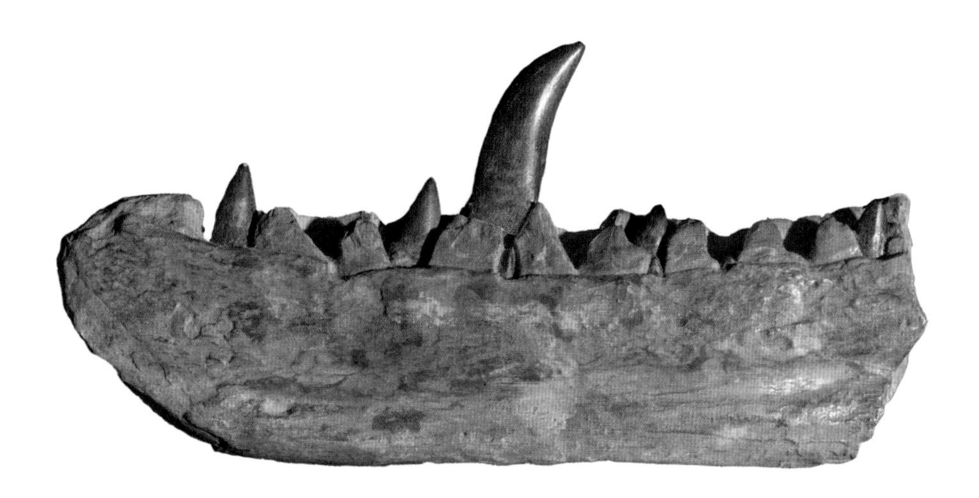

在欧文发现的三种恐龙化石中，巨齿龙是唯一的肉食性恐龙。人们发现了很多巨齿龙的骨骼化石，但是最惊人的还是这块巨大的下颌骨化石。这块下颌骨长有刀状的牙齿，这些牙齿有的已完全长出，有的部分长出。

就缘于人们试图去解释这些早已灭绝动物的化石，其中最有名的生物就是中亚的狮鹫。

欧文认为恐龙类似于厚皮动物的观点受到了 19 世纪后半叶欧洲的其他新发现的挑战。其中一些化石记录——包括在英国发现的小型双足植食性恐龙棱齿龙（*Hypsilophodon*），在德国发现的体型更小的双足肉食性恐龙美颌龙（*Compsognathus*）以及始祖鸟（*Archaeopteryx*）——证明了恐龙和鸟类之间的密切演化关系。始祖鸟，以保存有精美的羽毛印痕化石而闻名，这一发现对证明鸟类早在距今约 1.5 亿年的晚侏罗世就已经存在具有重要意义。

在 19 世纪余下的时间以及之后的世纪里，欧洲不断地产出新的恐龙化石，但是后来北美洲成为恐龙研究者们关注的焦点。在美国科罗拉多州、蒙大拿州和其他地区的上侏罗统和上白垩统的地层中保存有大量壮观的恐龙遗骸，科学家、地质勘探者和专业化石收藏者发现并挖掘出许多新的恐龙物种的化石，这开启了恐龙大发现的黄金时代。所有非鸟恐龙中最著名的恐龙——比如暴龙、三角龙（*Triceratops*）、梁龙、迷惑龙（*Apatosaurus*）以及剑龙——都是在那时发现的，它们的骨骼化石被运往美国东部的各大博物馆。

19 世纪 40 年代人们在英国发现了棱齿龙化石（对页上图）。今天我们已经知道它是生活在林地和平原上的两足动物。然而，在 19 世纪晚期和 20 世纪早期它被错误地认为是一种四足动物，甚至是一种会爬树的动物。

在 20 世纪初，工业家和慈善家安德鲁·卡内基向伦敦、巴黎等城市捐赠了几具梁龙骨架的复制品。这张照片（对页下图）展示了 1905 年 5 月他捐赠给伦敦的梁龙骨架揭幕的场景，今天人们通常称它为“Dippy”。

恐龙研究在经历了这一狂热期之后，在 20 世纪初的几十年里突然安静下来，这一切发生得是如此突然，以至于到了 20 世纪 30 年代，人们对恐龙的研究基本上停滞不前。20 世纪中期对于恐龙的研究来说是一个漫长的宁静期。在这个阶段，研究工作仍在继续，比如在 20 世纪 30 年代人们在印度发现了恐龙化石并对它们进行了描述，在 20 世纪 40 年代俄国探险队到达蒙古并进行了一系列的恐龙化石搜寻工作，但是这些工作与当时人们对其他动物类群的研究工作相比实在是黯然失色。事实上，在这个宁静期，人们通常认为哺乳类（特别是那些属于现代的类群，像啮齿类和马）比恐龙更值得研究，而恐龙是一类走入死胡同的动物。当人们试图将地球上的生命作为一个整体来理解时，人们对恐龙研究没有兴趣，通常认为它们不值得关注。在 20 世纪 50 年代和 60 年代早期，非鸟恐龙经常受到负面的评价——它们被认为是注定要灭绝的失败物种，比取代它们的哺乳类要低等，它们之所以能够生存，是因为中生代的地球陆地表面被一片广阔的热带沼泽所覆盖，这种环境恰好为它们提供了生存的条件。

科学界对恐龙的研究兴趣在 20 世纪的头几十年一直在减退，但博物馆对展品的需求仍然存在，这件颈部很长的蜥脚类梁龙的标本于 20 世纪 20 年代在美国国家恐龙化石保护区（Dinosaur National Monument, USA）被挖掘出来。

系统发生包围法

设想一下你对一个化石动物物种的解剖学、生物学或者习性有一个特定的问题，根据现有的化石记录，这个问题根本无法直接回答。回答这个问题的一种方法（至少这个方法能给出在现有认知条件下最好的答案）便是查看该物种在演化树上所处的位置，看看在演化树上其周围都有哪些现生物种。比如，这棵包含暴龙的演化树，图中显示了鳄类的谱系从树的一端分离出来，鸟类的谱系则从树的另一端分离出来。换句话说，在演化树上暴龙被现生的鳄类和鸟类“包围”了。

这个方法叫作“系统发生包围法”（或简单称作“包围法”），通常用于解答化石动物的解剖学、生物学以及习性问题。举个简单例子，我们思考一下暴龙的视力是怎样的，暴龙拥有良好的视力吗？它能分辨各种颜色吗？如果我们观察现生的鳄类和鸟类，我们就会发现这两个类群的成员都拥有优秀的视力和良好的色觉。所以，在没有更可靠信息的情况下，我们根据这两个类群的视觉特征推断，暴龙同样拥有优秀的视力和良好的色觉。

虽然包围法可以作为这类基本问题的粗略指南，但它确实有局限性。我们再思考一个问题：暴龙尾巴的基部有尾脂腺吗？这次，包围法给出了一个不确定的答案，由于鳄类和鸟类在这个特征上的表现不同（鸟类拥有尾脂腺，鳄类没有），我们也说不准暴龙到底是保留了鳄类的原始特征（没有尾脂腺）还是拥有鸟类的进步性特征（有尾脂腺）。在这种情况下，包围法只能让我们去猜测，只有发现特殊的化石证据才能提供我们所寻求的答案。

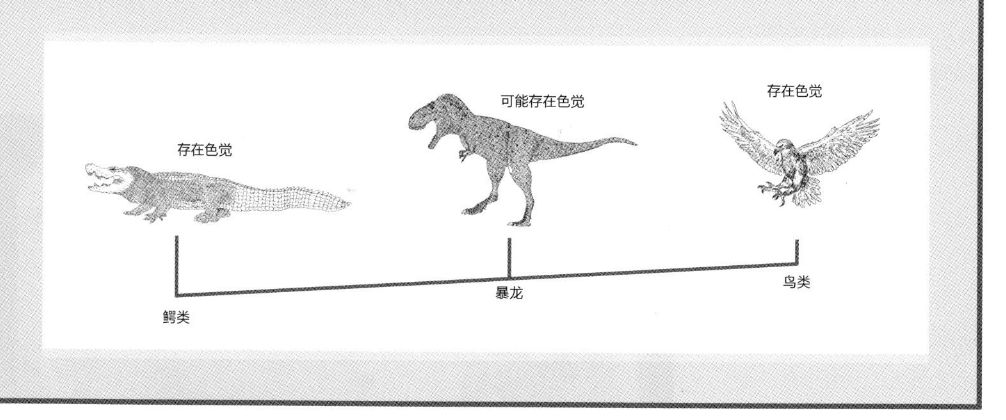

人们常常认为“恐龙失败论”这个过时的观点直接发展自 19 世纪科学家们的观点。但事实并非如此，因为“恐龙失败论”这种观点实际上是在 20 世纪才出现的，其出现背景便是恐龙研究的宁静期，在此期间学界对恐龙研究并不感兴趣。

其实与人们通常认为的恰恰相反，19 世纪末和 20 世纪初研究恐龙的科学家甚至经常把恐龙想象成与鸟类有关的活跃生物。

奥斯特罗姆、巴克与恐龙文艺复兴

不论“宁静期”的起因是什么，当 20 世纪 60 年代末少数科学家开始重新审视恐龙时，这个宁静期结束了。在某种程度上，这些科学家恢复了 19 世纪学术界对非鸟恐龙和古鸟类那些积极的看法，甚至有过之而无不及。这一事件被称为恐龙文艺复兴，在这个众说纷纭的时期，严谨、证据翔实的科学研究和轻率、缺乏依据的推测以同等的数量存在着。在恐龙文艺复兴时期，有两名美国科学家最为著名，第一位是耶鲁大学皮博迪自然历史博物馆的约翰 · 奥斯特罗姆（John Ostrom）。

奥斯特罗姆的早期科研工作涉及长有鸭嘴状喙部的鸭嘴龙类（hadrosaurs）和角龙类恐龙（比如三角龙）的牙齿与颌部，这是晚白垩世两种重要的植食性恐龙。他认为鸭嘴龙并不像“宁静期”学界所认为的那样生活于沼泽地带，而是陆生的专吃针叶类植物嫩枝嫩叶的精食者。他还看到有证据表明，非鸟恐龙比想象中更具群居性、行为更加复杂。同时他也指出，与“宁静期”所认为的相比，非鸟恐龙的生长更为迅速，并且有更活跃的“温血动物”生理特征。

但是，他更引人注目的工作是对似鸟的兽脚类恐龙恐爪龙（*Deinonychus*）（1964 年发现于蒙大拿州）和侏罗纪鸟类始祖鸟的研究（工作的价值与重要性要远胜于他之前的研究成果）。奥斯特罗姆不仅描述了长有镰刀状爪、高度灵活的恐爪龙奇特的解剖学特征，他还记录了很多恐爪龙和始祖鸟共有的特征，这些特征数量庞大，为这两类动物之间的密切演化关系提供了明确的证据。恐爪龙化石出现在白垩系地层（距今约 1.15 亿年前），而始祖鸟化石要更加古老一些，分布于侏罗系地层（距今约 1.5 亿年），这意味着恐爪龙实际上是兽脚类恐龙早期演化阶段的类型中存活下来的晚期孑遗。奥斯特罗姆提出，在更古老的地层中可能会发现体型更小的形似恐爪龙的兽脚类恐龙。这个观点已经被大量的发现所证实（我们会在第五章讲述这个故事）。

罗伯特・巴克在他 1986 年出版的著名恐龙书籍《恐龙异端》（*The Dinosaur Heresies*）中对他关于恐龙生物学与演化的许多观点进行了解释和说明，这本书对现代的恐龙学家产生了非常大的影响。

奥斯特罗姆的观点和观察结果得到了杂志和电视节目的广泛报道。他的一名学生进一步大力推广这些观点和理论，这名学生就是著名的反传统主义者——罗伯特・巴克（Robert Bakker）。他认为，恐龙骨骼的显微结构与哺乳类和鸟类类似，这表明恐龙能够快速生长，行迹化石也表明恐龙可以与现生哺乳类和鸟类一样进行快速的行走与奔跑。他还研究了恐龙的演化速度，它们整体的解剖结构，以及肉食性恐龙与植食性恐龙的比例。巴克认为所有这一系列证据都强烈地支持恐龙是“温血”动物这一观点，它们身体与器官的运行方式与鸟类和哺乳类更加相似，而不是蜥蜴和鳄类。他同样支持奥斯特罗姆关于鸟类起源的研究，并认为“非鸟恐龙是演化的失败者，比哺乳类低等”这种当时流行的传统观点是错误的，与之相

反，恐龙的演化是非常成功的，从演化方面来讲要比某些其他动物类群更加高级。

现代恐龙研究

奥斯特罗姆和巴克的观点与发表激励着其他科学家进一步关注非鸟恐龙研究界所发生的事情。但如果说在那时只有奥斯特罗姆和巴克对非鸟恐龙感兴趣，这是不对的。事实上，与此同时，除了美国，波兰、俄罗斯、中国、南非、阿根廷等其他地区的研究项目意味着美国以外的科学家也做出了许多惊人的发现。其中有些研究是战后经济复苏的结果，而大多数是开始于“宁静期”研究的延续，只不过在以前这些研究没有引起人们的关注，或者没有产生令人激动的研究成果，以至于人们忽视了它们的存在。

无论发生什么，奥斯特罗姆和巴克提出的观点和发现与新恐龙的发表不谋而合，各种奇特的恐龙新物种在世界各地被发现，包括在蒙古发现的恐手龙（*Deinocheirus*）（以其巨大的前肢而闻名），在南非发现的牙齿尖利的异齿龙（*Heterodontosaurus*），在尼日尔发现的具背帆的植食性恐龙豪勇龙（*Ouranosaurus*），以及在科罗拉多州发现的巨型长颈恐龙超龙（*Supersaurus*），再加上前文所提到的恐爪龙，似乎很多恐龙都恰好在这个时期被发现，这足以引起记者与公众的重视。恐龙文艺复兴标志着，和其他化石动物类群相比，恐龙受到的关注程度发生了转变。

从那时起，越来越多的科学家开始参与恐龙研究。如今，奥斯特罗姆关于鸟类起源的假说得到了很好的支持，它甚至可以被认为是脊椎动物演化史上证据最为充分的假说之一。

将过去那些壮观的大型恐龙——像这幅图所展示的背具骨板的植食性恐龙剑龙和长角的兽脚类恐龙角鼻龙（*Ceratosaurus*）——想象成演化上的失败者是完全错误的。相反，恐龙是有史以来演化出的最成功的动物类群之一。

因此，认为非鸟恐龙的演化进入死胡同这种旧观念是错误的。事实上，如果我们想探究鸟类的诸多特征是如何以及在何处起源的，了解更多恐龙的生物学与解剖学知识是至关重要的。

20 世纪 60 年代以来，大量的恐龙新物种被人们发现并记录，这同样令人兴奋。当然，自 1824 年第一块恐龙化石(巨齿龙)被命名以来，恐龙新物种的发现从未间断，而惊人的发现数量意味着超过 85% 的现已确认的非鸟恐龙是在 1990 年之后被命名的。

正是由于那些惊人的发现，如今我们对恐龙化石的软组织——覆盖其身体外部的结构——有着越来越清晰的认识。我们现在有大量关于非鸟恐龙皮肤上生长的羽毛、丝状体和其他结构的信息，一些标本甚至保存了恐龙的肌肉、内脏以及其他内部器官。这些关于恐龙生物学与演化的新观点以及大量结合技术进步而做出的新发现，使得非鸟恐龙与古鸟类

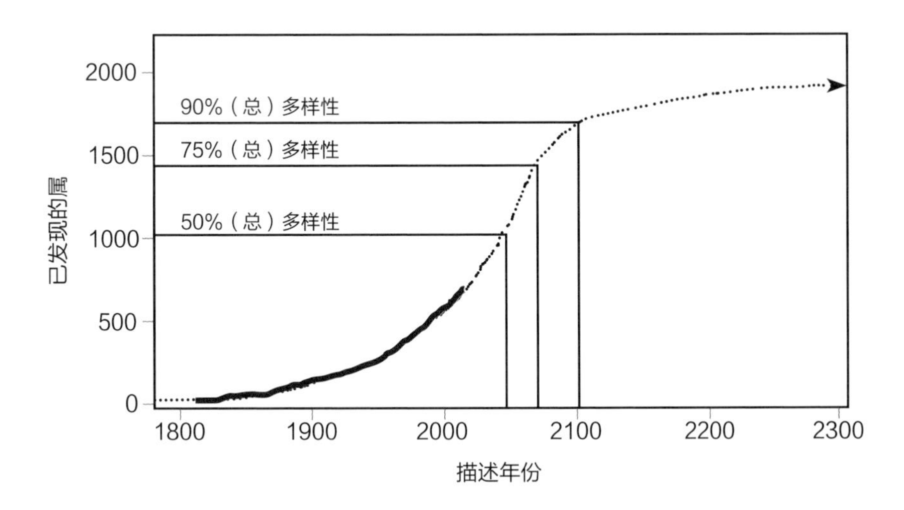

近几十年来人们命名了大量新发现的非鸟恐龙物种，同时所有的迹象都表明还有更多的恐龙物种等待我们去发现。这幅曲线图说明了在完全发现整个恐龙多样性之前我们还有很长的一段路要走。粗线表示到目前为止恐龙发现的实际速度，虚线则表示所预测的未来恐龙发现的速度。

的研究成为古生物学界最具开拓性和最活跃的研究领域之一。仅仅过了几十年，如今恐龙科学界的面貌已经和之前大不相同了。

关于非鸟恐龙和古鸟类的研究工作也使得人们清楚地意识到，针对现生动物的解剖学研究，特别是功能形态学方面的研究十分薄弱。有些技术最初被发明只是为了检验一些关于恐龙的理论，古生物学家在恐龙的研究工作中受到启发，使用这些技术来检验许多关于生物演化模式和趋势的理论。因此，古生物学家所提出的问题引发了一场“解剖学革命”，在这场“革命”中，科学家们开始重新研究现生动物，其中包括大象、蜥蜴、鳄鱼还有鸟类。

恐龙和中生代世界

恐龙是在一个复杂的世界里演化的，在这个世界中，大陆碰撞、山脉隆升、海平面升降、气候变化，众多动植物类群在生命演化的舞台上闪耀登场或匆匆退出。所有这些事件都影响着恐龙的演化，包括它们演化出的独特的形态、生活方式以及习性。人们通常认为非鸟恐龙和古鸟类生活在一个草木茂盛、气候炎热、森林与沼泽遍布的星球上，中生代的动物适合在持续温暖、植物繁茂的环境中生存。在中生代的某些时期，地球上某些地区的环境确实如上文所描述的一样，至少有些恐龙确实生活在这种环境里。然而恐龙存在的时间跨度如此之长，以至于很难对它们的生活环境进行一个整体的概括。

当恐龙在三叠纪第一次登上历史舞台时，所有的大陆都汇聚在一起，形成了一块超级大陆，叫作盘古大陆（Pangaea，意为“整个地球”）。盘古大陆有时被人们想象成一个“原型大陆”，它之所以存在，仅仅是因为那时大陆尚未裂解。实

当2.3亿年前恐龙第一次出现时，这个世界上所有的大陆都聚合在一起，形成了一片叫作盘古大陆的超级大陆。这片大陆由北向南在地球上延伸开来，并被无比广阔的泛大洋（Panthalassic Ocean）所包围。

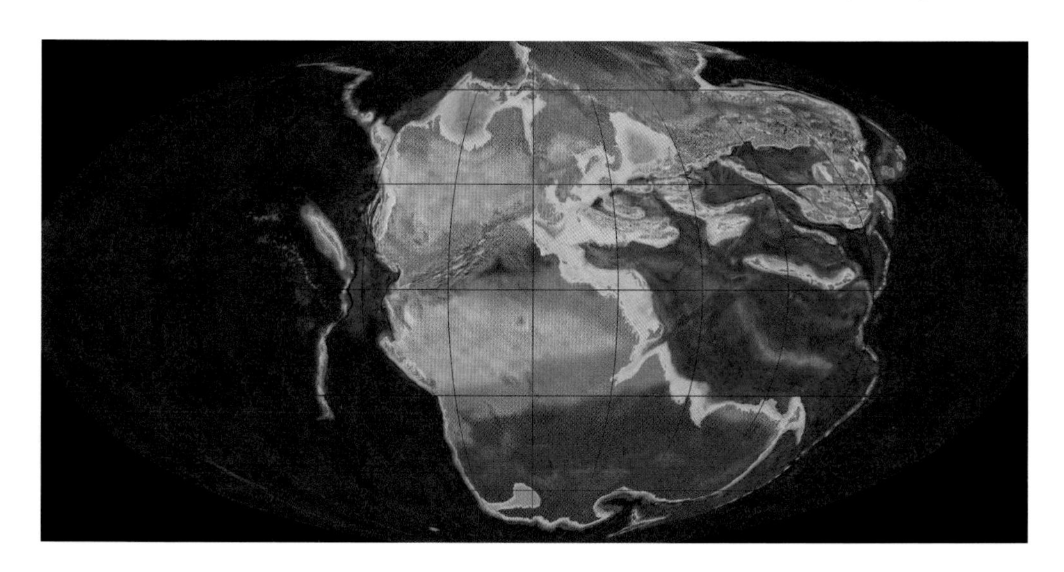

际上，盘古大陆是由几块先前分离的大陆合并而成的。大约3亿年前，在盘古大陆形成之前，地球上的大陆已经发生过多次碰撞和分裂。

盘古大陆的存在对当时的全球气候影响重大。大陆的海岸线长度相对较短，存在广阔的内陆区域，这意味着从大洋到达内陆的湿度很小，导致内陆环境极度干旱，存在着大片的沙漠。从理论上讲，在超大陆上演化的动植物可能会遍布全球，因为不存在阻碍它们扩散的海道或者海洋。实际上，事情并没有这么简单，不同地区的环境各不相同，减缓或阻碍生物扩散的屏障仍然存在，比如山脉和异常炎热或寒冷的地区。上述观点和我们已知的化石记录相吻合，因为通常来说三叠纪的恐龙和其他动物似乎并没有在盘古大陆上广泛分布。相反，它们仅存在于特定的气候区域。

大约2亿年前，盘古大陆开始沿着一条东西走向的断层裂解。它分裂成了两块新的大陆块：北部的劳亚大陆（Laurasia）和南部的冈瓦纳大陆（Gondwana）。从此刻开始，北半球和南半球的动物开始沿着不同的轨迹演化，彼此之间的差异越来越大。后来，这两块大陆进一步裂解。大约8000万年前北大西洋的形成引起劳亚大陆分裂成西部板块（由北美洲组成）和东部板块（由格陵兰岛、欧洲和亚洲组成）。冈瓦纳大陆的演化历史更为复杂，在距今1.1亿到4000万年间的不同时期，南美洲、印度、马达加斯加和澳大拉西亚从南极洲分裂出去，并且彼此分离。冈瓦纳大陆分出的大部分陆块都向北漂移，非洲和印度最终与欧洲和亚洲相碰撞，南美洲与北美洲则通过陆桥相连。

关于恐龙历史的一个重大问题就是大陆裂解是如何影响其演化的。恐龙演化史中许多重大事件是大陆裂解造成恐龙种群的分离和迁移所导致的吗？这类问题一直是研究动植物

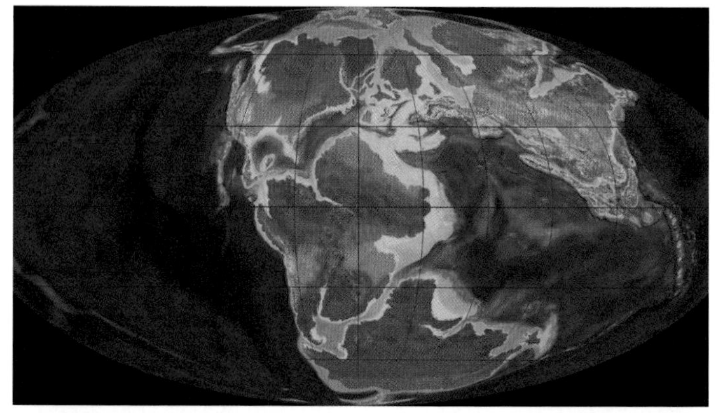

在约 1.5 亿年前的侏罗纪时期，盘古大陆分裂成了北方大陆（叫作劳亚大陆）和南方大陆（叫作冈瓦纳大陆）。这意味着当时的陆地有着更长的海岸线，也意味着气候变得更加凉爽和潮湿。

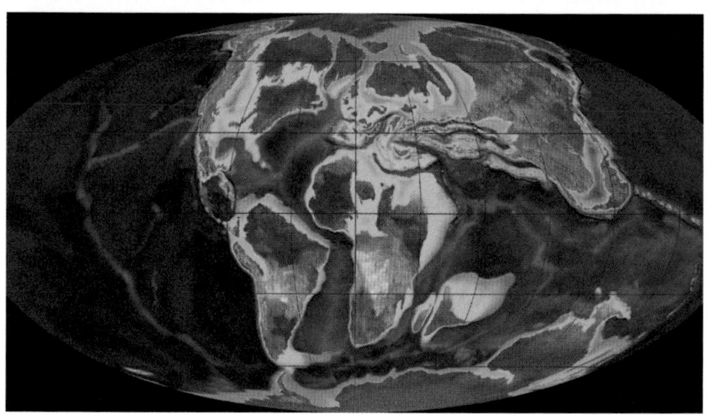

在晚白垩世时期，当时的世界看起来和现在基本相同。大西洋将欧洲非洲与美洲分隔开来，冈瓦纳大陆基本解体。高海平面意味着海拔较低的地区基本被浅海所覆盖。

分布的生物地理学的核心问题。

近年来，新发现的恐龙物种表明，大陆运动可能是恐龙分布的主要驱动力。现在大多数恐龙类群的化石记录都可以追溯到侏罗纪，在那时大多数大陆仍是相连的，这意味着那时存在的恐龙类群可能会广泛分布。被称为泰坦巨龙（titanosaurs）的长颈植食性恐龙就是一个典型例子。多年来，泰坦巨龙化石大多发现于南美洲、马达加斯加和印度的上白垩统地层，而在欧洲、亚洲和北美洲也有极少量的发现，这一现象被解释为在接近晚白垩世的时期该类群中的一些成员通过连接冈瓦纳大陆和劳亚大陆的岛链，从一座岛“跳”到另外一座岛，进而从冈瓦纳大陆迁徙至劳亚大陆。

更多近期发现的化石或多或少反驳了上文的观点，这些

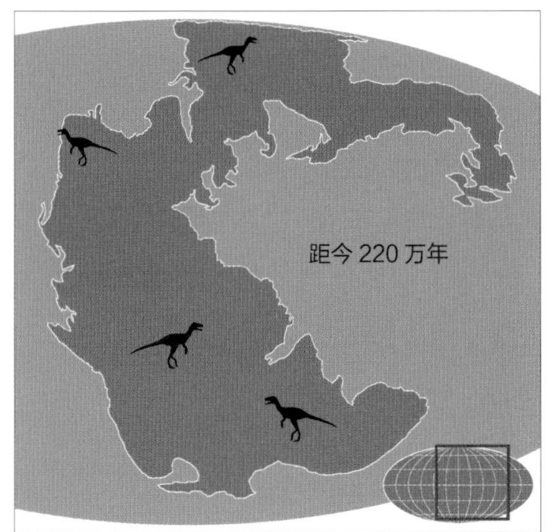

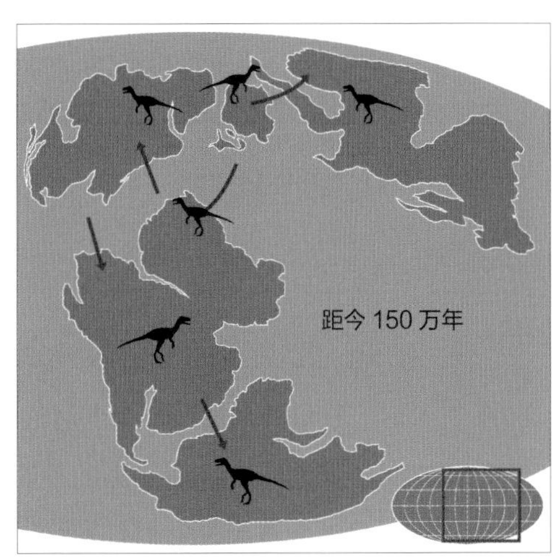

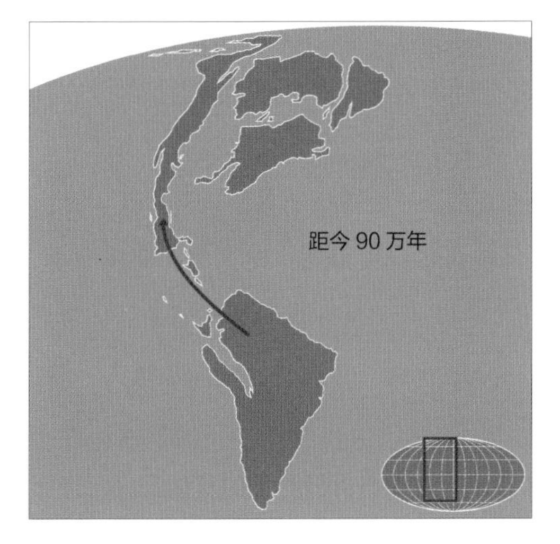

大陆的移动会对恐龙（以及其他陆生动物）的分布产生影响，同时动物本身的迁徙（比如穿过陆桥甚至游过几段海洋）也会影响动物的分布。上面的两幅图片说明了大陆的移动会如何影响一个假想的恐龙类群的分布——随着大陆的裂解与相互分离，生活在这片大陆上的动物也会被分裂的大陆随之带走，所以一个分布在一整片连续大陆上的恐龙类群可能最终会出现在几片分离的大陆上。下面的图片则描绘了动物可以通过陆桥和在岛屿之间的短途游泳来从一个地区移动到另一个地区。

化石记录表明至少在白垩纪初期泰坦巨龙就已经出现在劳亚大陆。这种分布记录支持了这样一种观点：它们在演化早期便广布于地球，因为在当时大陆是互相连接在一起的，而它们后来的分布记录则是大陆裂解和运动的结果。当然，也可能存在恐龙谱系通过陆桥传播到新地区的情况。

由于中生代的地球气候以温暖为主，所以当时地球上几乎没有水以冰的形式存在。因此，当时的海平面高度在整个地质历史时期是最高的，陆地上的低洼地区都被淹没在海水之下。侏罗纪与白垩纪时期欧洲的大多数地区都是低洼地带，这意味着当时欧洲大片区域都被海水淹没，暴露在海平面之上的部分则以群岛或孤立的小型大陆的形式存在。与此同时，中亚的一大片区域被浅海覆盖，这意味着当时的东亚与东欧是被海洋阻隔的。北美同样受到了高海平面的强烈影响，在白垩纪的后半时期整个大陆被一条宽阔的海道分割为两部分。

侏罗纪和白垩纪时期较高的海平面将大陆分割为数个孤立的“大岛”，在每片岛屿陆地上生活的恐龙都是独特的，而且大多是独立演化的。我们熟悉的晚白垩世恐龙暴龙和三角龙并不是广泛分布的，它们只存在于一片叫作拉腊米迪亚（Laramidia）的狭长大陆上，这片大陆形成了今天的加拿大西部和美国大部分远西地区。在东部的阿巴拉契亚古陆（Appalachia）——也就是今天的加拿大东部和美国东部——则生活着非常不同的恐龙。一些奇怪的岛栖恐龙生活于晚白垩世欧洲的岛屿上，包括各种蜥脚类、甲龙类和鸭嘴龙类，和它们生存于其他地区的近缘物种相比，这些恐龙的体型只有它们“亲戚”的三分之一到二分之一，就像小矮人一样。其他的恐龙，比如产于罗马尼亚的一种鸭嘴龙类恐龙沼泽龙（*Telmatosaurus*），这种鸭嘴龙在当时世界上的其他地区已经灭绝了，它们是存活到晚期的孑遗种。还有一些种类的恐龙十分特别，它们只生活在发现它们的岛屿上。

原始的鸭嘴龙类恐龙沼泽龙属于几种独特的、生活在岛屿上的恐龙之一，它们生活在晚白垩世的罗马尼亚，但它们同时又和典型的早白垩世鸭嘴龙类最为相似。

气候和天气

整个中生代时期的地球处于温室期。当时全球平均气温很高，极地普遍没有冰川，极圈内森林发育良好。就像我们前文所说的那样，三叠纪时期的地球，主要为极端炎热和干旱的气候，沙漠条件主导着盘古大陆。在三叠纪初期，盘古大陆最热地区的温度几乎必然超过我们今天的陆地温度，那也许是过去数亿年来地球上存在过的最高温度。早三叠世的全球平均气温接近30℃（现今的全球平均气温为14℃），海洋表面温度可能已经超过了令人难以置信的40℃（现今的海洋表面平均温度为17℃）。这种异常的高温在前一个地质年代（二叠纪）末期也出现过，这可能使大量动植物类群无法生存。在三叠纪中后期，气温下降，但总体气候仍然较为炎热，所以沙漠生活的适应性肯定在当时陆生动物中广泛存在。随着大陆分裂，出现了更多的海岸线，这个漫长的炎热干旱期最终在侏罗纪结束了。

气候开始变得更加凉爽、湿润，大片的森林在世界的热带地区蔓延开来。到了晚侏罗世，全球平均气温似乎只比今天的全球平均气温高3℃。大陆内部仍然干旱，但是化石证据表明，在广阔而温暖的海洋上空存在着巨大的移动气团，每年会带来降水，形成雨季。

白垩纪时期，世界上部分地区也出现了与侏罗纪时期相似的情况，但随着1.2亿到0.8亿年前（从早白垩世中期到晚白垩世中期的一段时间）一个影响深远的全球变暖期——白垩纪极热事件——的到来，一切都改变了。这一升温事件使得当时陆地平均气温比今天大约高6℃，海洋表面温度比今天高9℃。在这种高温潮湿的气候条件下，当时的整个地球，从赤道到南北两极，都被茂密的森林所覆盖。一些电脑模型表明当时全球的植被数量远远高于中生代的其他时间。大量的植被削弱了气流，因此也减少了大气不同部分之间的混合量。植被的分布同样会影响降雨发生的地点与强度。这个白垩纪变暖期发生的原因至今仍然存在争议。有观点认为，这次气候事件是由于长期的火山活动释放了大量二氧化碳导致的。无论发生了什么，当时植被繁茂的超级温室环境肯定对动物演化造成了影响。

尽管中生代时期地球温度很高，但并不是整个地表都处于永久的热带环境。建模工作表明，即使是一个温室世界，气候凉爽的内陆、高地和极地仍然是存在的。事实上，来自世界上多个地区中生代时期的数据表明在当时存在相对凉爽的环境，这些环境的气候类似于现在的英国、纽约或日本北部等地的气候。位于中国辽宁西部，以产出大量的早期鸟类及其他带羽毛兽脚类恐龙化石而闻名的热河生物群便是这样。在这里，早白垩世时期的年平均温度大约为 8℃—11℃。这

许多生活在晚三叠世时期的恐龙一定适应了干燥的沙漠环境，因为当时地球上沙漠分布非常广泛。但是在一些地方也存在着湖泊、河流和沼泽，恐龙肯定会来到这些地方，在水边喝水觅食。

或许解释了为什么辽宁发现的一些带羽毛恐龙看起来十分抗寒（一些种类的足部甚至长有羽毛，一直延伸到它们趾尖）。这些恐龙可能特别适应了凉爽气候下的生活。

许多种类的非鸟恐龙也生活在澳大利亚、阿拉斯加和南极洲，当时这些地区处于极圈内，冬季漫长黑暗，气候较为寒冷。在中生代，这些地区远不及现在寒冷，但是和当时的其他地区相比仍较为凉爽，而恐龙终年出现在这些地区。恐龙存在的时间十分漫长，在那段时间里，地球的表面发生了各种各样的变化。超级大陆解体，海平面数次升降，温度急剧上升，有时会形成超级温室环境。这些变化无疑对恐龙的演化、分布与生活方式产生了重要影响。近年来，随着人们对中生代气温与化石记录的进一步了解，意味着古生物学家

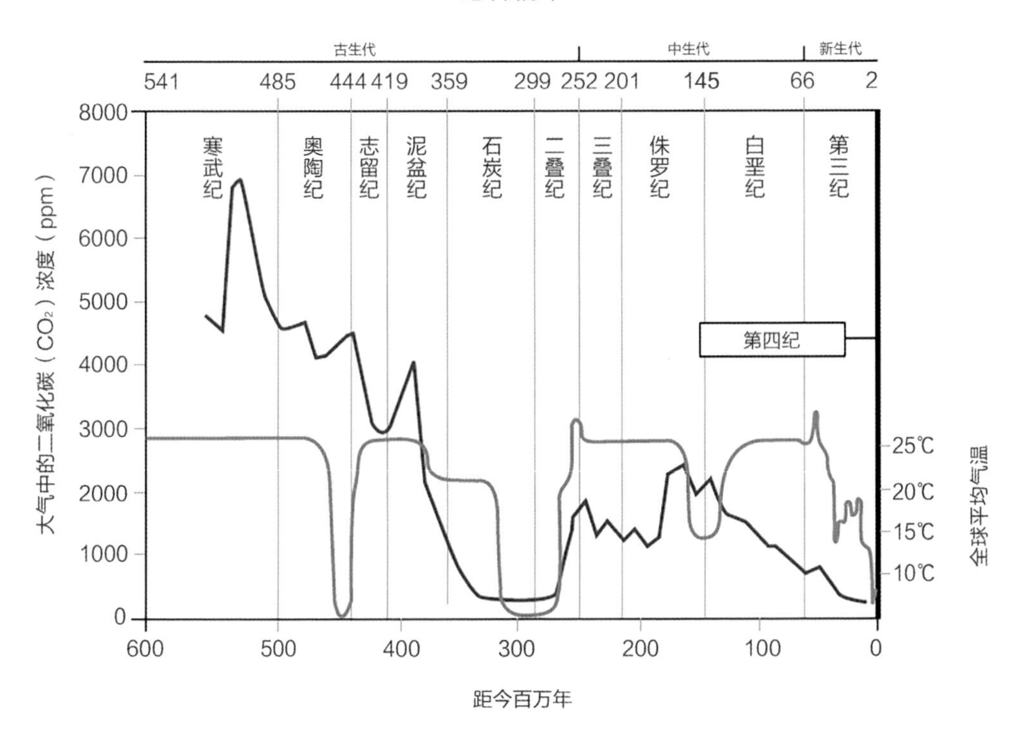

在过去的6亿年中，大气的成分与地球的气候都经历了大幅度波动。这幅图展示了在中生代时期的全球气温（浅蓝线）通常处于较高水平，部分是因为大气中的二氧化碳浓度（灰线）也比较高。

晚侏罗世的恐龙——比如剑龙、捕食者异特龙和长颈超龙——在一个平均气温略高于今天的世界里演化。当时，开花植物尚未开始扩散，而看起来很现代的松柏类、苏铁和蕨类植物则在广袤的森林中占据主导地位。

能够更精确地将恐龙的演化事件与气候和大陆形状的变化相对应。我们对这些因素之间相互作用的理解将会促进对这些记录的研究。

演化树上的恐龙

恐龙属于爬行动物，与龟、鳄、蛇和蜥蜴均为爬行动物的主要类群。和现生爬行类一样，恐龙拥有鳞状皮肤，能够在远离水的干旱环境中生活。基于对现生爬行类的认识，我们可以使用包围法（见第 20 页）推测恐龙拥有优秀的视觉和良好的色觉，它们的心脏拥有房室分隔，繁殖方式为体内受精，拥有与现生爬行类基本相似的消化系统和生殖系统。

虽然这个推论从方法上讲是正确且没有争议的，但问题是“爬行类”这个术语通常与龟、蜥蜴、蛇和鳄等动物联系

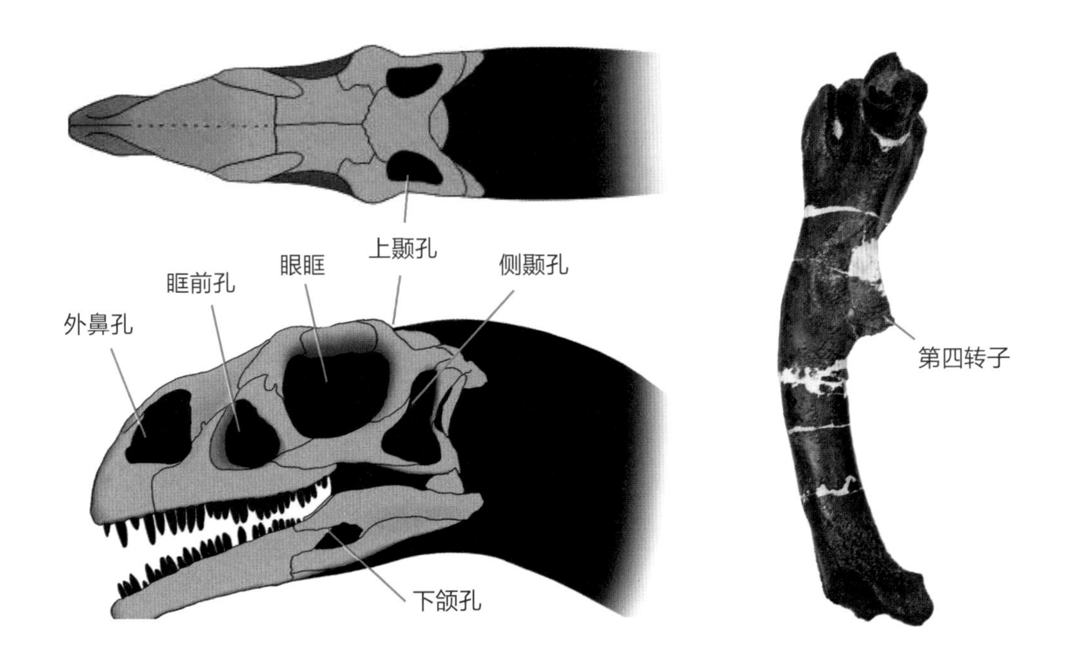

恐龙的头骨上有一个关键特征，这个特征也是主龙类的典型特征——在鼻孔和眼睛之间有一个额外的开孔，叫作眶前孔，如上图所示。这个结构被一个气囊所填充。

主龙类股骨的后表面有一个凸起的脊状结构，叫作第四转子（右上图）。这一结构仍存在于现生的鳄类中，它是一块连接着尾部的巨大肌肉在股骨上的附着点。

在一起。这些动物都具有所谓的冷血生物特征，它们通常对能量的需求较低，不如所谓的温血动物（鸟类和哺乳类）活跃（在第四章我们会发现“冷血”和“温血”是有误导性的，在某些方面甚至是不准确的）。因此，人们倾向于认为任何被称为“爬行类”的动物都具有“冷血”这组属性。但在科学意义上，“爬行类”这一术语仅适用于包括龟、蜥蜴、蛇和鳄在内的动物类群，以及和这四个类群拥有共同祖先的所有动物。因此，恐龙是爬行动物这个事实并不意味着它们在生物学的各个方面都与现生爬行类相似。（由于鸟类是恐龙的一部分，所以从演化的角度看，它们也应该被认为是爬行类的一个亚群。）

恐龙骨骼化石揭示了一组爬行动物所特有的解剖学特征，这些爬行动物被称为主龙类（Archosauria），有时被称为“爬行类的主宰者”。这组特征包括：吻侧有一个大的窗状开孔，叫作眶前孔（antorbital fenestra）；在股骨的背面出现了突出的肌肉附着部位，叫作（股骨）第四转子（fourth trochanter）。这两大特征与主龙类的软组织解剖中的重要特征密切相关，眶前孔的边缘为某些开颌肌提供了附着点，其内部则被一个巨大的气囊填充，这个气囊可能在减轻头部重量和调节温度方面起到重要作用。同时，第四转子是尾股长肌（caudofemoralis longus）的附着点，尾股长肌是连接到尾侧的巨大肌肉，用于在行走或奔跑时将大腿向后拉。

主龙类由两大谱系组成，其中一个分支包括现生的鳄类以及它们的近亲，这个支系叫作镶嵌踝类主龙（Crurotarsi），这个类群的主龙拥有结构复杂的踝关节，通常沿着颈部、背部与尾部的顶端长有骨板。主龙类的第二个分支包括鸟类（因此也包括所有其他的恐龙类群）和它们的近亲，这个分支叫作鸟颈类主龙（Ornithodira），鸟颈类主龙拥有结构简单的踝关节，通常不像它们的镶嵌踝类主龙表亲一样拥有骨板。同时它们拥有更细长的颈部和更窄更长的足部。

化石证据表明，这两大主龙类群的分化发生在大约 2.47 亿年前的三叠纪早期，在宣告二叠纪时代结束的大规模生物灭绝事件之后不久。在大灭绝之后出现了动物群落的更新与

恐龙是翼龙的近亲，它们共同组成鸟颈类主龙这个支系。鸟颈类是镶嵌踝类主龙的近亲，它们共同组成主龙类。

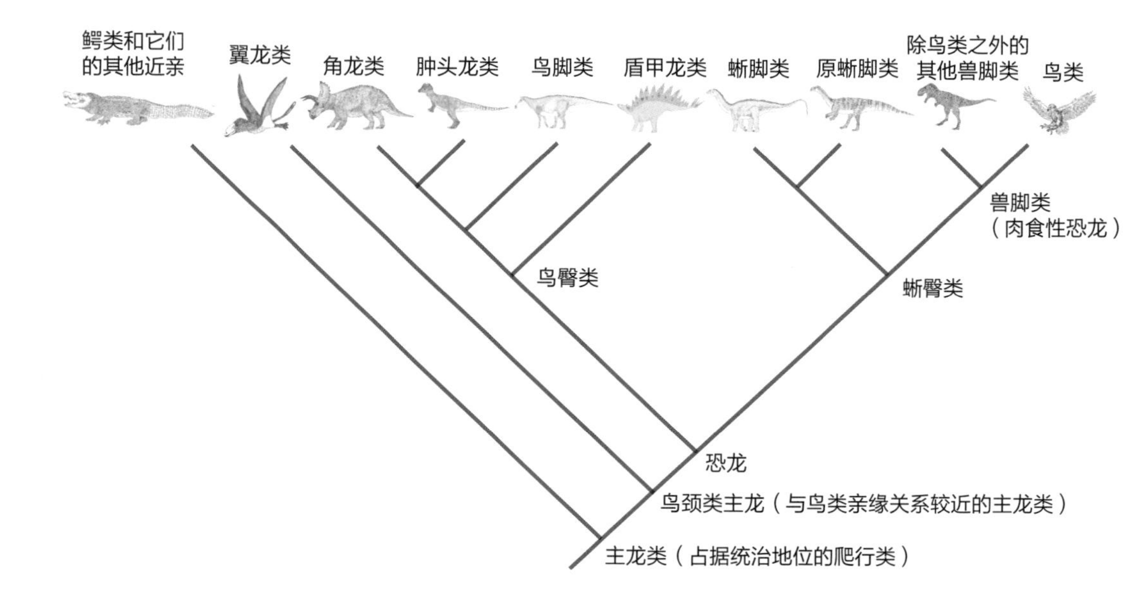

其中生态位的空缺，主龙类在这个时期快速演化并占据了当时动物群落中的多种生态位。

鸟颈类主龙在早期演化阶段都是一些小型动物。发现于苏格兰上三叠统地层的鸟颈类主龙斯克列罗龙（*Scleromochlus*）能很好地反映最早的鸟颈类主龙的面貌。它的体长不超过 20 厘米，是拥有长腿、体型细长的肉食性动物，可能以昆虫为食。它较长的腿部与足部骨骼使一些学者认为它可能专门适应于跳跃的生活方式。一些类似于斯克列罗龙的动物可能正是翼龙（中生代时期一类长有膜状翅膀的飞行爬行类）的祖先，也可能是另一类鸟颈类主龙——同样体型小重量轻的恐龙形类（dinosauromorph）的祖先。通过恐龙形类这个名字我们可以得知，是它们最终演化出恐龙，从而开启了有史以来最大最成功的陆生动物的统治时代。在恐龙形类演化出大型动物并开始在动物群落中占据重要而显著的地位之前，它们默默地演化了相当长的一段时间，可能至少有 3000 万年。为什么如此缓慢而漫长的崛起会取得成功？难道有什么原因阻碍着鸟颈类主龙成为体型庞大、在自然界中占据重要地位的动物吗？

发现于苏格兰晚三叠世地层的体型微小的斯克列罗龙与翼龙和恐龙的共同祖先可能有着较近的亲缘关系。人们发现了 7 件斯克列罗龙的化石标本，但没有一件标本保存得特别完好。

镶嵌踝类主龙的统治

今天，镶嵌踝类主龙的唯一代表是鳄目动物，由鳄科、短吻鳄科和长吻鳄科组成。与三叠纪时期更古老的镶嵌踝类主龙的多样性相比，今天的鳄目动物就是冰山一角。三叠纪的镶嵌踝类主龙占据了当时自然界中的多种生态位，而这些生态位在后来的侏罗纪和白垩纪时期被恐龙所占据。由四足行走、身披装甲的杂食性、植食性类群以及长有刀状牙齿、吻部较深的肉食性类群组成的镶嵌踝类主龙行走在当时的陆地上。杂食性、植食性类群的代表是坚蜥类（aetosaurs），肉食性类群的代表是劳氏鳄目（rauisuchians）。

最大的劳氏鳄目动物是身长 8 米或更长的巨型动物。它们很显然是当时的顶级捕食者。许多种类是四足行走，但是有些种类的前肢短小，这表明它们似乎是双足行走。我们还发现有些四足行走的劳氏鳄目动物的背部具有帆状结构。发

镶嵌踝类主龙的数个类群演化出了杂食或植食的习性。其中最为奇怪的动物之一是中国中三叠世的芙蓉龙。它是一种背部长有帆状结构、没有牙齿的四足动物。

现于中国的芙蓉龙（*Lotosaurus*）便是其中之一，它拥有无齿的喙，可能为杂食性或植食性。劳氏鳄目类群的一些成员使用双足行走，拥有纤细的前肢、长脖子、短而无齿的头部。发现于美国的灵鳄（*Effigia*）是其中最著名的一员。

在三叠纪时期，各种各样的镶嵌踝类主龙成员占据了多种生态位，而随后这些生态位将被恐龙所占据。在三叠纪的大多数动物群落中，它们是占据主导地位的消费者和捕食者。因此，只要这些镶嵌踝类主龙一直存在，恐龙可能就永远不会发展成为一个重要的动物类群。上述观点在恐龙的早期演化和兴起方面，能为我们提供哪些信息呢？我们一会儿再来探讨这个问题。

恐龙的起源

大约在距今 2 亿年到 0.66 亿年前的侏罗纪和白垩纪时期，恐龙主宰着当时陆地上的生命。它们可能起源于相当长的时间之前，大约是 2.4 亿年前的中三叠世。早期的恐龙数量稀少，目前已知的只有少数物种。

在前文中我们提到恐龙属于鸟颈类主龙的一个类群——恐龙形类。在这个类群中曾有很多分支演化出来，在这些分支中，恐龙出现最晚，也是唯一一类存在时间超过三叠纪并继续演化出具有多种生活方式与身体形态的类群。关于恐龙的起源，早期的恐龙形类能为我们提供哪些信息呢？所有的早期恐龙形类都是体型小、重量轻的动物。其中有一类叫作兔蜥类（lagerpetids），其化石产于阿根廷和美国，它们拥有不同寻常的足部结构，其足部的内侧两趾发生严重退化，这使得它们的足部形状是不对称的，这种形状可能适应于快速奔跑甚至是跳跃的生活方式。产自阿根廷的恐龙形类马拉鳄龙（*Marasuchus*）则没有这种奇怪的足部解剖特征，它们的颈骨、髋骨以及下肢骨的形状表明它们和恐龙的亲缘关系更近。马拉鳄龙的骨骼比例表明它们使用双足行走，它们还拥有肉食性动物锋利而向后弯曲的牙齿。兔蜥类和马拉鳄龙的体型都很小，它们的总长度不超过 70 厘米。

接下来将要介绍的是生活于中三叠世和晚三叠世的恐龙形类西里龙类（silesaurids），它们比马拉鳄龙更像恐龙。大多数西里龙类总长为 1.5—3 米。它们是体型细长的长颈动物，较长的前肢表明它们可能以四足行走。西里龙类的名称来源于产自波兰的西里龙（*Silesaurus*），但是现在也有来自美国、巴西、阿根廷、坦桑尼亚、赞比亚和摩洛哥等地关于该类群成员的报道，所以很显然它们广泛分布于三叠纪时期的地球上。

特别有趣的是西里龙类的牙齿和颚部的结构表明它们是植食性或者杂食性动物。它们的牙齿呈叶片状，牙齿边缘拥有较大的锯齿状突起，在它们下颌的前端有一个无齿的喙状区域。在发现这个类群之前，人们认为恐龙是由像马拉鳄龙这样牙齿锋利的食肉动物演化而来的。西里龙类是植食性动物或杂食性动物这一事实可能意味着恐龙实际上是从植食性

马拉鳄龙发现于阿根廷上三叠统地层，它是恐龙的近亲。其四肢的比例表明它以双足行走，它的牙齿则显示它很可能是一种捕食者。然而，其他的恐龙近亲则和马拉鳄龙大不相同，其中一些是四足行走的杂食者或植食者。

或杂食性祖先演化而来的。支持这一可能性的事实是：三大恐龙类群中有两类由植食性或杂食性物种组成，不包含肉食性物种。另一种可能性是西里龙类走上了它们自己的奇怪的演化道路，而它们和恐龙拥有的共同祖先毕竟是肉食性的。和以往的讨论一样，我们需要更多的化石证据才能更好地了解到底发生了什么。

还有一类恐龙形类值得一提，那就是近期发现于坦桑尼亚的尼亚萨龙（*Nyasasaurus*），其化石只保存了肱骨和髋部的几块椎骨。尼亚萨龙和恐龙的关系似乎比西里龙类更加密切，它们甚至可能是一类早期恐龙，在我们发现保存更好的化石之前，这个可能性既不能被否定也不能被肯定。有趣的是，尼亚萨龙出现的时间特别早，距今约 2.43 亿年，它展示了包括恐龙在内的不同恐龙形类类群在中三叠世是如何变得多样化的。

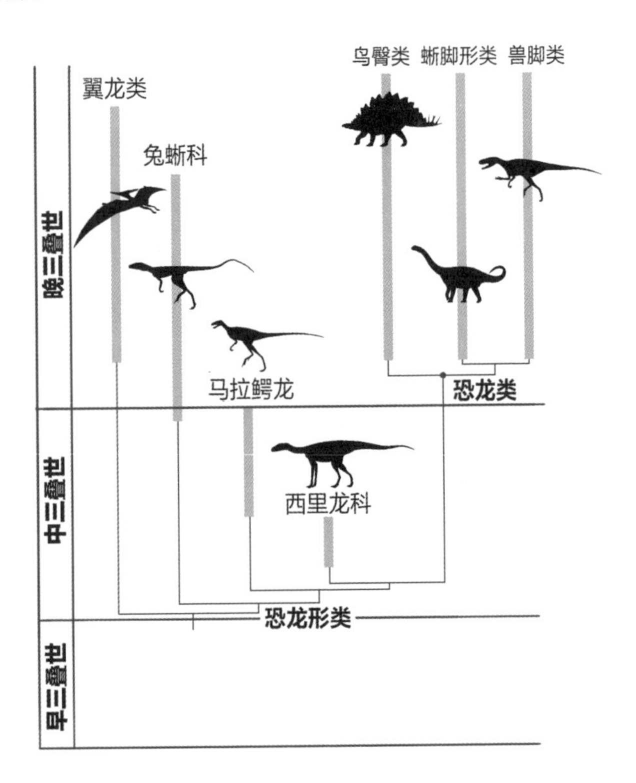

一些生活于中三叠世和晚三叠世时期的类似恐龙的主龙类——兔蜥类、马拉鳄龙和西里龙类——和恐龙同属于一个叫作恐龙形类的支系。它们都是体型小、重量轻的动物。

所有的早期恐龙形类都具有四肢与肢带，这种特征表明它们拥有较长的腿，直立于身体下方。它们看起来都像敏捷而高效的跑步选手，能够快速地移动。如果我们把目光放远一点，就会发现其他的鸟颈类主龙也同样适应于快速高效的移动，而绝大多数的早期镶嵌踝类主龙也拥有这个特征。上述事实的重要性在于它们说明恐龙的行走和奔跑能力并不是不同寻常的，其他的主龙类也可以拥有优秀的运动能力。

这为我们带来了一个关于恐龙起源的主要问题。在 20 世纪的大多数时间里，人们认为恐龙能够主宰中生代时期陆地上的生命是因为它们在与当时其他陆生动物竞争的过程中更

发现于坦桑尼亚中三叠统地层的尼亚萨龙是一种和恐龙非常相似的恐龙形类，它甚至可能是一种早期的恐龙。它生活在一个由其他类型的动物主导的世界里，比如图中所展示的喙头龙（Rhynchosaurs）就属于这些动物。

有优势。换句话说，人们认为，恐龙和同时期的其他动物类群相比，更加善于奔跑，更善于利用猎物和其他资源，也更善于繁殖。但是我们对三叠纪陆生动物了解得越多，便越会觉得这种恐龙优势论不可能发生。

我们已经知道在三叠纪时期，镶嵌踝类主龙占据了通常被认为是恐龙所拥有的生态位。体型小巧轻盈的恐龙形类和早期恐龙能够直接与它们体型巨大的镶嵌踝类主龙远亲竞争几乎是不可能的。甚至可以说，恐龙形类和早期恐龙在当时可能是一类到处躲躲藏藏的动物，它们远离那些更大更可怕的生物所经过的地方，随时都有被那些巨兽杀死并吃掉的危险。化石记录似乎同样表明，与当时的其他动物类群相比，恐龙形类和早期恐龙数量都不丰富，早期恐龙的分布也并不广泛——实际上所有的早期恐龙物种都只来自冈瓦纳大陆西部。同样重要的是，中三叠世的化石记录（像尼亚萨龙）表明恐龙的崛起是一个缓慢漫长的过程，而不是迅速直接地占据了生物界的主导地位。

总而言之，恐龙能够统治世界是因为它们在生态学、生理学和解剖学上优于其他动物类群的观点并没有得到证据的支持。那么，当时到底发生了什么？晚三叠世是一个动荡的时期，一场大规模的灭绝事件极大地影响了当时陆地上的生命，这场灭绝事件见证了多个动物类群的衰退与灭绝。和更著名的白垩纪末期大灭绝事件一样，三叠纪末期大灭绝的确切原因也充满了众多的猜测与分歧，不过海平面的变化和火山活动的活跃似乎是这次灭绝事件的主要催化剂。这场大灭绝似乎包括了不止一次灭绝事件，一次发生在 2.2 亿年前，另一次发生在 2.01 亿年前的三叠纪末期。无论发生了什么，镶嵌踝类主龙在这场大灭绝中受到了严重影响，除了一支（鳄形超目，其中的一些成员演化为现生的鳄鱼）以外，其他的类群全部灭绝。恐龙并没有灭绝，可能是因为它们体型较小，因此能够更好地适应环境的变化和可用资源的减少。由于它们的寿命较短且生长较快，它们能够快速地恢复个体数量。随着镶嵌踝类主龙退出历史舞台，很多过去被这些大型陆生动物所占据的空间一时没有了主人，而恐龙则成为这个空荡荡的地球的新主人。根据这一观点，恐龙是“偶然的胜利者”——它们能够继承地球是因为厄运降临在其他动物身上，而不是因为它们比其他动物类群更优越或者适应能力更强。

恐龙统治世界的阶段最终来临。

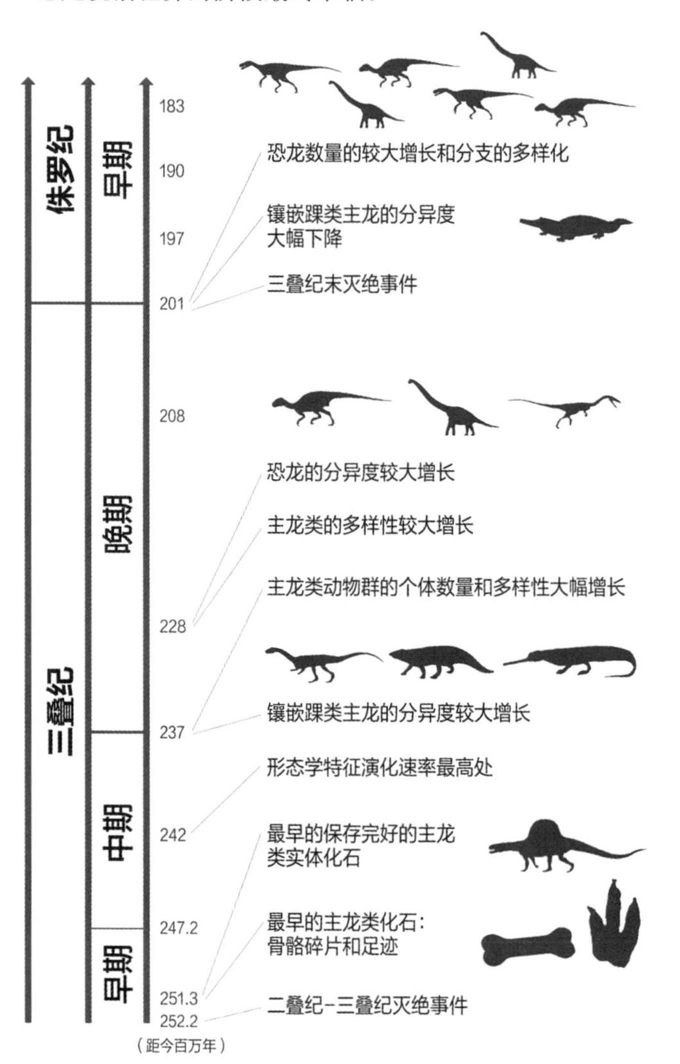

这幅图上标出了三叠纪主龙类演化中的主要事件。镶嵌踝类主龙在三叠纪的大部分时间中占据主导地位，这可能阻碍了恐龙演化出更大的体型。

第二章

恐龙演化树

科学家们热衷于研究恐龙的目的之一是重建恐龙的演化树，即了解恐龙物种之间的亲缘关系，将不同的恐龙类群根据它们的演化模式排列成一个序列。对演化过程（术语称作系统发生）的研究叫作系统发生学，科学家们在恐龙的系统发生学方面已经开展了大量的研究工作。建立一个良好且有效的系统发生模型是理解自然界演化模式与过程的关键。一旦知道了演化树是如何形成的，我们就可以开始了解一个类群内的演化趋势，比如那些涉及体型或植食性相关特征的演化趋势。这些趋势往往与其他事件相关，比如气候变化或者大陆裂解。这些系统发生研究也凸显了我们对恐龙的认知与实际情况仍然存在的差距。

人们识别出了大量恐龙所独有的骨骼解剖特征。其中许多特征只有对解剖学有很好了解的人才能真正理解。这些特征包括：颈椎椎体后关节突上具有骨质的瘤状突起，称为上突（epipophyses）；肱骨的上部有一个特别长的肌嵴；完全开放、窗状的髋臼；小腿的腓骨十分狭窄，与下方的踝骨接触面积很小。由于这些特征为恐龙所独有，不在其他主龙类中出现，所以它们证明了恐龙是一个分支，分支即指源于单一共同祖先的物种群。

在恐龙演化史的早期，恐龙的演化树分成了三大支：蜥脚形类（Sauropodomorpha）（包括蜥脚类和它们的近亲）、兽脚类（Theropoda）（肉食性恐龙和鸟类）以及鸟臀类（长有装甲、角以及吻部呈鸭嘴状的恐龙和它们的近亲）。我们知道这三大类恐龙在2.3亿年前（晚三叠世早期）就已经分化了，因为这三大类恐龙早期成员的化石在这个时代的地层中都有所发现。三大类恐龙的早期成员都比较相似：体型小、双足行走，都是身体轻盈的杂食性动物或者拥有可以抓握的手的肉食性动物。在2017年之前，专家们一致认为蜥脚形类和兽脚类组成

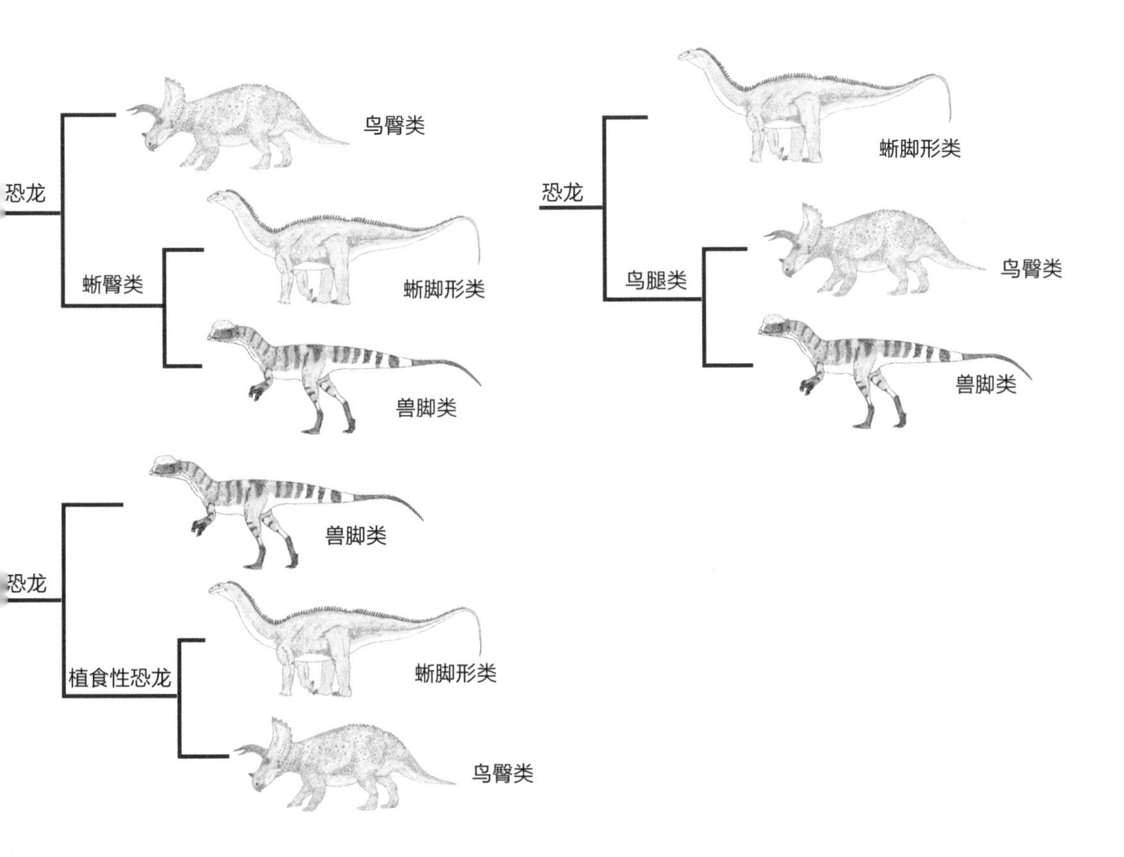

恐龙由三大分支组成——蜥脚形类、鸟臀类和兽脚类，其中的一个分支（兽脚类）幸存至今。这些简化的分支图描绘了关于这三个恐龙分支相互关系的完全不同的三种观点（上图所示）。

了一个叫作蜥臀类（Saurischia）的类群，蜥臀类和鸟臀类的分化是早期恐龙演化发生的主要事件，这一观点被认为是“主流的”或“传统的”观点。

这一观点在2017年受到了挑战，马修 · 巴伦（Matthew Baron）和他的同事提出的证据表明，鸟臀类和兽脚类的亲缘关系可能更近，共同组成一个叫作鸟腿类[1]（Ornithoscelida）的类群，而蜥脚形类和它们的亲缘关系更远。这一提议带来的结果是，早期恐龙进化是当今最具争议的课题之一。一些研究继续支持蜥臀类—鸟臀类分化，另一些研究则支持鸟腿类—蜥脚形类分化，还有一些研究者把蜥脚形类和鸟臀类放在了一个叫作植食性恐龙的类群里。

1. Ornithoscelida，无译名，此处暂译为“鸟腿类”。

兽脚类：肉食性恐龙和鸟类

肉食性恐龙和鸟类组成了三大恐龙类群之一的兽脚类。需要注意的是，“肉食性恐龙”这个词语只是一个为了方便称呼兽脚类恐龙而使用的概括性名称，因为我们知道很多非鸟兽脚类是杂食性的甚至是植食性的。当然，鸟类的食性也曾发生过多次演化，出现了杂食性和植食性鸟类。

一般来说，所有的兽脚类——甚至包括目前发现的最古老的兽脚类——都和鸟类有着相似的结构。双足行走几乎是这个类群的普遍特征，大多数物种拥有像鸟类一样狭窄的足部，第一跖骨与踝部不相连（跖骨组成了脚掌中间较长的部分）。第一跖骨与第一趾（又叫作后趾）相连，和其他恐龙类

早期的兽脚类（位于这幅分支图顶部的兽脚类）主要是一些轻盈的小型捕食者，这些兽脚类缺少许多后期兽脚类类群所具有的典型的似鸟特征。在兽脚类中巨大的体型发生过多次独立演化。

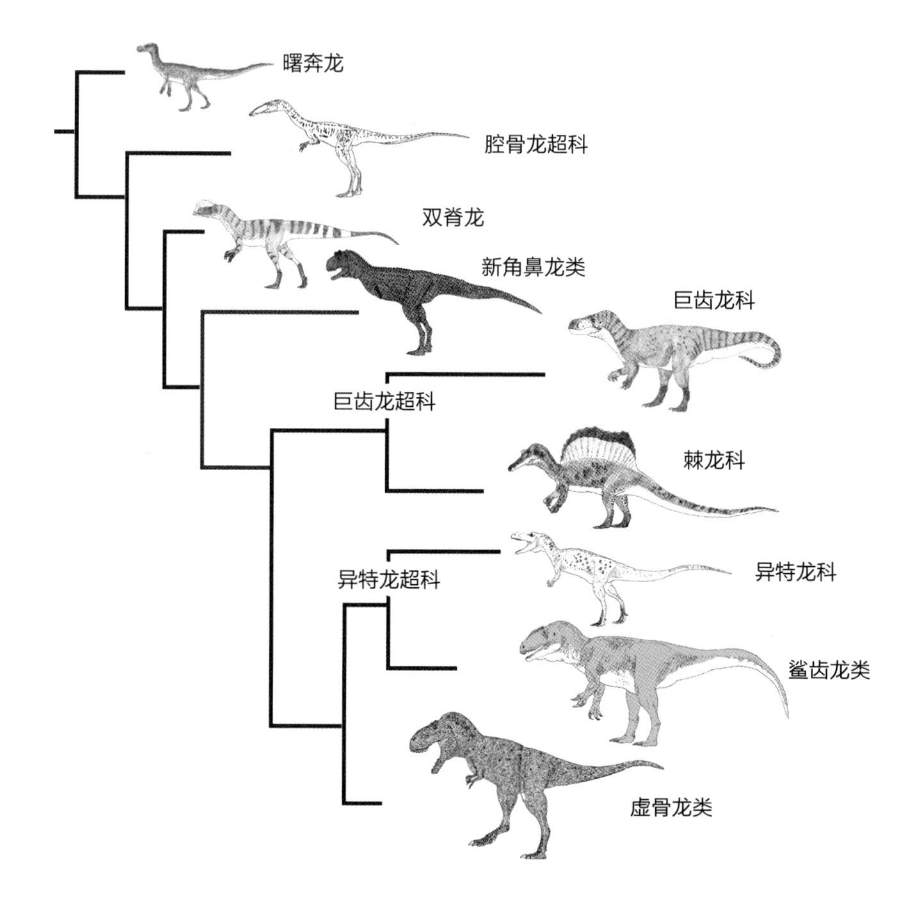

群相比，兽脚类的第一趾明显更小或位于足侧的更高位置。在演化史的后期，鸟类演化出了更大的后趾，我们会在第五章详细讲述相关内容。

兽脚类一般都长有一双专门用于捕食其他生物的手，它们手指末端的骨骼很长，支撑爪子的骨骼末端强烈弯曲且下表面长有很大的突起。这些突起被称为屈肌结节（flexor tubercle），是强有力的肌肉和韧带的附着部位，而这些肌肉和韧带使得兽脚类能够在捕猎的时候将它们的爪子伸进猎物的体内。在过去的兽脚类复原模型中，它们的手掌通常朝向下方。但近年来，随着有关节相连的骨骼化石的发现以及针对兽脚类肢体关节可能的运动方式的详细研究表明，兽脚类的手实际上被固定成了一种“掌心向内”的姿势。我们将会在第四章探讨这对兽脚类的习性来说意味着什么。

兽脚类的一个特征是它们的足部结构狭窄，与鸟类相似，以第二、三、四趾承重。第一趾和第二趾的形状发生变化、缩短乃至在一些兽脚类类群中完全缺失。这幅图展示的是只右足，该足的内缘位于这幅图的右侧。

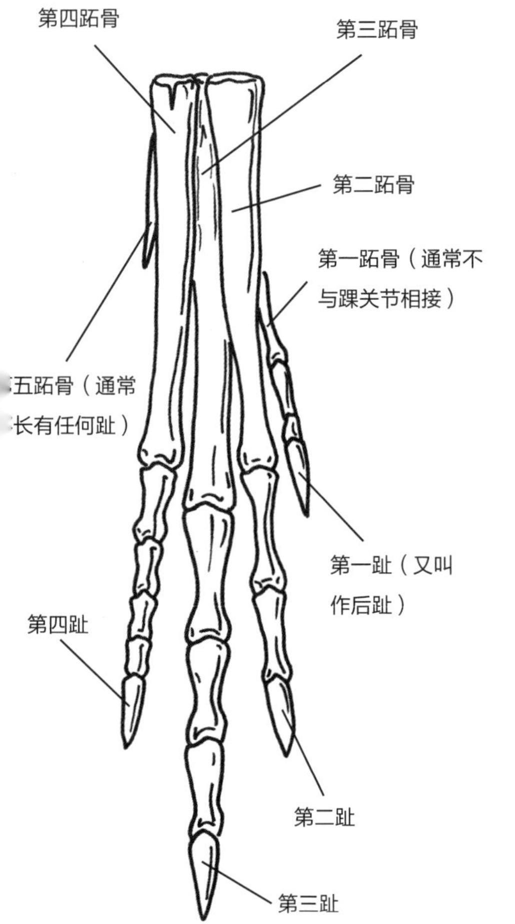

即使我们不考虑鸟类，兽脚类也是非常多样化的恐龙类群，占所有恐龙种类的三分之一以上。鸟类拥有约 1 万个现生物种，其物种数量远远超过了所有其他的恐龙类群，这意味着兽脚亚目是有史以来数量最多、演化最为成功的一类。体型变小和演化出成熟的飞行能力使得鸟类——进而也就是兽脚类——成为整个脊椎动物史上最成功的类群之一。

我们可以认为兽脚类由三大类恐龙组成，稍后我们会对这三大类恐龙分别进行讨论。第一类包括兽脚类演化史早期出现的类群，这些兽脚类和之后演化出来的类群相比并不那么像鸟类，我们称它们为“古兽脚类（archaic theropods）”。第二类包括巨齿龙类（megalosaurids）、棘龙类（spinosaurids）和异特龙类（allosauroids），这类恐龙大多是大型兽脚类动物，包括头部深厚的超级肉食性恐龙和吻部很长的食鱼恐龙。最后是第三类，包括鸟类和所有与鸟类基本相似的恐龙类群，它们统称为虚骨龙类。

古兽脚类：埃雷拉龙类、腔骨龙类、新角鼻龙类

最古老的兽脚类化石发现于阿根廷上三叠统地层，距今约 2.3 亿年。曙奔龙（*Eodromaeus*）体型轻盈小巧（只有约 1.2 米长），这是所有三大主要恐龙类群中最古老成员的典型特征。它和另一种小型阿根廷恐龙始盗龙（*Eoraptor*）很相似，以至于始盗龙也经常被认为是一种早期的兽脚类恐龙。实际上，始盗龙在牙齿解剖形态上的一些特征表明它可能属于蜥脚形类，但是关于它以及其他一些三叠纪恐龙的确切分类位置的争论仍在继续。

关于这一点，一类生活于晚三叠世、形似兽脚类的食肉恐龙的演化位置在恐龙演化的研究过程中变来变去，它们就是埃雷拉龙类。埃雷拉龙类的一些解剖结构细节表明，它们可能和蜥脚形类的亲缘关系更近，而不是兽脚类，而一些研究认为它们根本不是恐龙而是恐龙的近亲。一些埃雷拉龙类体长约有 2 米，但是最大的埃雷拉龙类——埃雷拉龙（*Herrerasaurus*）体长可达 6 米。埃雷拉龙是一种巨大且可怕的捕食者，有着长长的刀状牙齿和巨大的手爪，很显然它们是晚三叠世时期陆地上的顶级捕食者之一。

骨骼解剖形态上的一些细节似乎是兽脚类所独有的。它们的头骨和颈部骨骼拥有充满空气的囊状结构，这是其他恐龙类群的早期成员所没有的。它们的第五指严重退化，骨盆

曙奔龙是一种发现于阿根廷的非常早期的兽脚类恐龙。它可能是一种轻盈的小型捕食者，其弯曲的手爪和锯齿状的牙齿表明它的食物主要为蜥蜴大小的猎物。目前人们仍不确定像它这样的早期恐龙的身体表面是否覆盖有绒毛。看来只有依靠新发现的、保存精美的化石才能解决这一争论了。

的坐骨末端有足状的骨质膨大。随着时间的推移，兽脚类演化得越来越大，捕捉大型猎物的能力也越来越强。

一些和曙奔龙相似的恐龙演化出了更加庞大的后代（我们很快便会看到），但其他一些兽脚类恐龙则演化出了细长脆弱的头骨。这些恐龙大部分属于一个叫作腔骨龙超科（Coelophysoidea）的类群。它们都是一些体型细长、重量轻的恐龙物种，大多数体长 2—3 米。它们的上颌有一个较浅的无齿缺口，叫作鼻孔下缺口（subnarial gap），看起来适合用于抓住小型猎物。这些猎物可能包括大型昆虫、类蜥蜴的爬行动物和恐龙幼仔，腔骨龙类也可能偶尔会涉水捕食鱼类和其他水生动物。在美国和非洲南部的化石遗址发现了数百个腔骨龙类的化石标本，而其中最著名的是发现于亚利桑那州幽灵牧场上三叠统地层的化石，保存在那里的腔骨龙类似乎是在聚集成一大群或几大群时一起死亡的，但是它们集体死亡的原因至今未知。

腔骨龙（*Coelophysis*）及其同类有一些体型更大的近缘物种，其中最著名的是发现于美国下侏罗统地层的 7 米长的双脊龙（*Dilophosaurus*）。双脊龙和腔骨龙一样拥有鼻孔下缺口，体型细长轻巧，其特别之处在于它的吻部上方有一对板状的头冠。目前，这些头冠的功能以及推动它们演化出来的因素仍是未知的，它们似乎可能与炫耀行为有关，也可能被用于展示性成熟或生殖状态。随着观察的恐龙类群越来越多，我们会越来越清楚地发现，复杂的骨质头冠、头盾、背帆、角这些特征在恐龙当中是广泛分布的。

“古兽脚类”的最后一个类群是通常被称为新角鼻龙类（neoceratosaurs）的庞大类群。这个类群中的成员大都是一些体型庞大的捕食者，其中最有名的两个例子是晚侏罗世的角鼻龙和晚白垩世的阿贝力龙类（abelisaurids）。阿贝力龙类包括产于阿根廷的食肉牛龙（*Carnotaurus*）和产于马达加斯加的玛君龙（*Majungasaurus*）。除了这些强壮的捕食者，一些体型轻盈小巧的被称为西北阿根廷龙类（noasaurids）的兽脚类同样也属于新角鼻龙类。角鼻龙的意思就是“长角的蜥蜴（horned lizard）”，角指的是它们较大的鼻角。在它们的眼睛前方也长有小角，骨质突起沿着它们的颈部、背部与尾部的中线分布。它们的上颌长有特别长的牙齿。

腔骨龙是最著名的早期兽脚类恐龙之一，人们已经发现了上百件腔骨龙标本，有些标本保存了完整的骨架（如图）。其浅而窄的头骨表明它在日常生活中会去捕食一些移动迅速的小型猎物。

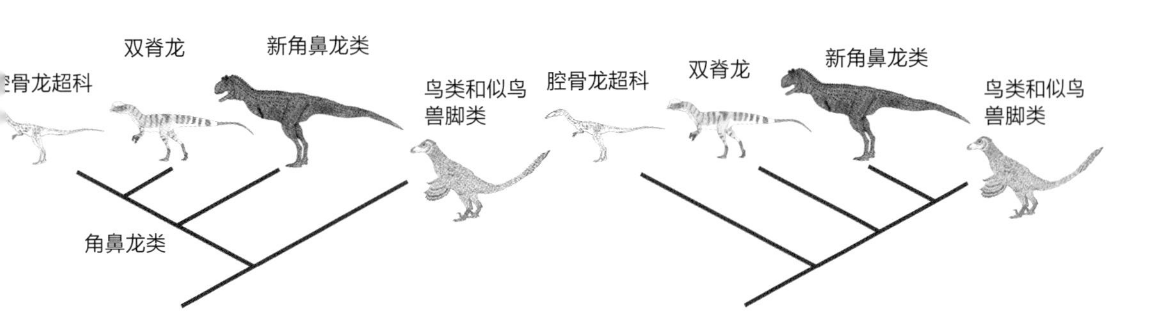

专家们对于主要的兽脚类类群之间的相互关系有着不同的看法。左侧的分支图展示了几个较为原始的兽脚类支系被一起归入一个叫作角鼻龙类的支系中。较新的研究则推翻了这个观点，该研究的结果如右侧的分支图所示。

一些阿贝力龙类也长角，比如食肉牛龙的眼睛上方伸出来的两个圆形突出，而玛君龙在它的前额上长有一个向前倾斜的钝角。阿贝力龙类的一些解剖学特征十分特别。它们的面部通常短而宽。有些种类上肢退化，它们的手和下臂很短，手指退化为钝而无爪的残肢。虽然有些阿贝力龙类的腿很长，看起来和很多其他的大型兽脚类一样，但另一些物种（比如玛君龙）的腿则短小粗壮。这些特征表明阿贝力龙类的习性与其他的大型兽脚类不同。

在 20 世纪 80 年代和 90 年代，一些专家认为腔骨龙类、双脊龙和新角鼻龙类共同组成了一个分支，叫作角鼻龙类（Ceratosauria）。根据推测，所有角鼻龙类的成员可以被归为一个类群，是因为它们都有腿骨在生长过程中融合在一起、髋骨融合为一体等一系列共同特征。这些兽脚类中很多种类都长有角或头冠，和看起来更像鸟类的兽脚类相比，它们看上去更为原始，而且其中大多数种类都是冈瓦纳大陆所独有的。出于这些原因，把角鼻龙类作为兽脚类的一个单独分支是很有趣的想法。

然而，最终的研究表明，那些将角鼻龙类成员联合在一起的特征在整个兽脚类中是广泛存在的。现有的证据表明，双脊龙和新角鼻龙类同一个更大的兽脚类分支（包含异特龙、暴龙和鸟类）的亲缘关系更为接近，而不是更“古老的”腔骨龙类。

角鼻龙（对页图片右侧）是一种发现于美国和葡萄牙上侏罗统地层的大型兽脚类恐龙。它名称的意思是“长角的蜥蜴”。它与各种各样的植食性恐龙生活在一起，包括这幅图中所展示的巨大的腕龙。

巨齿龙类、棘龙类和异特龙类

现在我们来看看兽脚类的第二大类群，这个类群以包含那些巨大壮观的捕食者而闻名，该类群中的一些物种是有史以来最大的陆地捕食者。这个类群的演化树有两大主要分支，分别为巨齿龙类和异特龙类。

巨齿龙类是以英格兰中侏罗统地层中发现的巨齿龙命名的，巨齿龙是第一种被科学命名的非鸟恐龙。即使在今天，人们也只能从残缺的遗骸中了解巨齿龙，但是某些和巨齿龙亲缘关系密切的兽脚类恐龙——比如在英格兰上侏罗统地层中发现的扭椎龙（*Eustreptospondylus*）和在美国与葡萄牙上侏罗统地层中发现的蛮龙（*Torvosaurus*）——则表现出拥有更结实的骨骼。这些恐龙都被归入巨齿龙类的一个分支，叫作巨齿龙科（Megalosauridae）。它们似乎是以其他恐龙为食的陆生捕食者，很有可能会用它们巨大的锯齿状牙齿对猎物造成割伤，也有可能使用它们的利爪来刺伤或抓伤猎物。

如上图所示的刀状的、略微弯曲的牙齿是巨齿龙类和异特龙类等大型兽脚类恐龙的典型特征。齿冠的前缘和后缘分布着细小的锯齿。这些牙齿通常用于切割肉类。

巨齿龙类的另一个类群却向一个完全不同的方向演化。这些兽脚类拥有像鳄鱼一样狭长的吻部，其中的一些种类拥有圆锥状、无锯齿的牙齿以及肌肉非常发达的前肢。它们是棘龙类，这个白垩纪的恐龙类群专门适应于两栖、捕鱼为生的生活方式。

棘龙类最早在1915年被发现，人们在埃及首次描述了体型巨大且背部具帆状物的棘龙（*Spinosaurus*）。可惜的是，当时发现的化石残骸让专家们很难理解这种恐龙，他们把棘龙想象成了背部长有帆状物的像巨齿龙一样的捕食者。更糟糕的是，当时唯一已知的标本在第二次世界大战的一次轰炸中被摧毁。自20世纪70年代以来，来自摩洛哥、利比亚以及北非其他地区的棘龙化石碎片让我们对这种恐龙建立了新的认识。今天，随着对棘龙的了解越来越多，我们拥有足够的信心来复原棘龙的真正面貌。它们的体型十分巨大，可能有14米长，10吨重，这个体型使棘龙成为我们所知道的最大的兽脚类恐龙。它们的后肢较短，足部展开且可能有蹼，尾巴较为灵活。这些特征表明，在它们活着的时候，它们会花费一些时间甚至是大部分时间在北非地区的河流和河口捕猎。棘龙的近亲生活在南美洲，这种分布反映了非洲和南美洲在白垩纪早期是相连的。

发现于北非的背部长有巨大帆状结构的棘龙(上图)，是迄今为止人们发现的最大的兽脚类恐龙，它们是经常在河口和河流三角洲觅食的食鱼者，有可能是一种十分擅长游泳的恐龙。

我们对于棘龙类的大部分了解并不是来自棘龙，而是来自一个被称为重爪龙类（baryonychines）的类群——以英格兰萨里郡下白垩统地层中发现的重爪龙（*Baryonyx*）命名。它是第一个证实这些恐龙拥有像鳄鱼一样长长吻部的棘龙类物种。1983年，重爪龙的发现造成了不小的轰动，因为它的样子如此惊人，对人们来说是一种全新的恐龙物种。从那以后，在英格兰、西班牙、葡萄牙和欧洲其他地区的很多地点都发现了重爪龙化石（大部分是单独的牙齿），这表明在早白垩世时期重爪龙广泛分布于欧洲大陆的沼泽和被水淹没的低地上。在老挝和尼日尔也发现过重爪龙类的化石。

在侏罗纪和白垩纪时期的许多动物群落中，还有一类大型兽脚类经常和巨齿龙类与棘龙类生活在一起，那就是异特龙类。这个类群中最常见的成员当属异特龙，发现于美国和葡萄牙的上侏罗统地层。它们是大型肉食性动物，体型庞大的个体身长有8.5米，体重超过1.5吨，它们的眼睛前方长有三角形的角，吻部深而窄。异特龙是最早被人们使用计算机辅助建模技术研究其习性与生物学的恐龙之一——这个主题我们会在之后的第四章进一步讨论。

在侏罗纪即将结束的时候，一个叫作鲨齿龙类（Carcharodontosauria）的异特龙类类群从其类似于异特龙的祖先中演

人们最先发现的欧洲棘龙类恐龙重爪龙的化石是它巨大的第一指爪（右图），这个爪子的上缘曲线长30厘米。像这样巨大而弯曲的手爪是棘龙类的典型特征。

化而来。这个类群名字的意思是“牙齿像噬人鲨一样的蜥蜴”，指它们的牙齿和噬人鲨（即大白鲨）隐约有些相似。鲨齿龙（*Carcharodontosaurus*）是这个类群中第一个被命名的成员，最初发现于埃及的下白垩统地层中，在那里也出土了最早的棘龙标本，不过后来在摩洛哥发现了更好的化石。

鲨齿龙的近亲包括马普龙（*Mapusaurus*）、南方巨兽龙（*Giganotosaurus*）和魁纣龙（*Tyrannotitan*），发现于阿根廷和巴西。它们都是巨大而健壮的捕食者，在有些化石记录中其身长可达13米，重6到7吨。换句话说，它们的体型和暴龙相当（甚至可能更大）。这些巨兽庞大的体型、健壮的体格以及巨大的刀状牙齿表明它们可能会去捕食像蜥脚类这样的大型恐龙，甚至有可能与它们的猎物同步演化。一些专家认为，生活于白垩纪的大盗龙类（megaraptorans）也是另一种鲨齿龙类。这个观点很有意思，因为大盗龙类体型较小，拥有细长的后肢、长长的前肢以及较大的前爪，所以它们和其他鲨齿龙类相比十分不同。它们可能根本不属于异特龙类，而属于虚骨龙类中的暴龙类。

虚骨龙类：暴龙类和似鸟龙类

现在让我们来看看兽脚类的第三个也是最后一个类群——虚骨龙类。鸟类属于这个类群，它们的近亲窃蛋龙类（oviraptorosaurs）、驰龙类（dromaeosaurids）（一个包含伶盗龙[*Velociraptor*]的类群）以及似鸟龙类（ornithomimosaurs）也属于这个类群。将这些恐龙归为一类的主要特征包括：它

人们在北美洲、欧洲和亚洲上侏罗统和下白垩统的地层里发现了几种早期暴龙类的化石。始暴龙（*Eotyrannus*）产自英格兰南部。它拥有细长的手，吻部与颌部的特征表明它们拥有巨大的咬合力。这幅图只画出了到目前为止人们发现的始暴龙的骨骼（或骨骼碎片）。

们吻部的侧面有一个特别大的充满空气的开孔，头骨后部有更多的充满空气的空间，前肢和爪比其他的兽脚类恐龙更长。暴龙类（tyrannosauroids）属于虚骨龙类，因此暴龙类和鸟类的亲缘关系要比和异特龙类等早期巨型兽脚类更近一些。事实上，暴龙类和其他的虚骨龙类都有以下特征：体积较大的脑、长而细的足部、长长的骨盆和一条比其他兽脚类更短更轻的尾巴。随着暴龙类演化出更大的体型以及更强壮的头骨和身体，它们开始变得更像巨齿龙类和异特龙类。由于它们过着同样的生活方式而进行了特化，几个亲缘关系较远的类群中的成员变得相似的演化过程被称为趋同。这在恐龙中似乎很常见。

在 20 世纪 90 年代之前，所有已知的暴龙类骨骼化石无论是否完整都属于体型巨大、前肢短小的暴龙科成员。如

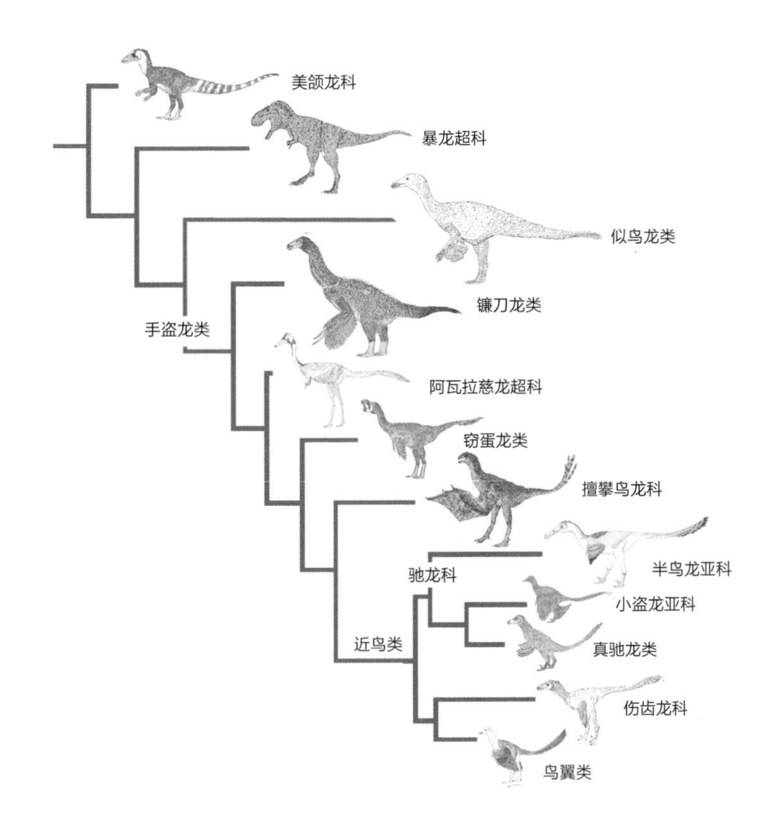

这幅简化的系统发生图展示了虚骨龙类中主要支系之间的亲缘关系，虚骨龙类是包括鸟类和所有更像鸟类的恐龙类群的兽脚类支系。暴龙类和似鸟龙类不属于手盗龙类这个分支，手盗龙类包含了那些更像鸟类的分支。

今，我们发现了生活于早白垩世和侏罗纪的早期暴龙类的化石，包括在中国发现的冠龙（*Guanlong*）、帝龙（*Dilong*）和羽暴龙（*Yutyrannus*），以及在英国发现的始暴龙和侏罗暴龙（*Juratyrant*）。事实证明，人们早已发现的一些兽脚类恐龙——比如1910年在英格兰首次被描述的原角鼻龙（*Proceratosaurus*）——也是暴龙类的早期成员。

大多数的早期暴龙类身长小于4米，和亲缘关系较近的其他虚骨龙类体型相似。与晚期的暴龙类相比，它们的前肢和爪子更长，长有三指，头骨更薄更轻，没有暴龙那种能够咬碎骨头的特化的头部结构。它们中至少有两种（帝龙和羽暴龙）身上长满了毛发状细丝，因而有一个毛茸茸的身体。这种细丝在虚骨龙类中广泛分布。身长约9米的羽暴龙，是迄今为止发现的最大的浑身长满绒毛的兽脚类恐龙之一，这也是其特别之处。

似鸟龙类也属于虚骨龙类，它们的祖先可能与最早的暴龙类有密切的亲缘关系。正如它们的名字所表示的，似鸟龙类从整体上看就像一只鸵鸟。这个类群中最著名的成员拥有

发现于英格兰中侏罗统地层的原角鼻龙是迄今为止发现的最古老的暴龙类。它的头骨只有29厘米长，上面保存了某种鼻部凸起或角的基部。

无齿的颌部和肌肉强壮的后肢，这表明它们的生活习性可能与鸵鸟相似。它们可能是一类杂食性动物，以灌木和树的叶片为食，会用它们颌部的前端抓取小动物、果实和种子，在遇到危险时会迅速逃离。

但并不是所有的似鸟龙类都是这样的。早期似鸟龙类的颌部长有细小的牙齿，有些只长了几颗，但是有一种似鸟龙类却长了约 230 颗牙齿，真是令人难以置信！这种多齿的恐龙是生活于西班牙早白垩世的多锯似鹈鹕龙（*Pelecanimimus polyodon*），其大量的牙齿表明它有一种不同寻常的生活方式，但是我们没有发现更多的信息来进一步了解它当时在做什么或者如何生活。更引人注目的则是生活于蒙古晚白垩世的恐手龙，长期以来人们只发现了它的前肢、肩胛骨以及几块肋骨的化石。每条上肢都有 2.4 米长，但是由于缺乏身体其他部位的化石，专家们只能对这种巨兽的完整面貌进行猜测。答案在 2014 年揭晓了，恐手龙的新化石表明恐手龙的背部有一个巨大的隆起，后肢短而粗壮，吻部较长且呈鸭嘴状，下颌深。它的身长约有 11 米，体重超过 6 吨，是最大的兽脚类之一，不过它和其他似鸟龙类一样可能主要以植物为食。

其他的虚骨龙类：手盗龙类

最后，让我们来看看手盗龙类（maniraptorans）。“手盗龙类”这个名称的意思是“用爪子来抓住猎物的捕食者”，也指这些恐龙的爪子巨大且长有长指。有些手盗龙类体型巨大，而另一些的体型和鸡或者乌鸦相似。所有的成员可能都覆盖有和鸟类相似的厚厚的羽毛。这个类群至少包含 6 个主要分支。其中最常见的是鸟翼类（Avialae），包括鸟类及其近亲，而这一类群也被认为是所有兽脚类和恐龙类群当中最成功的

在地面生活的小型兽脚类是中生代生境一直存在的特征。这幅复原图展示的寐龙（*Mei long*）是手盗龙类类群伤齿龙科的早期成员。寐龙被命名于2004年，它的名字的意思是“睡觉的龙（sleeping dragon）”，因为人们发现的第一件寐龙标本是蜷缩着的，呈现睡觉的姿态。

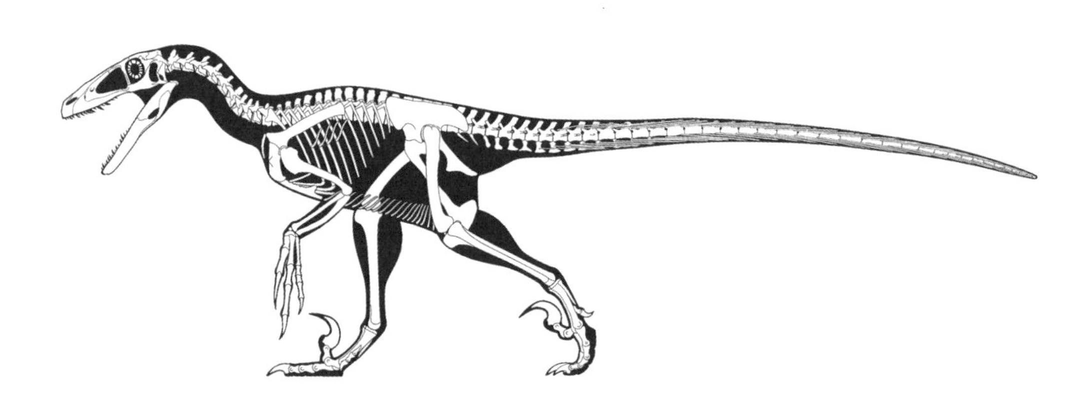

肉食性的手盗龙类恐龙（比如恐爪龙）看起来就像适合在地面奔跑的大型鸟类。它们的髋部拥有典型的朝向后方的耻骨，恐爪龙的第二趾和其他趾不一样，它高高抬起并长有巨大且强烈弯曲的爪。

类群。我们会在第五章进一步讨论鸟类的演化史。

除了鸟翼类，最像鸟类的手盗龙类是伤齿龙类（troodontids）和驰龙类（dromaeosaurids）。这两个类群分别以北美晚白垩世两种中等体型的恐龙，即伤齿龙（*Troodon*）和驰龙（*Dromaeosaurus*）来命名。目前，伤齿龙这个名称仅用于指代那些具有独特的粗锯齿的伤齿龙类恐龙。在其他伤齿龙类恐龙更完整的骨骼化石中也发现了类似的牙齿，比如细爪龙（*Stenonychosaurus*）和潜伏女猎手龙（*Latenivenatrix*）。这些恐龙有较大的眼睛和灵敏的耳朵，它们的牙齿表明其食物可能包括树叶和水果，以及小动物。潜伏女猎手龙类的体重和一个小个子的成年人相当。在晚侏罗世和白垩纪时期，体型较小（乌鸦大小）的伤齿龙类生活在林地等栖息地。

尽管狐狸大小的驰龙是驰龙科（Dromaeosauridae）得以命名的成员，但它远不是驰龙科中人们最为熟悉的成员。正如我们在第一章所看到的，一种特别的驰龙类改变了我们对恐龙的看法，它就是发现于美国下白垩统地层的恐爪龙。恐爪龙约 4 米长，和一只较大的狼重量相当，手爪很大且强烈弯曲，第二趾各有巨大的钩状爪子。形状特别的趾骨表明这些“镰刀状的爪”在恐爪龙行走或奔跑时会抬起来。

在科学家们刚开始了解恐爪龙的解剖结构时，他们就清楚地发现一种发现于 20 世纪 20 年代的晚白垩世兽脚类和恐爪龙有很近的亲缘关系。这种恐龙就是在蒙古和中国发现的伶盗龙，一种体型更小的、生活于沙漠地区的驰龙类。如果你想知道为什么在电影《侏罗纪世界》和《侏罗纪公园》中那种带有鳞片的恐龙叫作伶盗龙，这是因为电影制作人决定遵循恐爪龙和伶盗龙的名称应该是一样的这一观点（因为它们是如此相像），不过这种观点现在已经被抛弃了。

得益于 20 世纪 80 年代以来发现的恐龙数量激增，我们对驰龙类多样性的了解大幅增加。在 1993 年，美国宣布发现了一种可能比恐爪龙重五倍的巨大的驰龙类恐龙。这种恐龙是犹他盗龙（*Utahraptor*），它和其他类似的驰龙类化石的发现表明驰龙类曾多次演化出庞大的体型。而在小体型的一端，在中国发现的乌鸦大小的小盗龙（*Microraptor*）于 2000 年被命名，良好的化石保存了其前肢、尾部末端和后肢的长长的羽毛。这些羽毛不仅很长，其形状也表明它们与滑翔或者拍打翅膀有关。我们还知道一种主要生活在冈瓦纳大陆的驰龙类类群叫作半鸟龙类（unenlagiines），以及一类脖子很长、有着鳍状上肢

的小型亚洲驰龙类叫作哈兹卡盗龙类（halszkaraptorines）。这两个类群的特征表明它们以捕鱼为生。哈兹卡盗龙类似乎是一类身体发生特化，十分善于游泳的恐龙。

奇异的擅攀鸟龙类（scansoriopterygids）生活于中侏罗世和晚侏罗世的中国，它们与鸟翼类、驰龙类和伤齿龙类也有着密切的亲缘关系。擅攀鸟龙类是一类很小的兽脚类，其总长约 30 厘米，化石长度则更短。它们活着时的长度相比于化石要更长一些，因为它们较短的尾巴末端长有长长的条带状尾羽。擅攀鸟龙类的其他特征包括：较短的吻部，向前突出到嘴外的尖牙，奇怪的爪子，第三指的长度要远大于另外两指。它们爪子的结构十分特别，因为在大多数兽脚类当中第二指通常是最长的。有一种于 2015 年命名的擅攀鸟龙类——奇翼龙（*Yi qi*），揭示了这些长长的第三指是如何帮助支撑从前爪延伸到身体边缘的翼膜的。腕部的棒状骨结构同样有助于支撑该翼膜。值得注意的是，尽管它们所属的手盗龙类通常前肢长有羽毛，但这些长指的小型恐龙显然是用它们膜状的翅膀来滑翔（或振翅飞翔）的。

发现于中国上侏罗统地层的奇翼龙（对页图）表明擅攀鸟龙类这一手盗龙类类群拥有膜状的翅膀。这些擅攀鸟龙类恐龙都是一些小型的捕食者或杂食者，它们可能会爬到树上捕食昆虫或进食植物。

像伤齿龙类和驰龙类这样似鸟的手盗龙类，可以被认为是手盗龙类中最具代表性的类群。我们知道的其他手盗龙类类群远不如这两个类群具有代表性，其中有些类群的形态十

阿瓦拉慈龙类一定是一类善于奔跑的恐龙，它们最奇怪的特征是那缩短的、肌肉强壮的前肢。发现于蒙古上白垩统地层的单爪龙（*Mononykus*）于 1993 年被学者们命名和描述，它是该类群中最早为众人所知的成员。体长约 1 米。

分怪异。窃蛋龙类的成员中体型小的不足1米，大的超过8米，其特点为短而形似鹦鹉的头骨，有时顶部长有中空的头冠。大多数窃蛋龙类都是无齿的，长有尖锐的喙，食性可能为杂食性或植食性。有几个窃蛋龙类化石与满是恐龙蛋的巢穴保存在一起，它们卧在巢上的姿势和鸟类孵蛋的姿势非常相似。阿瓦拉慈龙类（alvarezsaurids）是一类轻盈小巧的手盗龙类，它们长有短小强壮的前肢，增大加厚的拇指深嵌在它们的前肢之中，形成了以拇指为主的爪，其他指则剩下很小的残余或全部缺失，这取决于具体物种。这些不同寻常的前肢看起来就像挖掘工具一样，所以人们普遍认为这些动物以蚂蚁或者白蚁为食，它们用前肢破开腐烂的木头来取食里面的昆虫。

接下来是镰刀龙类（therizinosaurs），镰刀龙（*Therizinosaurus*）的意思是“长有镰刀的蜥蜴”，它也是镰刀龙类中第一个被识别的成员。镰刀龙类体型巨大，发现于蒙古上白垩统地层，最初被误认为是一种巨大的像龟一样的爬行类。它镰刀状的爪子最长可达约70厘米。20世纪70年代以来陆续发现的镰刀龙类其他成员表明它们根本不像龟。它们实际上是短尾长颈的手盗龙类。它们的颌部前端无齿呈喙状，颊齿呈叶状，臀部宽，后肢粗短，足部短而宽，这些特征表明

这颗保存良好的头骨化石发现于蒙古，属于生活于晚白垩世的镰刀龙类恐龙死神龙（*Erlikosaurus*）。这颗头骨保存了无齿的喙部、细小的颊齿以及巨大的鼻孔，这些都是镰刀龙类的典型特征。

它们不是肉食性动物，而是运动缓慢的植食性动物，可能用它们巨大的爪子来弄断并撕裂树枝。那些巨大的爪子也有可能被用来防御和它们一起生活的肉食性兽脚类，比如大盗龙类和暴龙类。和其他手盗龙类一样，镰刀龙类身上也长有羽毛。生活于晚白垩世中国的北票龙（*Beipiaosaurus*），其身体、四肢和尾巴上均长有绒毛状的羽毛，身上还长有刺状和带状的羽毛。这些羽毛可能用来保护它防止被捕食，或帮助其伪装来躲避捕食者。

正如之前所说的那样，在过去的几十年里，人们发现并命名了大量的恐龙物种。这些新的恐龙物种来自全球各个国家和地区，它们中有很大一部分来自中国，特别是中国东部辽宁省侏罗系和白垩系地层。这些在中国新发现的恐龙物种中有很多都是手盗龙类，它们极大地提高了我们对手盗龙类演化和生物学的认识。

这些新发现的手盗龙类物种中，很多都是它们所在类群中体型较小且较为原始的早期成员，它们表明所有这些手盗龙类类群的早期成员在形态和生活方式上都很相似。如果穿越到过去并遇到这些恐龙，你几乎不可能识别出这些恐龙中每个物种应属于哪个类群。最终，唯一幸存下来的类群就是鸟类，但在当时，鸟类只是众多体型较小、外形相似、长有羽毛的手盗龙类中的一个小类群。

蜥脚类和它的近亲：蜥脚形类

梁龙、腕龙（*Brachiosaurus*）和它们的近亲属于恐龙中的另一大类——蜥脚类。它们都是一些巨大的或者超级巨大的、颈部较长的、一直以四足行走的植食性恐龙，它们的颌部和牙齿的结构发生了明显的特化，以适应切割和取食树叶、蕨叶和其他植物部分的生活方式。蜥脚类以其惊人的体型而著名，但那奇特的长颈部是让我们知道它们的原因之一。某些蜥脚类恐龙的颈部比身体长 4—5 倍，由多达 15 块颈椎组成，其长度超过 10 米。科学家们通常认为蜥脚类的颈部结构是为了方便采集食物，较长的颈部可以让它们采集更多的树叶，使它们和其他的恐龙物种相比在这方面更具有竞争优势。尽管这一点已经在学界达成共识，但是关于蜥脚类颈部的支撑方式、柔韧性和使用方法的争论仍在继续。

蜥脚类远远不只是长有超长颈部的巨型植食性恐龙。通过爪、足部和四肢的骨骼结构的特化，它们演化出了支撑身

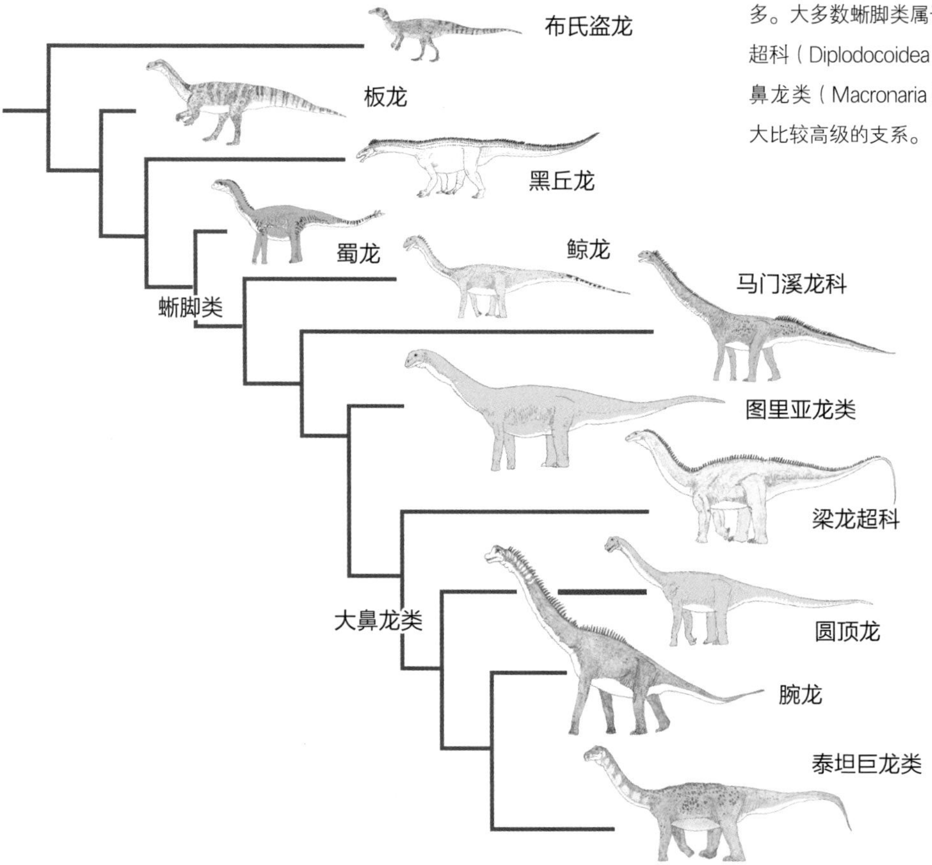

这幅简化的蜥脚形类分支图展现了该类群的早期成员以双足行走，其体型比后来演化出来的巨型蜥脚类要小得多。大多数蜥脚类属于梁龙超科（Diplodocoidea）和大鼻龙类（Macronaria）这两大比较高级的支系。

体巨大重量的新奇方法。此外，它们还演化出一套极其复杂的由遍布整个骨架的气管气囊组成的系统，以及能够从大量劣质植物材料中摄取能量的消化系统。对蜥脚类感兴趣的科学家们为了更好地理解这些已灭绝的巨兽的生物学和解剖学特征，对现生的鸟类、鳄类以及大型哺乳类进行了仔细观察，但问题是没有哪类现生动物和蜥脚类十分相像。我们会在之后回到蜥脚类的生物学这个问题。

多年来，蜥脚类身体形态的演化过程仍然充满了未解之谜。我们早已发现有些物种显然不是蜥脚类，但它们和蜥脚类的亲缘关系比和其他恐龙类群更近。这些动物和蜥脚类的相似之处在于它们的颈部很长并且通常体型很大，但和蜥脚类的不同之处在于它们大多数都是双足行走的，长有适应于杂食生活的牙齿和颌部，缺少那些四肢为承受巨大的体重而发生的特化。这些蜥脚类近亲中，最有名的是来自德国、瑞士和欧洲其他地区上三叠统地层的板龙，以及在南美洲、莱索托和津巴布韦下侏罗统地层中发现的大椎龙（*Massospondylus*）。这些恐龙和蜥脚类共同组成了一个叫作蜥脚形类（Sauropodomorpha）的分支，这个类群起源于三叠纪时期，它们共同的祖先也演化出了其他恐龙类群。在20世纪的大多数时间里，像板龙和大椎龙这样的蜥脚形类被统称为原蜥脚类（prosauropods）。当人们发现原蜥脚类不是一个分

像梁龙这样的高级蜥脚类拥有柱状的四肢和特别长的脖子与尾巴，这些特征可以让人们很容易区分它们和其他恐龙。但蜥脚类的骨骼还有许多特征也很奇怪，比如它们的头骨和柱状的手。

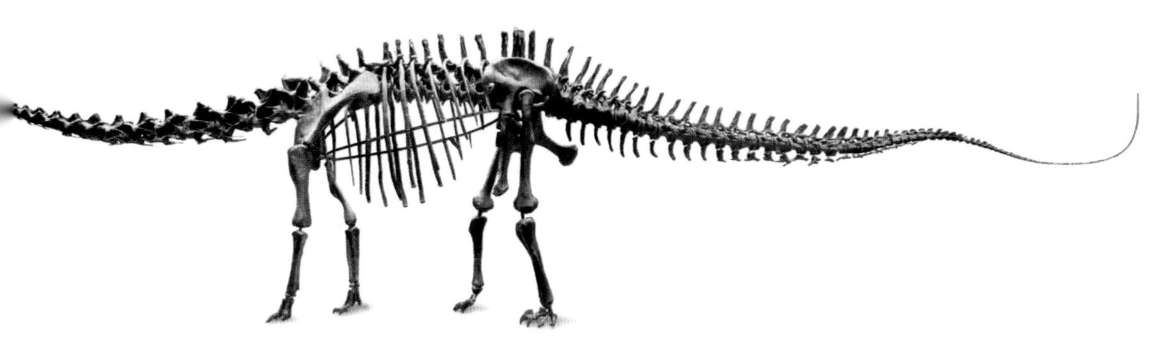

支而是由多个和蜥脚类关系或远或近的分支组成的时候，便不再经常使用这个名称了。

最古老的蜥脚形类和蜥脚类十分不同，实际上和所有其他大型的蜥脚形类物种也不相同。它们体型轻盈小巧（总长不超过 1.5 米），双足行走，牙齿呈刀状，长而细的指上长有巨大且强烈弯曲的爪。巴西晚三叠世的布氏盗龙（*Buriolestes*）是一个最近发现的例子。和后期的蜥脚形类相比，它并没有发生特化，现在仍然很难准确地确定它以及和它形态相似的恐龙在演化树上的位置。布氏盗龙以及与之类似的恐龙——包括滥食龙（*Panphagia*）和平原驰龙（*Pampadromaeus*）——可能也是会取食植物叶片的肉食性恐龙，但人们并不知道植食和肉食在它们饮食中所占的比例分别为多少，即它们是主要吃动物还是主要吃植物？在发现保存有胃内容物的标本或其他与其食性相关的直接证据之前，我们不能回答上述问题。

在三叠纪时期，一些类似于布氏盗龙的恐龙演化成了体型更大、脖子更长的蜥脚形类，这些蜥脚形类变得越来越专注于以植物为食。来自巴西上三叠统地层的农神龙（*Saturnalia*）看起来就像一只身体被拉长、头部变小的布氏盗龙。和其他早期恐龙相比，它拥有更长的脖子和更小的头身比（农神龙总长约 2 米）。这种脖子更长、头部更小的新体型被证明是非常成功的，在三叠纪余下的时间和早侏罗世的大部分时间里，大多数大陆都出现了以植食为主的双足蜥脚形类恐龙王朝。

直到最近，像板龙和大椎龙这样的早期蜥脚形类经常被描述为一类能够将它们前爪的掌心平放在地面并用四足奔跑或行走的恐龙。

通过对三维扫描保存的骨骼化石中的骨骼和关节进行动作复原和数字建模研究，人们发现早期蜥脚形类并不能实现上文所描述的那种姿势。这些恐龙的前肢被固定为“掌心向内”

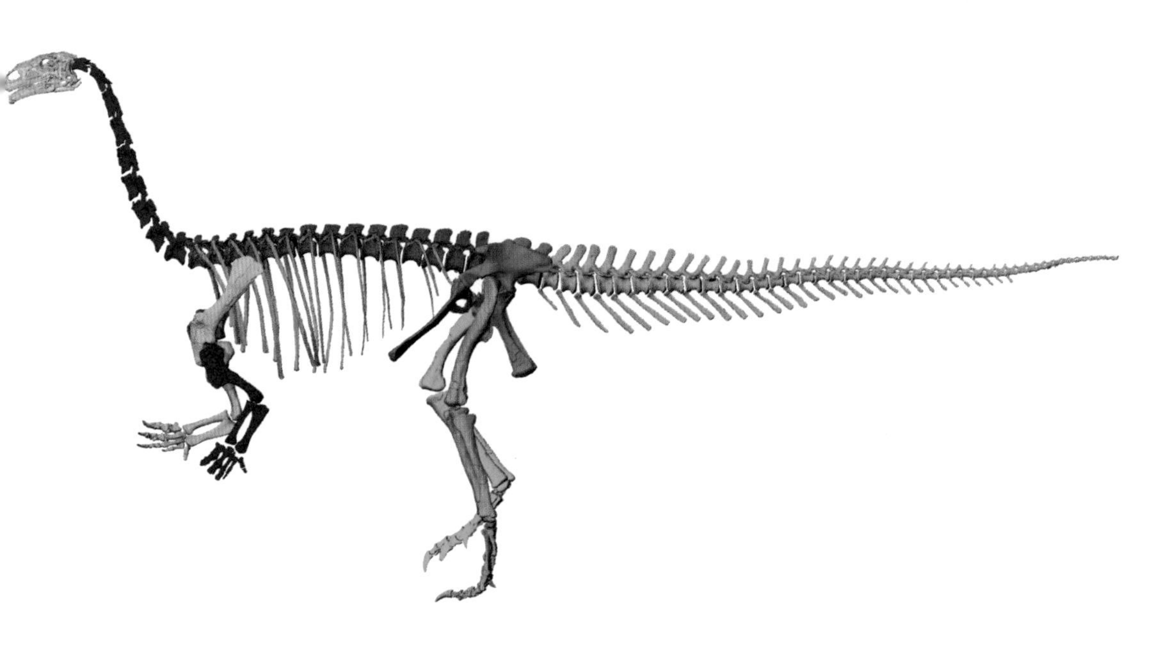

人们在欧洲上三叠统地层中发现了大量板龙标本，其中一些基本保存完整。专家们利用计算机建模的方法弄清楚这种动物的运动方式以及它们的各种姿势能够达到的范围。

的姿势，因而前肢和腕部不能旋转以使掌心向下。这意味着它们的爪子不能平放在地面来支撑它们的身体，这些恐龙肯定只能用它们的后肢行走。这种前爪姿势在兽脚类中也很典型，在现今的鸟类中依然存在。

其他一些证据进一步支持了板龙和它的近亲是以双足行走而非四足行走这一观点。首先，它们的前爪看起来更适用于抓取食物或作为防御武器，而不是帮助行走。其次，它们身体的总体比例更符合双足行走的姿势。它们的前肢与后肢相比实在是太短了，以至于某些专家认为以四足姿势奔跑是极不可能的。

在蜥脚形类演化史的某个时刻，蜥脚形类的身体形态从双足行走、前肢短转变为了四足行走、前肢长。我们知道这一转变发生的时间大约是 2.07 亿年前的晚三叠世，因为我们在那个时期的地层发现了大型四足蜥脚形类化石。这些恐龙包括来自南非的黑丘龙（*Melanorosaurus*）和雷前龙（*Antetonitrus*），以及来自阿根廷的莱森龙（*Lessemsaurus*）。这些蜥脚形类的巨大体型与很多后来演化出来的蜥脚类相当。

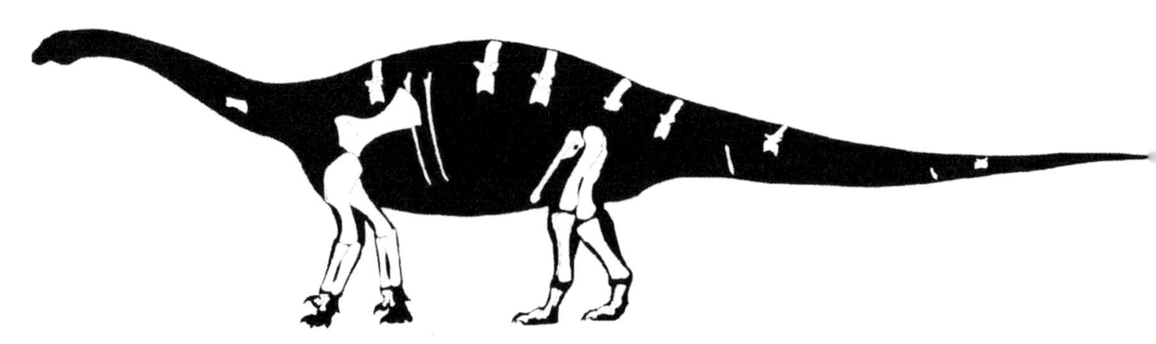

发现于南非的雷前龙是最早的前爪和上肢发生特化以适应于承重的蜥脚形类之一。它是一种躯体庞大、颈部较长的植食性或杂食性动物，它的体长也许能达到 10 米。这幅图只描绘了到目前为止已发现的雷前龙骨骼（或骨骼碎片）化石。

雷前龙的前肢形态介于板龙型蜥脚形类那可抓握、重量轻的前肢和蜥脚类柱状、可支撑体重的前肢之间。它们的桡骨（从腕部拇指一侧延伸至肘部的前肢骨骼）的位置在演化的过程中有所变化，使得它们的前爪从“掌心向内”的姿势变为了掌心向下，这就意味着它们的指可以直接接触地面从而更适合承受身体的重量。

蜥脚类的起源和解剖学

如果我们回顾一下之前所了解的内容，很明显，蜥脚形类化石完美地记录了它们在早期演化史中所发生的变化。小型、轻巧、双足行走的蜥脚形类出现于晚三叠世，多为肉食性动物。在这类恐龙之后的蜥脚形类则演化得体型更大、体重更重、颈部更长、头部更小、牙齿更适应于取食树叶，然而他们颌部前端的尖牙表明它们可能仍然是杂食性动物。有几类体型更大、颈部更长的蜥脚形类遍布世界各地，在超过3000万年的时间里出现在各种各样的环境中。随着前爪、足部、上肢和下肢的解剖结构发生改变，体型大大增加，以及其他一系列变化，蜥脚形类中的一个分支演化出了蜥脚类。

蜥脚类的身体和四肢的形态明显表明它们是陆生动物。它们的胸部位置低且相对较窄，四肢通常细长，前爪和足部结实，和它们的体型比起来并不算大。蜥脚类牙齿磨损的方式表明它们以松柏类和蕨类等陆生植物为食，大多数蜥脚类化石的发现地在当时为季节性干旱、稀树草原类型的开阔林地。数以千计的蜥脚类足迹化石和蛋化石正是保存在这种生境中。

出人意料的是，尽管有这么多证据存在，在 19 世纪末到 20 世纪初的一段时间里，蜥脚类曾一度被认为是一类以水生植物为食、在池塘和湖泊里游来游去或漂在水面上的水生动物。它们长长的脖子被想象成拥有一种特别的用途，即能让这些恐龙站在湖底时可以把头伸出水面，人们还认为它们的鼻孔位于头顶，这样当它们需要换气时可以将鼻孔露出水面。这种水生动物观点是如何兴起的至今仍未完全明了。有一种可能性是理查德 · 欧文曾把英格兰中侏罗统地层中的蜥脚类鲸龙（*Cetiosaurus*）错误地鉴定成一种似鲸的海生爬行动物，这影响了他之后的科学家。另一种可能性是人们把出土蜥脚类化石的岩层的沉积环境误认为是巨大的热带沼泽，这影响了人们对蜥脚类习性的看法。

一如既往，如果就此认为那个时期所有的科学家都这么想，那也是不对的。在英国，吉迪恩 · 曼特尔（Gideon Mantell）和约翰 · 菲利普斯（John Phillips）分别于 1852 年和 1870 年提出蜥脚类是陆生动物的观点；19 世纪晚期美国伟大的恐龙专家奥塞内尔 · 马什（Othniel Marsh）和爱德华 · 科普（Edward Cope）在他们 1877 年出版的著作中也认为蜥脚类是像长颈鹿一样的陆生植食性动物。埃尔默 · 里格斯（Elmer Riggs）是当时新发现的、前肢较长的晚侏罗世蜥脚类恐龙腕龙的描述者，他在 20 世纪初的一些出版物中同样认为蜥脚类是专门适应于陆生生活的。最后值得一提的是，甚至在今天，蜥脚类是陆生的观点也不能完全排除某些种类偶尔会在水中漫步、游泳或在湖泊与河流中寻找水生植物的可能性。然而在大多数情况下，它们显然和现在的大象或长颈鹿一样属于陆生动物。

蜥脚类的四肢比人们想象的要奇怪得多。某些种类四肢的骨骼又细又长，而另一些种类的则又粗又短，但这些骨骼总体排列成理想柱状的形态来支撑恐龙的重量。蜥脚类的前爪十分古怪，它们是蜥脚类演化史中所发生的最有趣的转变之一——最初用于抓取食物和战斗的前爪转变成了支撑重量的柱状结构。蜥脚类行走时并不是指爪张开，也不是掌心着地。相反，它们使用的是组成前爪掌心的较长的骨骼——掌骨——来行走，这些掌骨以半圆形、垂直地面的方式排列成一个整体，其背侧呈凹状。大多数蜥脚类的指骨短小、数量减少，甚至完全消失。这种趋势也涉及了指端的爪：在高级的蜥脚类中，除了拇指上的爪以外，其他的爪一起消失了，而在很多蜥脚类物种中甚至连拇指上的爪也消失了。

与前爪相反的是，蜥脚类的后足更宽更长，五趾和巨大的圆形或椭圆形足底相连。踝关节靠近地面，足迹化石和保存有关节的骨骼化石都表明，在足底部存在一个巨大的脂肪

一些蜥脚类看起来十分古怪，它们并不符合长颈长尾这些典型的蜥脚类特征。发现于阿根廷上侏罗统地层的短颈潘龙（*Brachytrachelopan*）和其他蜥脚类很不一样，它的脖子比较短。然而，它仍然拥有柱状的四肢和独特的可以承重的前爪。

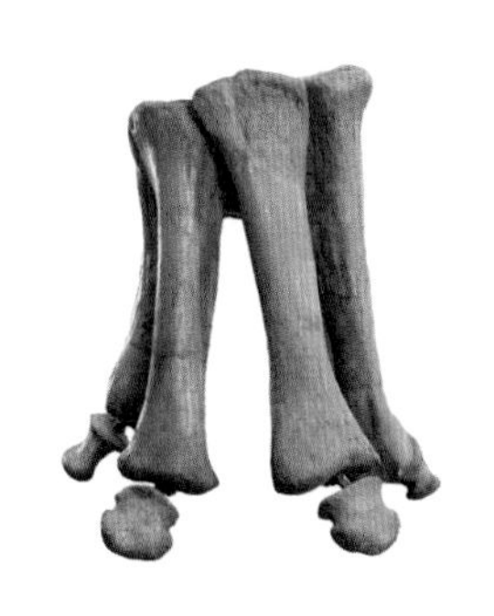

蜥脚类的前爪十分独特，它们的爪甲经常缺失，掌骨——组成手掌的骨骼——呈管状或柱状排列。这幅图是来自非洲的腕龙类恐龙长颈巨龙的前爪。

垫，使跖骨保持离地。足部内侧长有三或四只大而弯曲的爪。这种足部结构很明显是一种承重结构，而蜥脚类后足的大小几乎总是要比它的前掌大很多，这一事实与其他证据也相吻合，这些证据表明蜥脚类的大部分重量都被它们的身体后部（靠近臀部的位置）所承担。

古蜥脚类

生活于晚三叠世和早侏罗世的早期蜥脚类向人们展现了：像黑丘龙这样的恐龙是如何演化出非常适应于承担身体巨大重量的四肢解剖结构的。与此同时，头骨的变化意味着这些恐龙变得更能一口咬下大量的食物。蜥脚类的吻部比更早的蜥脚形类要宽得多，它们的下颌形状为 U 形而非 V 形，在牙齿的基部长有形状奇怪的骨板，以加强牙齿的咬力。巨大的骨质鼻孔也是早期蜥脚类的明显特征。我们仍不确定为什么蜥脚类会演化出如此巨大的鼻子，可能与温度控制有关，或能够发出响亮的、产生共鸣的叫声，或能提升嗅觉。甚至在侏罗纪之前，一些最早的蜥脚类就已经变为拥有柱状四肢的巨兽了。例如，发现于泰国上三叠统地层的伊森龙（*Isanosaurus*）的体长可能会达到 15 米。这个体型和后来出现的蜥

板龙和它的近亲并没有像后来演化出来的蜥脚类那样为了以植物为食而发生许多特化。和板龙以及类似于板龙的恐龙相比，蜥脚类的嘴巴要更宽，牙齿更适合咬断和切割植物。

蜀龙是最有名的早期蜥脚类之一。它的体长约有 10 米，它比大多数更早的蜥脚形类大得多，其身体结构也更善于支撑巨大的重量。后来的蜥脚类则变得更为巨大。

脚类体型相比甚至不到它们的一半，但和更早的蜥脚形类体型比起来则要大得多。

到了早侏罗世和中侏罗世，类似于晚期蜥脚类的类群已经出现。这些恐龙包括来自津巴布韦的火山齿龙（*Vulcanodon*）和来自中国的蜀龙（*Shunosaurus*）。蜀龙的特别之处在于它的尾部末端长有一个带刺的尾锤。一些蜥脚类物种都拥有像这样的骨质尾锤或者尾刺。这些结构可能用于防御兽脚类，也可能用来交配或争夺领地。这些早期蜥脚类牙齿的磨损痕迹表明它们的牙齿是齿尖相对的，这是一种不常见的特征，在恐龙当中并不典型，但却是蜥脚类的一个关键特征。这种齿尖对齿尖的咬合方式之所以演化出来，可能是因为这种方式能让蜥脚类快速地取食一大口植物。

图里亚龙类、马门溪龙类和鲸龙类

一类与蜀龙类似的蜥脚类祖先在中侏罗世和晚侏罗世演

化出了大量新的蜥脚类类群。这些新的蜥脚类类群演化出了更庞大的体型、贯穿整个骨骼的更复杂的气囊系统以及更长的颈部。它们遍布各个大陆，显然是晚侏罗世时期全球广布的占据主导地位的大型植食性动物。从历史的角度看来，这些恐龙中最重要的一种是鲸龙，由理查德·欧文于1841年在英格兰中侏罗统的地层中发现并命名。后来在美国发现的一些标本要比最开始的鲸龙完整得多，但是这块标本对于我们了解蜥脚类演化史来说具有重要意义。它有12或13块颈椎，其颈部和身体形状表明它是一种食性广泛的植食性动物，其食物包括从地面到高大的树木之间的所有植物。

人们发现的鲸龙化石包括两具不完整的骨架以及大量的骨骼碎片。鲸龙似乎是一种广义上的、"普通的"蜥脚类，缺少后来的蜥脚类类群所拥有的独特的典型特征。

鲸龙和其他几类蜥脚类类群的祖先有较近的亲缘关系，其中包括图里亚龙类（turiasaurs），这个类群的化石到目前为

止只在西欧地区发现。巨大的勺状牙齿和心形的齿冠是这个类群独有的特征，它们也通常拥有健壮的前肢，一些图里亚龙类物种体型十分巨大，属于最大的蜥脚类恐龙。在 2006 年被命名的图里亚龙（*Turiasaurus*）可能超过 25 米长，体重超过 40 吨。

一个小型的主要分布在东亚地区的蜥脚类类群，拥有由长而薄的颈椎组成的特别长的脖子，这便是马门溪龙类（mamenchisaurids），其名称来自生活于晚侏罗世中国的马门溪龙（*Mamenchisaurus*）。马门溪龙的四肢通常细长，和其他蜥脚类类群相比，它们拥有更多的颈椎（超过 15 块，而蜥脚类祖先的颈椎数量约为 12 块）。这些特征表明它们以高处的

马门溪龙是所有蜥脚类中脖子最长的，一些博物馆（比如这幅图中）错误地将像梁龙头骨一样长而浅的蜥脚类头骨安装在了马门溪龙的骨架上。其头骨的吻部实际上要比梁龙头骨的吻部短得多也要深得多。

植物为食，其取食高度远远超过其他的蜥脚类和植食性恐龙。一些马门溪龙类十分巨大，体长超过 30 米，体重可达 75 吨。该类群中最大的物种仅颈部长度可能就会达到令人难以置信的 17 米。马门溪龙类另一个特征是在某些物种的尾巴末端长有小型尾锤。然而这些尾锤的作用至今未知。

梁龙类和大鼻龙类

大多数的蜥脚类物种都属于两大类群之一，这两大类群均出现于侏罗纪中期并一直持续到白垩纪结束（或即将结束的时候）。这两大类群便是梁龙类（diplodocoids）和大鼻龙类（macronarians）。梁龙类包括几个类群，这些类群通常吻部较长且呈方形，牙齿呈钉状，尾巴末端较长且呈鞭状。它们同样长有短小粗壮的前肢。来自美国著名的上侏罗统莫里森组地层的梁龙、迷惑龙和雷龙（*Brontosaurus*）都是梁龙类恐龙，且都属于一个叫作梁龙科（Diplodocidae）的分支。

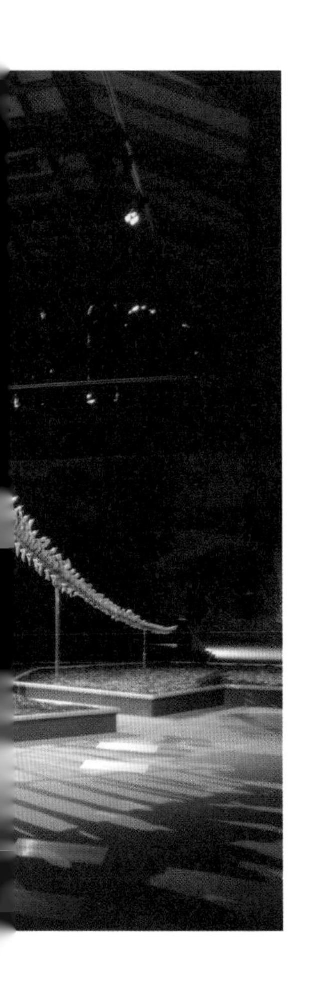

生活于白垩纪的体型较小、脖子较短的叉龙类（dicraeosaurids）和长相古怪的雷巴齐斯龙类（rebbachisaurids）也都属于梁龙类。这两个类群包括了一些最奇怪的蜥脚类。阿马加龙（*Amargasaurus*）是一种生活于阿根廷早白垩世的叉龙类，从其颈部骨骼向上向后长有成对的长刺。尼日尔龙（*Nigersaurus*）是一种生活于尼日尔早白垩世的小型雷巴齐斯龙类，它的头骨骨骼纤细，上下颌的齿列会不断被后排的替换掉，所以齿列沿着颌部的前缘（而不是侧面）分布。

像梁龙和迷惑龙这样的梁龙类有着长长的脖子、形态特别的吻部以及钉状的牙齿，确实与其他的蜥脚类恐龙非常不同，这些特征表明它们因为独特的生活方式而发生特化。有一种观点认为它们以高处的植物为食，会把脖子伸到树冠并啃食那里的树叶，而这些树叶通常生长在其他植食性动物可以触及的范围之外，它们可能偶尔也会通过抬起前肢并用后肢站立来增加身体高度。另一种观点认为它们会把头低下来取食那些生长在地面的植物，是一类特化的以低矮植物为食的恐龙。我们会在第四章详细讨论梁龙类的取食策略。

和梁龙类不同，大鼻龙类以拥有巨大的骨质鼻孔（这也解释了大鼻龙类这个名称的来源，意为“大鼻子”）和形状更圆的吻部为特点。生活于晚侏罗世美国的蜥脚类圆顶龙（*Camarasaurus*）和腕龙以及生活于坦桑尼亚的长颈巨龙（*Giraffatitan*）便是大鼻龙类；存在时间最长、包含物种最多的蜥脚类分支泰坦巨龙也属于大鼻龙类。以前人们认为大鼻龙类是一类特别与众不同的蜥脚类类群，和早期的原始蜥脚类物种相比，它们的头骨具有十分古怪的解剖结构。如今我们知道早期的蜥脚类（比如蜀龙）拥有前端较平的吻部和巨大的鼻孔，于是我们明白了像大鼻龙类一样的头骨结构对蜥脚类来说是典型的，而像梁龙一样吻部低、鼻子小的解剖结构在蜥脚类中才是特别的。

曾经有一段时间，人们突然在美洲、欧洲、亚洲、非洲，

梁龙类的头骨——像这里所展示的梁龙的头骨——和其他蜥脚类相比显得很不同。它的鼻孔高高地位于前额的上方。然而，血管在骨骼中通过的痕迹和其他结构表明，肉质的鼻孔所处的位置可能更接近嘴巴的边缘。

这颗圆顶龙头骨展示了大鼻龙类的蜥脚类的典型特征——较短的颌部以及骨骼粗壮的巨大骨质鼻孔（位于头骨前方的大孔）。

以及马达加斯加发现了大量的泰坦巨龙类新种，这表明泰坦巨龙类在它的演化史上发生了巨大的多样性分异。一些泰坦巨龙类体型巨大，是最大的蜥脚类之一，也因此是有史以来最大的陆生动物之一。生活于晚白垩世阿根廷的阿根廷龙（*Argentinosaurus*）可能有 30 米长，重量超过 70 吨。同样生活于晚白垩世阿根廷的巴塔哥泰坦龙（*Patagotitan*）长度和阿根廷龙相似，在体型上几乎也很相似。而许多其他的泰坦巨龙类在蜥脚类中则属于“中等体型”，长度不超过 14 米，重量不超过 15 吨。还有些泰坦巨龙类，比如发现于罗马尼亚的马扎尔龙（*Magyarosaurus*），就蜥脚类而言体型真的是太小了，其长度不超过 8 米，可能只有 1 吨重。

泰坦巨龙类在身体形状和比例方面较为多样。一些泰坦巨龙类，比如发现于阿根廷上白垩统地层的萨尔塔龙（*Saltasaurus*），拥有短小粗壮的四肢和普通长度的颈部。其他泰坦巨龙类的四肢则更加细长并长有超级长的脖子，比如发现于马达加斯加上白垩统地层的掠食龙（*Rapetosaurus*）。作为大鼻龙类中的一个类群，泰坦巨龙类在它们演化史的早期拥有相对较短而宽的吻部和齿冠较宽的牙齿，至少一些泰坦巨龙类是这样的。另一些则拥有较长的吻部和齿冠较窄的牙齿。这些长吻泰坦巨龙类中一些成员的嘴巴横向扩展，几乎呈“鸭嘴状”。这些特征表明泰坦巨龙类在白垩纪时期演化出了多种取食策略，可能填充了之前梁龙类占据的一些生态位，这又是一个趋同演化的例子。

在距今不远的 20 世纪 90 年代，人们认为蜥脚类主要生活于侏罗纪时期，而在白垩纪时期大多数的蜥脚类都消失了。如今我们知道这种观点是完全错误的，在白垩纪的大部分时间里，蜥脚类在许多大陆上都是大量存在的。而且，它们并没有在演化的道路上停滞不前，恰恰相反，它们不断地演化出各种新的解剖特征以及取食植物的新方法。

鸟臀类：甲龙类、鸭嘴龙类、角龙类和它们的近亲

最终，我们来讨论第三大恐龙类群——鸟臀类，这个分支里的大多数都是植食性恐龙，包括身披铠甲的甲龙类（ankylosaurs）、背具骨板的剑龙类（stegosaurs）、嘴巴形似鸭嘴且常具头冠的鸭嘴龙类，以及长角的角龙类。最常见的鸟臀类都是一些四足行走的大型物种，其中大部分恐龙的体型和现生的犀牛以及大象相似，但是鸟臀类中也存在大量轻盈小巧、双足行走的物种。最早的鸟臀类便是如此，它们是双足行走的小型杂食性恐龙，长有可以抓握的前爪，和兽脚类与蜥脚形类最早的成员形态相似。

有几个解剖特征十分关键，它们可以让我们区分最早

的鸟臀类和另外两大恐龙类群。其中最明显的一个特征便是无齿的前齿骨。前齿骨位于下颌的前端，在鸟臀类恐龙存活的时候，这块骨头一直都被喙状的组织包裹着。它和被喙包裹的上颌前端共同形成了一个切割结构，用来咬下叶片、细枝以及植物的其他部分。我们知道这些喙状组织肯定出现在鸟臀类的颌部，因为在一些化石标本中这些喙得以原位保存。当然，鸟臀类不只是依靠它们长有喙的颌部来取食植物。它们也拥有用来切割和嚼碎植物的牙齿，有几个类群（最主要是鸭嘴龙类和角龙类）还演化出了几百颗牙齿紧密排列在一起的齿系。我们会在第四章详细讨论齿系以及它们的工作方式。

鸟臀类的另一个关键特征在于它们的腰带。在爬行动物中，髋部前方的骨骼（耻骨）通常指向前方和下方，但是在鸟臀类中耻骨指向后方和下方。为什么这个特别的形态会演化出来？通常的解释是这个形态可以让肠子等消化器官占据更大的空间，向体腔的后方进一步延伸——这对于植食性动物来说是一个有利的特征。但是针对这一观点人们提出了一些疑问。其中一个疑问是其他的植食性恐龙类群（像蜥脚形

这幅简化的鸟臀类分支图展示了这个类群由三大支系组成：具有装甲的盾甲龙类，没什么特点的鸟脚类(ornithopods)，以及头部长角并具有骨质结构的头饰龙类(marginocephalians)。

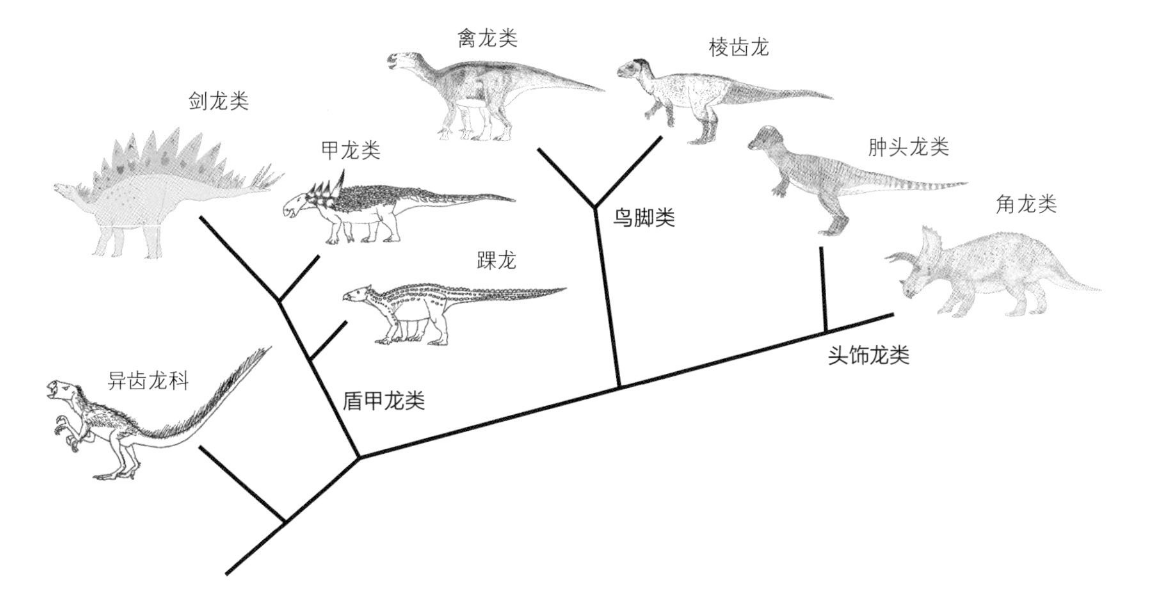

类）并没有演化出向后延伸的耻骨，尽管这种形态肯定对取食植物有帮助。另一个疑问是向后延伸的耻骨也在手盗龙类兽脚类中演化出来，这一类群的恐龙几乎肯定不像早期的鸟臀类一样只吃植物。目前，鸟臀类演化的这一方面仍然迷雾重重，要解开这个谜团还需要进一步研究。

最早的鸟臀类

最早的鸟臀类包括来自委内瑞拉的拉金塔龙（*Laquintasaura*）和来自非洲南部的始奔龙（*Eocursor*）、异齿龙（*Heterodontosaurus*）和莱索托龙（*Lesothosaurus*）。这些早期的鸟臀类大部分生活在早侏罗世。它们都生活在南方的大陆上，这也暗示了早期的恐龙演化主要发生在冈瓦纳大陆。它们不像后来的鸟臀类那样因为植食食性而发生特化，可能是杂食的，以昆虫和其他小动物或植物的某些部位为食。除了这些，我们对它们的生活方式或习性知之甚少。话虽如此，拉金塔龙

来自委内瑞拉的拉金塔龙是已知最早的鸟臀类之一。和其他所有恐龙类群的早期成员一样，它们也有早期恐龙的一些典型特征，它们的体型很小——身长小于3米，同时牙齿和身体形态表明它们拥有一定程度上的杂食食性。

却十分有趣，因为一个化石点保存了大量在同一地点一起死亡的个体。这可能暗示了它们拥有一种社会性的群居生活方式，这种生活方式会在之后生活于晚侏罗世和白垩纪的更高级的鸟臀类中出现。也许鸟臀类在它们演化阶段的最开始便已是一类具有高度社会性的动物。

有一个十分特别的鸟臀类类群，叫作异齿龙类（heterodontosaurids）。异齿龙类可能是最早出现的鸟臀类类群之一，这是因为它们拥有和兽脚类相似的长而可抓握的前爪，缺少在其他大多数鸟臀类的牙齿和颌部出现的更高级的特征。但是请继续看下去。

异齿龙类这个名称的意思是“牙齿形状各不相同的蜥蜴”，是指这些恐龙的颌部同时长有一些像门齿、犬齿和臼齿一样的牙齿。异齿龙类的颊齿拥有典型的植食性鸟臀类的颊齿特征，但是犬齿和可抓握的前爪让某些专家认为这些恐龙可能也会捕食小型动物。异齿龙类的化石最初发现于早侏罗世的岩石中，但是今天我们知道它们存在的时间远远超过早侏罗世，因为人们在中国上侏罗统和英格兰下白垩统的地层中也发现了异齿龙类恐龙。发现于中国的异齿龙类——天宇龙（*Tianyulong*）——因在其身体和尾部保存了较长的、毛发状的丝状物而具有重要的科学意义。同样有趣的是，大部分异齿龙类的体型都很小。来自美国科罗拉多州晚侏罗世的果齿龙（*Fruitadens*），其成年个体的长度不超过 75 厘米，是迄今为止发现的最小的鸟臀类之一。

就像之前所说的那样，大多数恐龙专家更赞成异齿龙类是鸟臀类中原始、“古老的”成员这一观点，认为异齿龙类出现于鸟臀类演化史的早期阶段。但是异齿龙类同样拥有一些在角龙类和肿头龙类中所发现的特征，包括犬齿状的巨大上颌齿。因此，异齿龙类可能根本不是鸟臀类中“古老的”成员，

20 世纪 60 年代早期，人们在南非发现了异齿龙的头骨，这在当时引起了一场轰动。我们可以看到一个骨质的棒状物伸入眼眶内部。在该恐龙存活时，软组织会将这根骨棒与头骨顶部相连，悬挂在眼球之上。

反而是角龙类和肿头龙类的早期成员。

大多数的鸟臀类物种都可归于三大或四大分支之一，每一个分支都演化出了它们独特的身体形态和生活方式。第一个分支叫作盾甲龙类。这是一个身上覆有骨甲的鸟臀类类群，以剑龙类和甲龙类最为著名。这两个类群在它们的颈部、背部和尾部的顶端都长有成排的骨板（一种皮内成骨）。最有名的早期盾甲龙类恐龙是生活于美国早侏罗世的小盾龙（*Scutellosaurus*）。这种恐龙体长略超过 1 米，其四肢的解剖结构和比例表明它们是双足行走的。它们形状简单的皮内成骨排成互相平行的几列，基本上就是一些上表面中间有凸起的圆形骨板。

和小盾龙有密切亲缘关系的是更庞大更健壮的腿龙（*Scelidosaurus*），它们生活于早侏罗世的英格兰。这种恐龙四肢的比例表明它们以四足行走，和小盾龙相比，它们的骨甲在身体上的分布范围更大，形状更加复杂。关于腿龙有一个有趣的现象，那就是一些标本拥有的骨甲数量远比其他的标本要多。一些个体的头骨上长有角，四肢上长有像刺一样的皮内

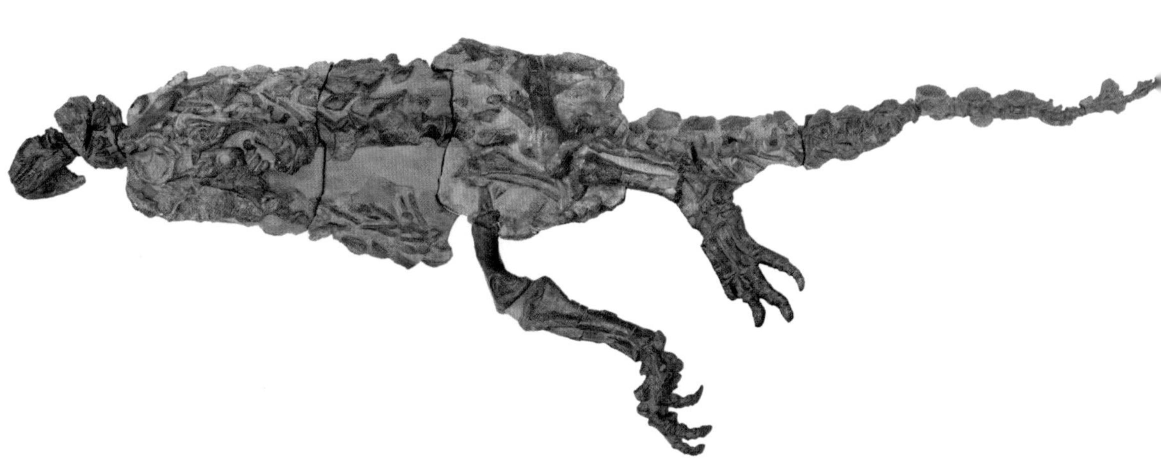

发现于英国下侏罗统地层的盾甲龙类恐龙腿龙有数件保存完好的标本。这幅图所展示的标本发现于1858年，是第一件被发现的腿龙标本。它展示了一副近乎完整的具关节的骨架化石，化石的部分被一连串的泥岩岩块所包裹。

成骨，身体上长有成排的装甲，这些在其他个体中都是没有的。这可能表明不同性别的个体拥有的骨甲数量不同，或者年长的个体拥有的骨甲数量要远超过年轻的个体。

甲龙类：移动的堡垒

久而久之，一类像腿龙的盾甲龙类类群演化出更加巨大的体型、更加健壮的四肢、覆盖面积更大且更复杂的骨甲。这些恐龙最终演变成了甲龙类，它们的化石最早发现于中侏罗统地层，其存在时间一直到白垩纪结束。关于甲龙类演化史的讨论通常聚焦在它们具有明显多样性的、覆盖面积广泛的骨甲上。很多甲龙类恐龙的颈部、背部和尾部的大部分区域覆盖了成片的矩形或椭圆形的皮内成骨，有些种类的骨板呈三角形并从身体和尾部向侧面凸出，另一些种类的背部长有向上凸起的巨刺或锥状物。有些种类的颈部长有类似衣领的环状骨甲，有些种类可以见到巨大的、锤状的骨质尾锤，还有一些种类的四肢上长有排列着的刺状凸起。

从解剖结构来看，甲龙类是最特别的恐龙类群之一。其他恐龙类群的头骨通常都有很明显的巨大孔洞，但是在甲龙类中，这些孔洞被后期形成的骨骼封闭了，其头骨的上表面大部分都被厚厚的、表面凹凸不平的块状骨骼所覆盖。鼻孔经常被发现位于奇怪的位置（有时朝向前方，而不是两侧），而鼻子内部的解剖结构也是惊人的复杂。甲龙类的髋部也十分奇怪。它们的髋部非常宽大，主要由巨大的、平顶的、架子状的髂骨组成。恐龙的髋臼一般都有一个开口，但是甲龙类的髋臼则呈杯状，通常在内侧有完整的骨壁。甲龙类的脊椎通常至少有一部分是融合在一起的，这可能是为了增强身体的硬度并帮助支撑骨甲的重量。最后，甲龙类的四肢骨骼通常短小而粗壮。

一些甲龙类恐龙拥有僵硬的尾尖，尾巴末端是一串较重的圆形团块。该图所示的这个锤状的尾锤宽度超过60厘米，属于巨大的北美洲甲龙类无齿甲龙（*Anodontosaurus*）。

人们已经识别出了几类不同的甲龙类类群，但是这些类群之间确切的演化与亲缘关系仍然是有争论的。很多我们熟悉的甲龙类都属于甲龙科（Ankylosauridae）这个分支。这个类群的成员拥有短而宽的头骨，在它们的头骨后外侧的转角处长有三角形的角。那些长有尾锤的甲龙类——比如发现于北美洲上白垩统地层的甲龙（*Ankylosaurus*）和包头龙（*Euoplocephalus*）——便属于这个类群。第二个类群叫作结节龙科（Nodosauridae），该类群的成员通常拥有更长更窄的头骨，尽管在它们的眼睛上方和后方长有一个大的圆形肿块，但它们的头骨从外观上看起来更扁平一些。一些结节龙类的颈部和肩部长有巨大的长刺。在一些成员中，这些刺向外侧和后方延伸，但是在另一些成员中，比如发现于北美洲上白垩统地层的粗齿埃德蒙顿甲龙（*Edmontonia rugosidens*），它们的刺则向外侧与前方延伸，有时在尖端还会分叉。

一些专家还识别出了一个甲龙类类群——多刺甲龙类（polacanthids），它们发现于西欧和美国的下白垩统地层。这

这件北美出土的甲龙类厚甲龙（*Scolosaurus*）的标本呈侧躺式保存，读者所看到的是它覆有装甲的背部。它的身体很宽阔，背部几乎是平的。

个类群中最著名的成员是发现于英格兰和西班牙的多刺甲龙（*Polacanthus*）。这些恐龙的臀部覆盖着由骨板组成的盾状骨甲，它们的头骨既拥有甲龙科的特征又拥有结节龙科的特征。多刺甲龙类到底是和结节龙科关系更近还是和甲龙科关系更近，至今仍是充满争议的话题，甚至这个类群究竟是否应该被定为单独一个类群也仍在讨论。实际上，它们可能只是另外两大甲龙类类群中的一个类群的早期成员。

剑龙类：骨板和刺

剑龙类因该类群中的同名成员——剑龙——而广为人知，剑龙发现于美国、葡萄牙以及中国（可能）的上侏罗统地层。这种标志性的恐龙最著名的是它那沿着背部排列的菱形骨板。保存有关节的剑龙标本表明这些骨板以不对称的交错方式排列——同在其他剑龙类和盾甲龙类恐龙中更常见的、对称且成对的排列方式相比，这是一种奇怪的排列方式。这种不对称的骨板排列方式为什么出现，又是如何演化出来的，至今仍未被研究过，考虑到这可能涉及一些奇怪的遗传事件，想

数种不同种类的装甲覆盖着甲龙类的身体。这幅图所展示的不同结构都属于发现于欧洲白垩系地层的甲龙类多刺甲龙。聚集的小型鳞状结构在这只动物的部分背部组成了路面一样的结构，而较大的板状物则在身体与尾部向上方或两侧凸出。

确切地知道如何研究上述问题是件很困难的事。

除了骨板，剑龙还拥有一个长而浅的头骨，长有狭窄的喙状嘴巴。它的前肢肌肉发达且健壮，后肢较长，尾部末端长有两对锥状的长刺。对剑龙尾部的灵活性和肌肉力量的研究将会为我们展示这些尾刺的可能用途。我们会在第三章回到这个主题。

剑龙实际上是其所在类群中一个与众不同的成员。第一，它的体型要比剑龙类其他大部分成员大得多。剑龙的体长可达 9 米，而其他剑龙类的体长则多在 4 到 7 米之间。第二，剑龙那些不对称排列的骨板和其他剑龙类对称的、更小的骨板或骨刺比起来十分不同。剑龙类不同成员的骨刺相差很大。剑龙和它的近亲只在尾部末端长刺，但在剑龙类的其他成员中——一个典型的例子是发现于坦桑尼亚上侏罗统地层的钉状龙（*Kentrosaurus*）——它们的骨刺遍布整个尾部以及背部的部分区域。第三，剑龙的肩部没有长刺，然而很多剑龙类成员的肩部都长有向外向后延伸的长刺，有时带

所有剑龙类中最有名、最广为人知的恐龙是剑龙，它细长的头骨在形态上几乎呈管状。需要注意的是，它的眶前孔发生了强烈的退化，几乎闭合。

有宽而圆的基部，这似乎是剑龙类相当典型的特征。在中国发现的剑龙类巨刺龙（*Gigantspinosaurus*）的肩部长有向外向后弯曲的巨刺，每根巨刺的长度和这种恐龙整个胸廓的宽度相当。

鸟脚类：禽龙、鸭嘴龙类和它们的近亲

鸟臀类的第二大类群是鸟脚类，它们和盾甲龙类的恐龙比起来没那么壮观也没那么奇特。这个类群从中侏罗世一直存在到白垩纪结束，它们遍布全球各地，其中许多物种在大量的栖息地中占据了中小型植食性恐龙的生态位。最大的鸟脚类——发现于中国上白垩统地层的鸭嘴龙类山东龙（*Shantungosaurus*）——和蜥脚类的体型相当，它们的体长可达 15 米，重量可达 13 吨。鸟脚类的颌部关节和边缘的结构与其他的鸟臀类有所不同。颌部牙齿的数量会随着时间增加（某些类群的成员可以同时拥有超过 1000 颗牙齿），牙齿本身的内部结构也变得越来越复杂。

鸟脚类谱系的基部成员是发现于英格兰下白垩统地层的体型较小的双足行走的棱齿龙（*Hypsilophodon*），发现于欧洲下白垩统地层的巨大而健壮的禽龙以及许多具头冠或无头冠的鸭嘴龙类。鸭嘴龙类在早白垩世演化自一种类似禽龙的恐龙，它们最有可能起源于亚洲，之后从起源地扩散到除了非洲和澳大拉西亚以外的各个大陆。禽龙、鸭嘴龙类以及与之有亲缘关系的很多类群和较小的棱齿龙的区别在于，前者拥有 U 形（而不是 V 形）的前齿骨以及更深的下颌。这些“似禽龙的”鸟脚类被归在一个叫作禽龙类（Iguanodontia）的分支中。

在 20 世纪的大部分时间里，人们认为几乎所有双足行

走的小型鸟臀类都是棱齿龙的近亲，它们都被归入棱齿龙科（Hypsilophodontidae）。根据这种方案，这个科既包括生活于早侏罗世的原始鸟臀类（像莱索托龙），也包括像禽龙类一样的大型恐龙，比如发现于美国下白垩统地层的腱龙（*Tenontosaurus*）。能够真正证明这些恐龙之间关系密切的强有力的解剖证据从未被识别出来，现在看来这个类群中涉及的几种鸟脚类根本就不是棱齿龙的近亲，而是禽龙类成员的近亲。发现于欧洲上白垩统地层的健壮的凹齿龙类（rhabdodontids）也是禽龙类的成员，橡树龙类（dryosaurids）也是如此，它们是生活在侏罗纪与早白垩世的一个分支，以其细长的足部、短小的前肢以及较短的面部为特点。橡树龙类的化石在英格兰、坦桑尼亚、尼日尔、美国及其他地区都有发现。当初被归入棱齿龙科的几个鸟臀类类群现在看来似乎被排除在一个包含

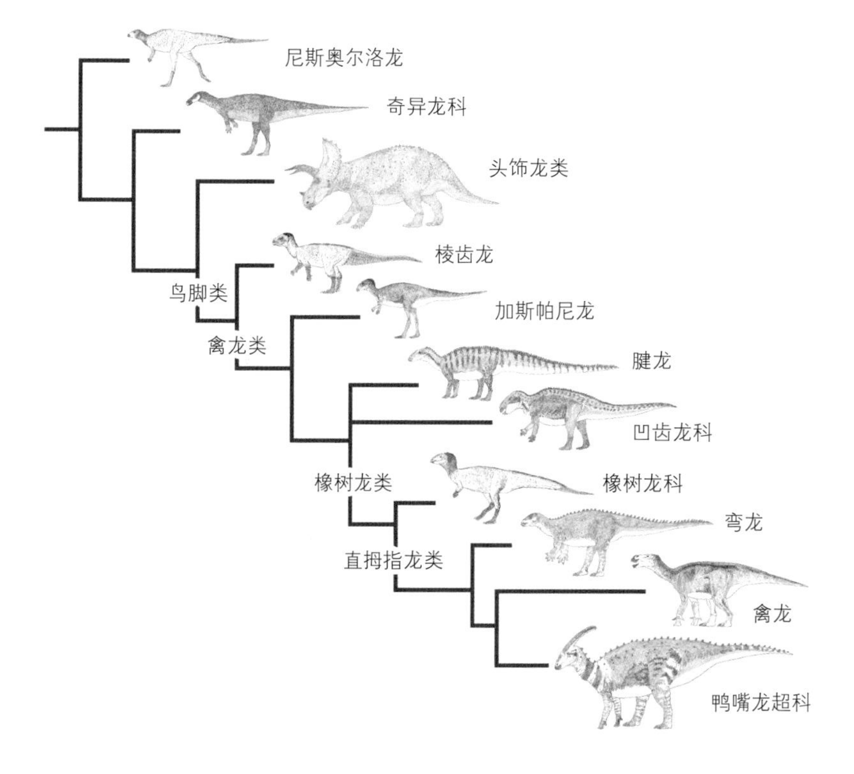

鸟脚类演化中所涉及的恐龙大多数是长度不超过3米的跑步迅速的小型双足恐龙。然而，在侏罗纪时期一个新的鸟脚类分支演化了出来，叫作禽龙类。禽龙类最终演化出了巨大的、四足形态的恐龙，比如禽龙和鸭嘴龙类。近期的研究表明，一些过去被认为属于鸟脚类的鸟臀类类群（包括奇异龙类）实际上不属于由头饰龙类和鸟脚类所组成的类群。

了棱齿龙和禽龙类的分支之外，它们甚至可能根本不属于鸟脚类。这些类群包括发现于北美洲的西风龙类（zephyrosaurs）、奇异龙类（thescelosaurs）和奔山龙类（orodromines）以及发现于中国的热河龙类（jeholosaurs）。不过，这些类群的基本身体形态都是相似的，它们都是双足行走的小型植食性恐龙。凹齿龙类可能与这一概括有所不同，其前肢与髋部的奇怪比例暗示了它们可能以四足行走。

禽龙类的头骨——这颗头骨（下方左图）属于西欧的曼特尔龙（*Mantellisaurus*）——拥有较长的吻部，在吻部的前方存在宽大的无齿区域。这一类群头骨的关键特征就是体积巨大。这颗头骨有45厘米长。

禽龙、曼特尔龙以及和它们类似的禽龙类恐龙的牙齿拥有巨大的棱形齿冠（下方中图），上面还长有突出的肋状结构以及粗糙的锯齿边缘。随着这些牙齿被不断地使用，它们齿冠的尖端发生了磨损，就像下方右图中牙齿所展现的那样。

类似橡树龙类的恐龙表明禽龙和它的近亲以及鸭嘴龙类和它们的近亲都演化自一种体型中等、双足行走的植食性恐龙，这种恐龙善于奔跑，拥有较短的前肢与前爪。在早白垩世，体型较大的新型禽龙类在数量和多样性上有所增长，成为白垩纪时期欧洲、亚洲以及北美洲动物群落中重要的，甚至可能是最重要的植食成员。

在禽龙类类群当中，鸭嘴龙类是体型最大也是最重要的类群。它们拥有齿系和宽而无齿的喙，既可以四足行走又可以双足行走，它们演化出了不同的体型以及多种头骨形态。人们通常认为所有的鸭嘴龙类基本都是相似的，只是它们的头部形状不同。要知道，我们已经发现了吻部较长且长有宽大的鸭嘴状喙部的鸭嘴龙类（比如埃德蒙顿龙

[*Edmontosaurus*]），吻部深而向下弯曲、鼻腔体积大的鸭嘴龙类（比如慈母龙 [*Maiasaura*]），拥有实心的钉状头冠的鸭嘴龙类（比如栉龙 [*Saurolophus*]），拥有中空的片状头冠的鸭嘴龙类（比如盔龙 [*Corythosaurus*]），以及拥有中空的管状头冠的鸭嘴龙类（比如副栉龙）。这些恐龙为什么会演化出这些形态多样的头冠是一个有趣的问题，我们会在第四章进一步讨论。

对鸭嘴龙类基本相似的概括是不准确的，因为这个类群中很多支系在身体形态上截然不同。短冠龙类（brachylophosaurs）和格里芬龙类（gryposaurs）拥有细长的前肢，而副栉龙类（parasaurolophines）则拥有健壮短小的四肢，赖氏龙类（lambeosaurines）的背部顶端长有高高的骨嵴，这让它们看起来好像长了鳍或驼峰一样的隆起。鸭嘴龙类成员之间的这些差异很可能与它们的生活方式以及取食习性有关。

发现于中国下白垩统地层的热河龙（*Jeholosaurus*）是一种相当典型的小型双足鸟臀类恐龙。它具有一个原始的特征，即上颌的前部长有 6 颗牙齿。后来出现的体型更大的鸟脚类在头骨的这一部分缺少牙齿。

头饰龙类：肿头龙类和角龙类

鸟脚类恐龙和另外两个类群具有一系列相同的解剖特征，这两个类群就是：头顶骨骼加厚或者头骨呈圆顶状的肿头龙类以及长角的角龙类。角龙类因其生活于晚白垩世的四足行

这颗发现于加拿大上白垩统地层的剑角龙（*Stegoceras*）头骨展示了头饰龙类头骨后方那典型的架状结构。它那小型的叶状牙齿看起来适合用于撕碎叶片。

走的巨型成员（比如三角龙）的名声而为人们所熟知。大多数角龙类的鼻子或眼睛上方都长有向上延伸的角,头骨上有向上向后突出的头盾。肿头龙类则与角龙类十分不同，它们都以双足行走，许多成员的头骨顶部都很厚且通常呈圆顶状。

虽然最著名的肿头龙类和角龙类的形态截然不同，但当我们观察它们各自类群内最早的物种时，就会发现情况不一样了。这两个类群具有其他鸟臀类所没有的特征，其中最明显的是在它们头骨后部有一块向后突出的骨骼。因为它们具有这一特征，所以都被归入一个叫作头饰龙类（Marginocephalia）的分支中，这个分支名称的意思是“头部有边饰的蜥蜴”。正如之前所讨论的那样，异齿龙类很可能是这个类群的近亲。

肿头龙类是最神秘的恐龙类群之一，因为这个类群中大多数成员都是通过一些零散的残骸化石被人们发现的。目前人们只发现了一两具完整的骨骼化石。这些完整的化石表明肿头龙类拥有宽阔的身躯和臀部，短小的前肢以及细长的尾巴。肿头龙类的尾巴十分特别，因为除了通常完整的尾椎以外，它们的尾部还拥有许多弯曲的骨段。这些是硬化的骨质肌腱（通常是柔软的），长在沿着尾部延伸的肌肉边缘。这一特征常见于一些鱼类（比如硬骨鱼类，一个包括鲶鱼、鲑鱼、鳕鱼等许多鱼类在内的庞大类群），但在陆生脊椎动物中却从未发现。为什么肿头龙类会演化出这个结构完全是个谜。

肿头龙类一个更为人熟知的特征是平顶或圆顶的头骨，在头骨的边缘与侧面饰有骨质突起或短角。最著名的肿头龙类成员——发现于美国上白垩统地层的怀俄明肿头龙（*Pachycephalosaurus wyomingensis*）——是最好的例子，其圆顶状头骨的顶部有40厘米厚。在其他种类中，比如发现于蒙古上白垩统地层的笼尾平头龙（*Homalocephale calathocercos*），它们头骨的顶部是平坦的。

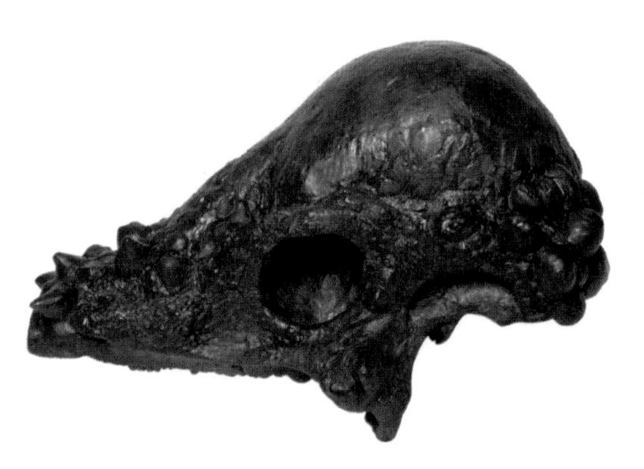

发现于美国上白垩统地层的肿头龙拥有形状奇特的圆顶状头骨，这个头骨由厚厚的、圆顶状的头顶和半球状的小突起、小块以及短小的角共同组成。肿头龙的全长约有4.5米。

关于不同的肿头龙类成员之间的亲缘与演化关系的观点一直处于变化之中。自20世纪70年代以来人们一直认为头骨呈平顶状的肿头龙类和头骨呈圆顶状的肿头龙类分别是两个不同的类群，在从一个共同祖先演化出来后，它们便在演化之路上分道扬镳。但是，后来有人认为一些头骨呈平顶状的成员和头骨呈圆顶状的类群的亲缘关系比和其他头骨呈平顶状的成员更近，在这种情况下头骨呈平顶状的肿头龙类就不是一个分支。最近，一些专家认为平顶的肿头龙类只是圆顶类型的幼年阶段。我们会在第四章进一步讨论这个观点。

角龙类的化石最主要发现自白垩系地层，但是一些化石记录表明这个类群在晚侏罗世就已经出现了。这个类群最古老的成员包括中国的隐龙（*Yinlong*）和花脸角龙（*Hualianceratops*），它们都是双足行走的小型恐龙，体长小于2米。和其他的早期角龙类一样，隐龙没有长角和巨大的头盾。它们头骨的后部很厚、很宽，拥有为闭颌肌肉所附着的巨大孔洞，在颊部与眼睛后侧有粗糙的骨质突起。和其他所有的角龙类一样（和其他鸟臀类不同），隐龙的上颌末端长有一块特有的骨骼，叫作喙骨。这块钩形的骨骼可能有助于增强钩状的喙的强度或增大喙的体积，喙在角龙类头骨中是一个明显且重要的部分。

实际上，所有早期的角龙类体型都很小，介于猫和绵羊之间。一些被鉴定可能为早期角龙类（比如发现于日本下白垩统地层的白峰龙[*Albalophosaurus*]）的双足鸟臀类在外形

和肿头龙类的头部相比，我们对肿头龙类的身体了解较少。目前我们认为，这个类群的所有成员都拥有短而细的前肢，并且能依靠双足快速奔跑。这幅图所展示的肿头龙类是发现于蒙古和美国的倾头龙（*Prenocephale*）。

上与双足鸟脚类并没有什么特别的不同。能被明确鉴定的早期角龙类往往长有狭窄的喙，脸颊长有骨质突起或角，头骨后部长有较短的架状头盾。一些早期角龙类以双足行走：经典的例子就是发现于中国、蒙古以及西伯利亚下白垩统地层的鹦鹉嘴龙（*Psittacosaurus*）。其他的早期角龙类则以四足行走，比如发现于中国和蒙古上白垩统地层的原角龙（*Protoceratops*）。实际上，所有发现于东亚地区的早期角龙类，在整个白垩纪的恐龙群落中一直都有出现。在北美洲西部和欧洲的部分地区，它们也一直存在到白垩纪结束。

距今约 9000 万年前，一种生活于亚洲或北美洲的类似原角龙的角龙类演化出了一支体型更大的动物谱系。这些动物以长长的额角、更大的头盾和更多的牙齿等特征开启了它们的历史。这个类群中的大多数成员都属于一个叫作角龙科的分支。这个类群包括三角龙、头盾带刺的戟龙（*Styracosaurus*）以及以吻部饰有巨大的肿块（而不是角）著名的厚鼻龙（*Pachyrhinosaurus*）。所有的角龙科恐龙体型都较大，大小介于犀牛与大象之间，身体与四肢形态因四足行走的生活方式而发生特化。在北美洲西部晚白垩世的许多恐龙群落中，角龙科恐龙十分丰富。当时这个区域大约生活着 30 种不同的角龙科恐龙。

如今，人们几乎可以确定，角龙科奇特的角、头盾、刺以及骨质突起是作为某种信息传输装置与武器发挥功能的。它们如何使用身上的装饰，以及这些装饰最初是在哪种选择压力下演化出来的，至今仍争议不断。这个主题和我们对恐龙行为的理解密切相关，我们会在第四章回到这个问题。

和几乎所有的角龙类一样，开角龙（*Chasmosaurus*）拥有巨大的头盾、尖锐的喙以及巨大的鼻角。其头盾边缘装饰着成对的刺。不同的角龙类在头盾的大小和形状上，以及头盾上角和刺的布局和数量上有着巨大的差异。

第三章

恐龙解剖学

当我们想到恐龙化石的时候，通常会想到完整的恐龙骨架，比如在世界各地的博物馆大厅里所展览的恐龙骨架。这样的标本为古生物学家提供了大量的信息。首先，它们是用来重建演化树（见第二章）的依据来源，因为这些化石拥有的解剖特征可以被用来推断不同恐龙物种间的亲缘关系。其次，骨骼的大小、形状以及其他特征（比如肌肉附着的证据，或者容纳神经与血管的孔洞）可以被我们用来研究恐龙的活动方式，比如它们如何运用感官，如何取食、移动以及成长。但是我们也要知道，不完整的骨架，甚至单独的一块骨骼或骨骼碎片，也可以为我们提供有用的见解。

在这一章中，我们会着眼于目前对恐龙解剖学（一个关于骨骼、器官以及肌肉的科学分支）的了解有哪些，以及解剖学研究能为我们提供恐龙存活时的哪些信息。我们会先看看对恐龙骨骼的了解，然后是对恐龙的肌肉解剖特征的了解，随后是呼吸系统、消化系统，最后是体表覆盖物——包括皮肤和其他覆盖在身体外部的特征。

恐龙的骨骼

恐龙是脊椎动物，和鱼类、两栖类、哺乳类以及其他爬行类有着同样的骨骼分布构型。更具体一些，恐龙是四足动物，即脊椎动物中拥有四肢与手指及脚趾的一类（和鱼不同），它们的四肢与肩带和腰带相连。恐龙拥有四足动物的身体构型这个事实意味着它们和我们拥有基本相似的骨骼。所以，如果你对人体的骨骼有所了解，那么你对恐龙的骨骼也会有很多了解。

脊椎动物骨骼结构的关键特征是脊柱，它是一条长长的骨

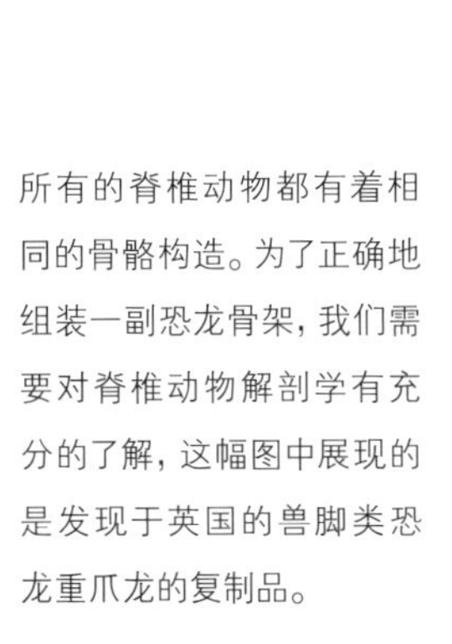

所有的脊椎动物都有着相同的骨骼构造。为了正确地组装一副恐龙骨架，我们需要对脊椎动物解剖学有充分的了解，这幅图中展现的是发现于英国的兽脚类恐龙重爪龙的复制品。

骼结构，由许多单独的被称为脊椎的骨骼相连而成，在脊柱的最前端连接着头骨。头骨容纳着大脑和主要的感觉器官（眼睛、耳朵、鼻子、舌头）。一系列神经通过特殊的骨骼开孔（叫作小孔）从头骨散发出来并将大脑和身体的各个区域连接起来。一种被称为脊髓的神经组织，其最前端连接着大脑，沿着脊柱延伸，并沿着脊柱长轴散发出更多的神经。

头骨的结构十分复杂，由许多不同的骨骼组成。牙齿沿着颌部边缘长在颌骨上，主要由两种非常坚硬的物质组成：齿质和釉质。和我们一样，恐龙的牙齿长在颌骨内部单独的牙槽中。大多数恐龙在它们的一生中都不断地有新牙长出，一颗牙齿在使用一个月左右之后就会被新牙替换掉。这个系统对于我们人类来说似乎很特别——因为在我们的一生中只会长出两套牙齿，但是对于脊椎动物来说，这实际上是个正常的典型状况。我们会在第四章详细讨论恐龙牙齿的多样性。

我们通常认为头骨上唯一可以活动的部位是颌关节。颌

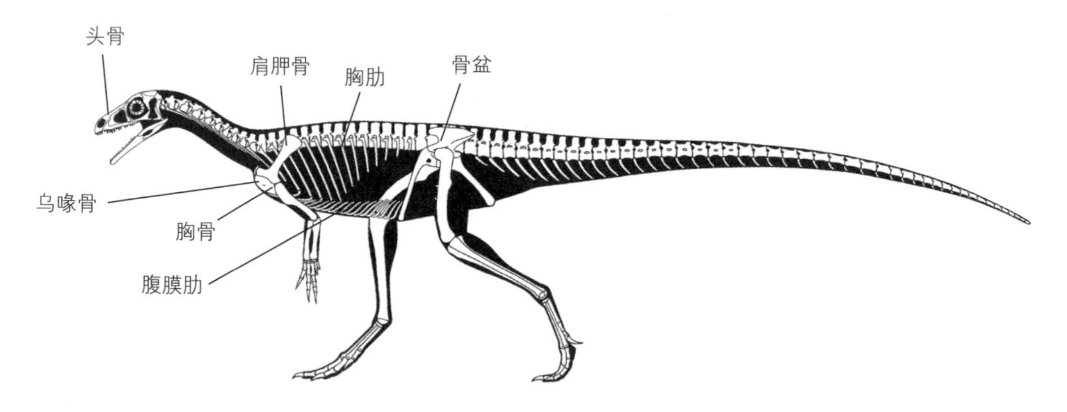

具关节的骨架化石和我们对现生动物的了解让我们能在一定程度上对非鸟恐龙进行比较精确的复原，就像该图所展示的始盗龙。当我们讨论恐龙的骨骼时，基础的解剖学知识显然是至关重要的。

关节的存在可以让我们在咀嚼和说话时活动下颌。我们耳朵内部有许多细小的骨骼（哺乳类的一个独特特征）也是可以活动的，这些骨骼会随着鼓膜接收到声音的振动而移动。人类以及其他哺乳类头骨上的大多数骨骼都牢固地连接在一起，互相之间不发生移动。在这一方面，一些恐龙可能和哺乳类截然不同，它们的面部、下颌，以及嘴巴与吻部的顶部骨骼可能有一些可弯曲的区域，这可能便于这些骨骼在它们取食的时候发生移动。这种头骨骨骼之间的移动叫作头骨可动性（cranial kinesis）。在非鸟恐龙中究竟有多少恐龙拥有头骨可动性仍有争议，我们稍后会进行讨论。

除了眼睛和鼻孔的开孔，恐龙和人类的头骨之间另一个有明显区别的方面，是大多数恐龙在它们的吻部和头骨后方都有巨大的窗状孔。这些孔中最明显的孔叫作眶前孔，其位于吻部的侧面，处于鼻孔和眼睛之间。在眼睛后方还有两个孔，叫作颞孔。位于头骨侧面的较长的颞孔叫作侧颞孔，在头骨上方较圆的颞孔叫作上颞孔。颞孔并不是恐龙所独有的，恐龙所属的更大的爬行类类群——双孔亚纲（意为“有两个孔的”）也有颞孔。这个类群还包括鳄类、蜥蜴以及蛇类。在第一章中我们也看到了眶前孔并不是恐龙所独有的。眶前孔是主龙类的一个普遍特征。主龙类是双孔类的子类群，恐龙和鳄类以及其他几个已经灭绝的类群同属于主龙类。

这些额外的孔最初为什么会出现呢？这是个好问题。这些孔的一部分被控制颌部开合的肌肉所填充，所以通常对这些孔的存在的解释是它们为颌部肌肉提供了附着点。也有人提出这些孔使头骨变得更加坚硬，能够更好地承受咬合时头骨内产生的压力。这个解释似乎部分正确。然而，巨大的眶前孔可能并不像我们以前所认为的那样在固着颌部肌肉时起到重要的作用，因为最新的证据表明，眶前孔的大部分都被巨大的气囊填充，而不是肌肉。这些气囊是气囊系统的一部分，我们会在下文详细讨论气囊系统这个解剖特征。许多恐龙的头骨内部都拥有数量惊人、结构复杂的气囊结构。

一些恐龙类群（比如甲龙类）头骨上的孔会被新长出来的骨骼所覆盖。另一些恐龙类群（比如雷巴齐斯龙类）头骨上的孔会增大，使头骨变得更轻和更开放。

头骨结构方面的这些演变和恐龙所采用的取食方式有关，也有可能和其他一些行为有关，比如使用头骨进行战斗以及制造声响。

恐龙头骨通常拥有数个开孔，这些开孔并没有出现在人类的头骨上。眶前孔出现在吻部的两侧，侧颞孔则是一个较大较长的开孔，位于眼眶的后侧。这幅图中所展示的头骨属于晚三叠世的蜥脚形类恐龙板龙。

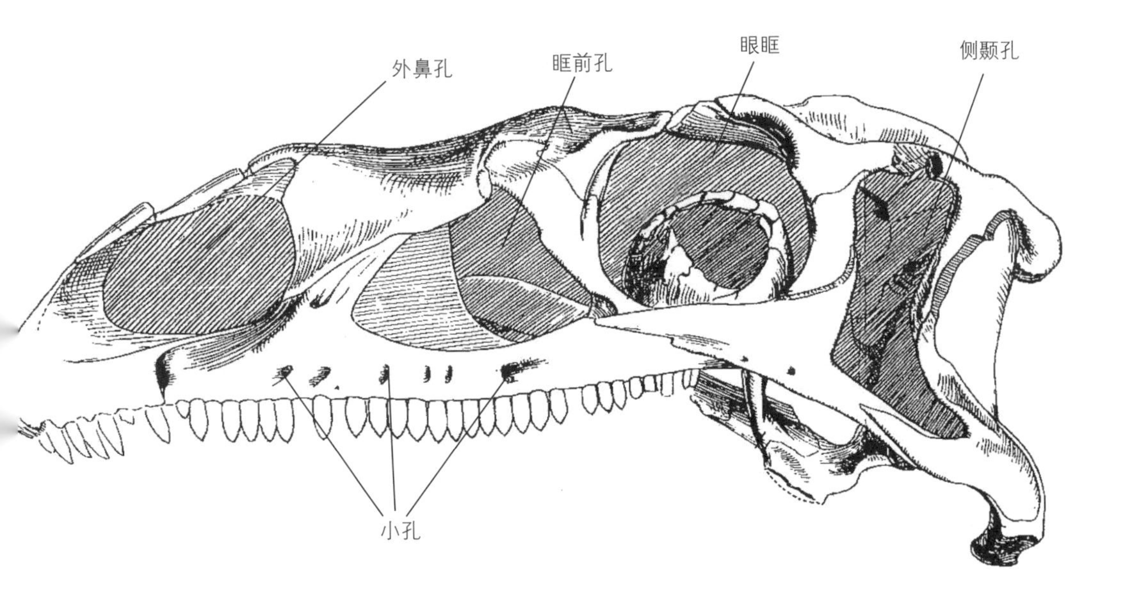

科学家们总是对恐龙的头骨和牙齿特别感兴趣，主要是因为它们为科学家们提供了大量关于恐龙的食性、行为以及生活方式等方面的信息。当然，头骨只是骨骼的一部分，而且是很小的一部分。大部分骨骼被称为头后骨骼（postcranial skeleton），即除了头骨之外的所有骨骼。就像典型的四足动物一样，恐龙拥有成对的前后肢和前后肢带，位于身体两侧。前肢带又叫作肩胛乌喙骨（scapulocoracoid）或肩带。每一个肩带都由一块肩胛骨（scapula）和一块板状的乌喙骨（coracoid）组成。

乌喙骨沿着胸部中心与胸骨相连。在一些恐龙类群中，其他的骨骼（包括棒状的锁骨）会与肩带的前缘相连。兽脚类拥有 V 形的叉骨（furcula），这是一个我们很熟悉的特征，因为它也出现在鸟类中。叉骨曾经被人们认为是鸟类所独有的特征，但实际上叉骨在兽脚类中广泛存在，甚至也出现在兽脚类的早期成员中。一块由锁骨形成的 V 形骨骼甚至出现在与兽脚类亲缘关系较远的蜥脚形类恐龙大椎龙中。

恐龙的胸腔由长长的肋骨组成，这幅图（对页上图）所展示的胸腔属于盾甲龙类恐龙剑龙，这些肋骨通过活动的关节与脊椎相连。在胸廓的最前方和最后方的肋骨要更短一些，活动性也更弱一些。

恐龙的胸腔由大约 13 对大而弯曲的胸部肋骨组成。和大多数四足动物一样，恐龙的肋骨是可移动的，每根肋骨最前端的两个分叉使得肋骨可以被附着在上面的肌肉所牵引移动。蜥臀类还拥有哺乳类所没有的额外的胸腔骨骼：这是一些具有弹性的杆状和 V 形骨骼，沿着胸部和腹部的下表面像篮子一样交错排列。这套由“腹部肋骨”组成的结构叫作腹肋腔（gastral basket），而组成腹肋腔的单个的骨骼叫作腹膜肋（gastralia）。和胸肋一样，腹膜肋相互之间通过肌肉连接，似乎起到了在呼吸时扩张腹部和胸部的作用。如今，腹膜肋是鳄类的典型特征，而鸟类则没有这一特征。在许多侏罗纪以及白垩纪时期的古鸟类化石中，腹膜肋都有完好地保存下来，很显然这一特征在后来鸟类的演化中消失了。

这具暴龙骨架（对页下图）突出展示了胸腔下方像篮子一样排列的腹皮肋或腹膜肋。值得注意的是，这种骨骼在旁边的鸟臀类骨架中是不存在的。

恐龙的前肢、手与指

恐龙的前肢骨骼在结构和形状上差异很大。前肢的主要骨骼是肱骨（上臂骨）、桡骨和尺骨（两根下臂骨）。腕骨使得手和上臂之间可以进行复杂的运动。手本身由三组骨骼组成。掌骨（metacarpal）通常是组成掌部的细长骨骼，指骨（phalange）是组成手指的圆柱形骨骼，爪骨（ungual）是组成指尖的一组指骨，通常被角质的爪或蹄所覆盖。

长柱状的四肢骨骼（有时骨骼上会有巨大的隆起以附着肌肉）在四足行走的恐龙中十分常见，这些四足类群成员的手也为承受体重而发生特化。我们之前已经提到蜥脚类恐龙演化出了怪异的柱状手，它们的掌骨呈半圆形排列，指骨变短或完全缺失。剑龙类、甲龙类、角龙类以及一些禽龙类同样演化出了可以承重的手，但它们是通过不同的演化方式演化出来的。

原地保存的完整骨骼化石表明剑龙类和甲龙类拥有柱状的手，和蜥脚类的手比较相似，它们的掌骨呈柱状并垂直于地面。这个观点得到了两方面证据的支持：这些恐龙的手的

多个四足鸟臀类类群演化出了粗壮的柱状掌骨以及蹄状的爪。这些特征在禽龙（左图）和剑龙（右图）的手部十分显著。

单个骨骼连接在一起的方式以及它们的行迹化石。顺便说下，这个观点通常不会在剑龙类和甲龙类的复原图以及博物馆的标本中体现出来，因为这些复原图以及标本通常展现出它们的指是张开的，指的下表面和地面是直接接触的。

角龙类演化出了更厚更大的内侧指骨，它们呈半圆形排列并承受了身体的大部分重量。内侧指骨的前端长有钝而圆的蹄甲，而两个外侧的指骨似乎没有蹄甲。

最后来说说禽龙类。禽龙类演化出承重的手是通过将中间的三根长指骨转变为厚厚的蹄状结构。拇指变成了钉状的武器，人们最熟悉的便是禽龙的这个特征。它们的拇指很大，有时可达 30 厘米长，可能是很危险的武器。出于某个未知的原因，演化为鸭嘴龙类的禽龙类支系的拇指完全缺失。同时，禽龙类的第五指仍然可以弯曲，可能还具有抓握功能。

某些兽脚类类群——比如巨齿龙类和异特龙类——通常拥有短小的臂骨以及特化的用来抓捕猎物的手。细长的指骨以及弯曲而尖锐的爪是兽脚类前肢的典型特征。一些兽脚类类群（特别是手盗龙类）演化出了很长的指，而其他一些类群（比如阿贝力龙类）的指则演化得很短。和其他所有恐龙一样，兽脚类在演化的最初也拥有五根手指，但是随着时间的推移，外侧的两指变得越来越小，在许多类群中已经缺失了。暴龙类的第三指也发生了缺失，结果就是它们的手只有两指，阿瓦拉慈龙科恐龙以及一些鸟类也是如此。一种怪异而无齿的新角鼻龙类恐龙——泥潭龙（*Limusaurus*），生活于中国晚侏罗世时期，它也长有强烈退化的只有第二指和第三指的手。一些阿瓦拉慈龙科恐龙和鸟类的手甚至最后只剩下一根手指，而一些鸟类则没有手，甚至整个上肢都和手一起缺失（比如曾生活于新西兰而如今已经灭绝的不能飞的巨型恐鸟）。

直到最近，一些博物馆组装的恐龙骨架以及一些插图所展示的兽脚类恐龙手的姿势仍然是掌心向下。但是这一兽脚类恐龙的解剖学观点与原位保存的完整的骨骼化石（或者是具关节的骨骼化石）相矛盾。这些化石所展示的手的姿势是掌心向内，而不是向下。一些古生物学家建立了实体模型和电脑模型来检验手的摆放姿势。古生物学家菲尔·森特（Phil Senter）通过分析兽脚类前肢骨骼各个关节的实际运动范围，

各种各样的恐龙演化出了各种前肢，像阿尔伯塔龙（*Albertosaurus*）这样的暴龙类恐龙的前肢是所有恐龙前肢中最奇特的。它们的上肢骨骼短而细，手部只长有两根手指。我们经常会见到，博物馆中组装而成的暴龙骨架的肩带骨骼之间相距甚远，实际上两块肩带应该沿着胸部的中线发生接触。

恐龙前肢的关节结构不允许恐龙的手在腕部发生转动，所以双足恐龙的手永远保持“掌心向内”的姿势。这些长有三指的巨大前肢属于在蒙古发现的巨型似鸟龙类恐龙恐手龙。

对它们的前肢进行了3D建模，结果发现兽脚类的手只能以“掌心向内”的姿势活动。这表明兽脚类在抓捕猎物时会采取“击掌”的动作，即手合拢在胸部前方，而且它们肯定主要用手抓住猎物。许多兽脚类——特别是小型兽脚类——可能抓住小动物后直接把它们送到嘴里，但是大型兽脚类更有可能用手抓牢猎物来控制住它们，同时通过撕咬来使它们丧失活动能力或者杀死它们。

进一步支持这种手的姿势的证据来自早侏罗世时期蹲着的兽脚类恐龙留下的遗迹化石。这些遗迹化石表明，兽脚类在蹲坐的时候将它们手指的上表面放在地上，而不是它们的掌心或手指的下表面。鸟类那几乎完全被羽毛隐藏起来的手，也同样采取了“掌心向内”的姿势，所以说，手的姿势这一解剖特征似乎在兽脚类的整个演化史中都是保持不变的。

还有一点要提及的是非兽脚类恐龙的手的姿势。正如我们在第二章所了解的那样，三大恐龙类群早期成员的整体形态都比较相似，即都以双足行走并拥有可抓握的手。那这里便存在一个明显的问题：双足行走的蜥脚形类和鸟臀类的手的姿势也是“掌心向内”吗？答案似乎是肯定的。双足行走的蜥脚形类和鸟臀类具关节的骨架化石都保存有掌心向内的手，并且建模研究（用实际标本和电脑软件同时进行）再一次表明它们的手只能以这种姿势进行活动。

就像大多数手盗龙类兽脚类一样，这只驰龙长有细长的手，三根手指的尖端长有强烈弯曲的爪。这具标本的手被错误地摆成了“掌心向下”的姿势。

髋部与后肢

让我们来看看恐龙身体的后半部分。在第二章我们已经讨论过了恐龙骨盆的关键特征以及不同恐龙类群之间的主要区别。关于恐龙髋部最有趣的一件事是髂骨的大小。恐龙的髂骨宽大呈板状，并位于腰带的顶部。髂骨是大腿肌肉的附着位置，而髂骨宽大的表面表明，实际上所有的恐龙都拥有巨大的腿部肌肉。不同种类的恐龙在髋部的宽度方面差异巨大。一些兽脚类的髋部较窄，骨盆的左右两半在恐龙的背部几乎相互接触。但是其他的兽脚类（比如镰刀龙类）、一些蜥脚类以及盾甲龙类的髋部要宽得多，骨盆的左右两半分开的距离很大。

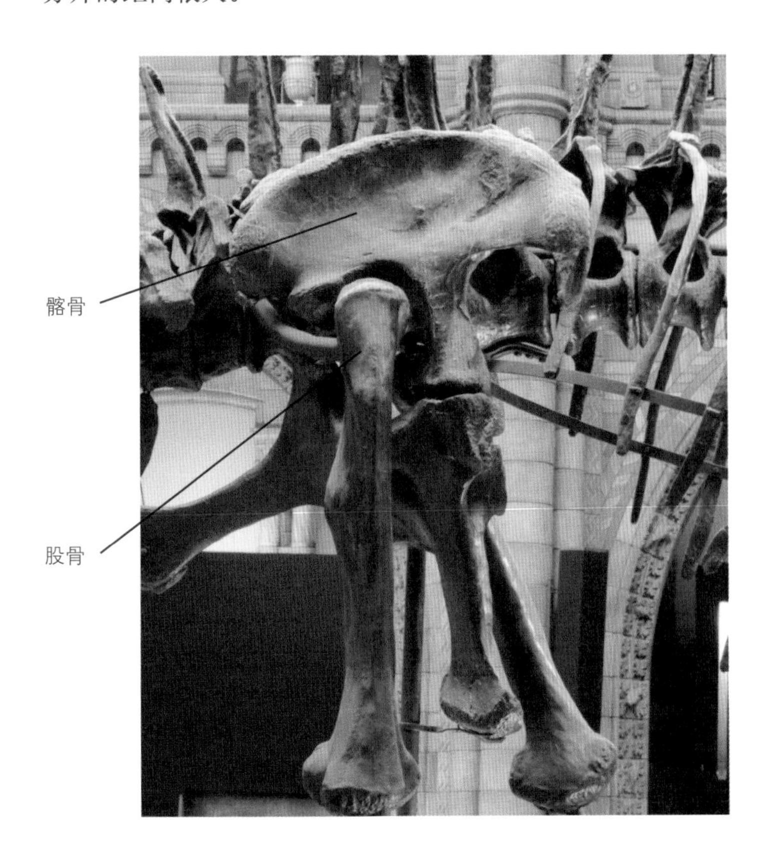

恐龙腰带的一个典型特征就是巨大的板状髂骨（ilium）——一块巨大而扁平的位于髋部上方的骨骼。髂骨下方中空的区域是大腿的连接处，髂骨侧面的骨质突起则附着着巨大的尾部肌肉。这幅图所展现的是蜥脚类恐龙梁龙的腰带。

恐龙后肢上部的骨骼是股骨（femur）。股骨通常是恐龙骨骼中最大最强壮的骨骼，通过将股骨的长度和形状与四肢其他部分的骨骼进行比较，我们可以知道一种恐龙的运动方式是以步行还是奔跑为主。在现生动物中，奔跑速度较快的动物往往拥有相对较短的股骨，而这一特征对已经灭绝的恐龙似乎也同样适用。恐龙股骨的后表面有一个叫作第四转子的巨大的肌肉附着点。在一些类群中，它只是股骨上略微凸起的、粗糙的一小块，而在另外一些类群中它是巨大的、突出的指状长刺。第四转子十分重要，因为它是恐龙身体中最大的肌肉之一（尾骨长肌）的附着点，同时第四转子形状的变化及其独特的存在能为我们提供一些有趣的信息，这些信息与恐龙使用它们腿部肌肉的方式相关。我们会在后面进一步讨论这一主题。

非鸟恐龙没有髌骨（就目前所知），但是鸟类确实多次演化出了髌骨，比如一类长有牙齿的白垩纪潜鸟（包括黄昏鸟[*Hesperornis*]）。在鸟类和哺乳类中，髌骨有助于增强后肢肌肉对后肢骨骼的拉力。考虑到髌骨的重要性，非鸟恐龙为什么缺失髌骨至今仍然是个谜。

后肢骨骼的第二段由两根小腿骨组成，即较大的胫骨（位于后肢的内侧）和较细的腓骨（位于外侧）。善于快速运动的恐龙拥有细长的小腿骨，这种类型的小腿骨在体型纤细的兽脚类和鸟脚类中可以见到。恐龙的小腿骨在下方末端与两块较大的踝部骨骼相连，分别是距骨（位于后肢内侧）与跟骨（位于外侧）。恐龙的距骨十分独特，通常有一个很高的三角形凸缘向上生长，并牢固地附着在胫骨的前表面，而距骨的下半部分则呈圆柱状。这一结构导致恐龙拥有一个坚硬的、铰合的踝关节，和其他爬行动物以及哺乳类那结构复杂且灵活的踝关节非常不同。这种铰合的、强化的踝关节是恐龙及其近

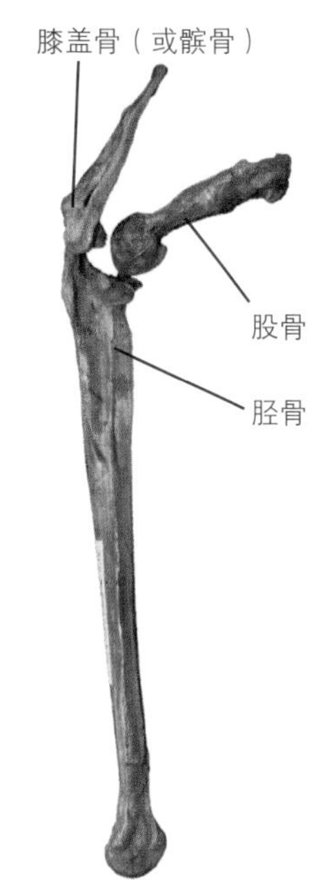

由于某些未知的原因，非鸟恐龙缺少膝盖骨（也称髌骨 [patella]）。然而膝盖骨在鸟类中却演化出来。上图所展示的是生活于白垩纪北美洲的游禽黄昏鸟的后肢，其上长有长钉状的髌骨，长度几乎和股骨一样长。

亲独有的特征，这一特征可能是它们在演化史上取得成功的关键因素之一。这种结构的踝关节很可能有助于稳固足部以防止足部扭伤，因此恐龙才能够以更大更快的步伐前进。

除了踝关节之外，后肢还包含跖骨（metatarsal）和趾，趾由趾骨（phalanges）组成。人类比较特殊，因为我们是跖行动物：我们的脚踝离地面很近，并且足部是扁平的，我们使用跖骨来行走。而大部分的四足动物是趾行动物，这意味着它们的踝部被抬离地面有一定高度，跖骨只有末端与地面接触，所以它们主要是用脚趾来行走。恐龙采用的就是这第二种行走方式，它们都是趾行动物。同样，跖骨可以为我们提供与恐龙生活方式相关的信息。移动迅速的动物通常拥有细长的跖骨，这种类型的跖骨在许多兽脚类和鸟脚类中都有发现。一些兽脚类（包括比较高级的似鸟龙类和暴龙类）的跖骨紧紧地结合在一起，形成了结实而狭长的足部。

盾甲龙类、角龙类和蜥脚类拥有粗短的跖骨。这种类型的跖骨更适合承受重量，也更适合缓慢行走的运动方式。蜥脚类的跖骨很短以至于它们的踝关节离地面非常近，这和很多其他种类的恐龙有着明显的区别。但是，就像我们之前所看到的那样，它们的足部被巨大的脂肪垫包裹，和大象的足

像右图所展示的埃德蒙顿龙这样的恐龙拥有粗短的跖骨和块状的趾骨，这很明显是为了适应于承受身体重量而演化出来的。像大多数动物一样，非鸟恐龙只用它们的脚趾行走，而且跖骨通常保持一种近乎垂直的姿态。

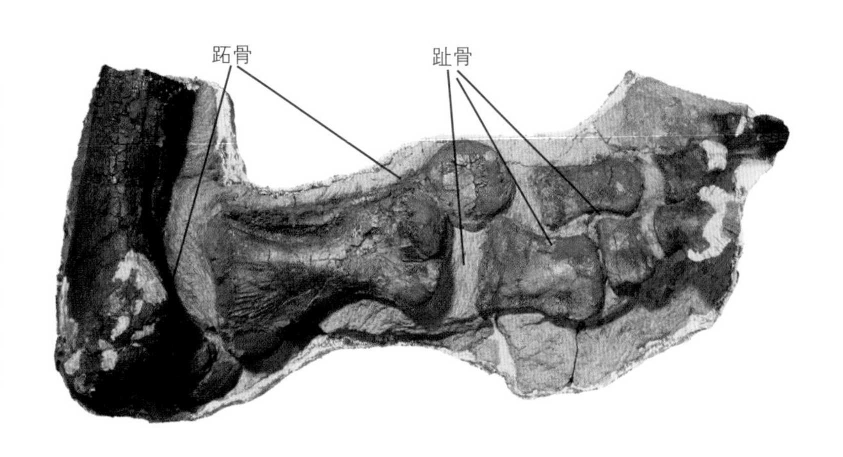

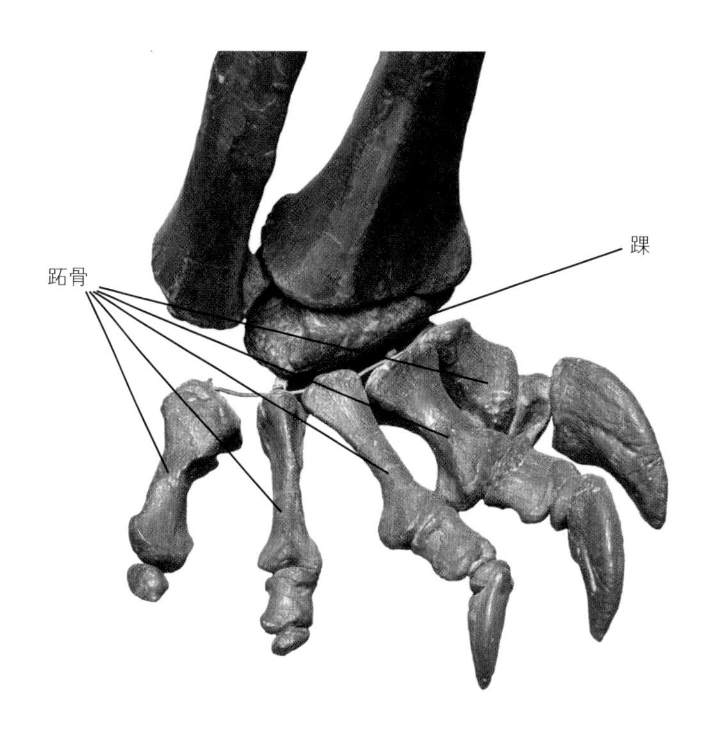

蜥脚类的后足十分适应于承受身体重量——左图中的后足属于梁龙。蜥脚类的足底部由一块巨大的脂肪垫组成，这块脂肪垫使柱状的跖骨远离地面。蜥脚类的踝关节很短，其灵活性受到限制。

部比较相似，这意味着蜥脚类也是趾行动物。

最后，我们来观察一下恐龙的趾。恐龙最开始的时候拥有五个趾，但是它们内侧和外侧的趾在演化上有缩小的趋势。在大多数恐龙类群中，最外侧的第五趾发生缺失（经常只剩下短小的跖骨），最内侧的趾或第一趾（拇趾）也很小，在兽脚类和鸟脚类中甚至缺失了。大部分兽脚类和鸟脚类仅以它们足部的中间三趾行走。一些手盗龙类，比如驰龙类，它们的第二趾演变成了一个举起来的“武器”，带有一个更大的爪子，不再用于行走。这些恐龙仅以两趾来行走。

不同恐龙的趾骨大小与比例各不相同。蜥脚类、甲龙类和剑龙类恐龙都拥有短块状的趾骨，而足部细长的恐龙（像兽脚类和小型鸟臀类）的趾骨则比较细长。因此我们将恐龙的足部形态分成了相反的两大类：短而紧凑的足部和长而伸展的足部。趾骨的比例以及趾末端的爪的弯曲程度可以为我

暴龙类兽脚类的足部和蜥脚类相比更长更细，像下图这只阿尔伯塔龙的跖骨，其顶端通过特殊的关节紧密地锁在一起。这使得它们的足部重量更轻，其结构更适于快速运动、传导能量以及支撑体重。

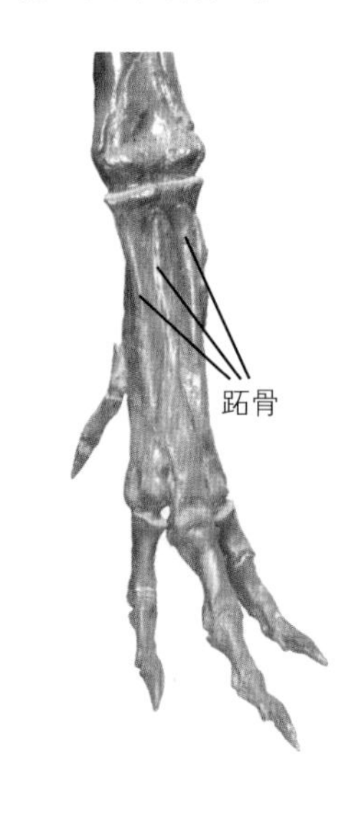

们提供一些和恐龙生活方式有关的信息，特别是关于鸟类和似鸟的兽脚类。许多非鸟兽脚类的趾骨比例表明它们在地面生活并善于奔跑或行走。其中某些恐龙的趾骨的特征至少表明它们偶尔会攀爬。一些专家认为恐爪龙和小盗龙可能善于攀爬，而关于始祖鸟、孔子鸟（*Confuciusornis*）以及其他鸟类和似鸟的手盗龙类是否拥有爬树和栖息在树上的能力，至今仍存在争论。

小型的似鸟手盗龙类，比如大小和野鸡相当的驰龙类恐龙中国鸟龙（*Sinornithosaurus*）拥有细长的四肢。相比于其他趾，驰龙类足部的第二趾通常抬起，只有第三趾与第四趾用于行走。

恐龙的骨骼系统是如何运行的

骨骼为我们提供了大量的信息，这些信息可以让我们了解动物的身体是如何运行的，以及它们所采取的生活方式、移动方式和可能存在的行为。具关节的骨架化石不仅可以展现恐龙生前骨骼之间是如何组合在一起的，也可以展现骨骼之间合理的活动范围，以及恐龙在活着的时候可能采取的各种姿势。我们在前文简单讨论过这整个领域，即利用骨骼来揭示动物的生活方式的生物学分支学科——功能形态学。

我们一定要记住骨骼远远不只是骨骼本身，对于解剖学来说它们有更多的意义。骨骼、肌肉之间的软骨垫以及将骨骼连接起来的绳状韧带等结构对骨骼的活动方式都有影响，但实际上，所有这些结构与特征在化石中都是缺失的，这对古生物学家而言仍然是一种挫折感的来源。这些结构以“软组织”构成，而“软组织”通常在化石作用之前便已经腐烂掉了，这与骨骼和牙齿等“硬组织”是相反的。通过将动物化石的骨骼与现生动物的骨骼进行比较，我们至少可以获得关于恐龙生前存在的软组织的一些可能线索。人们发明出大量的技术来对缺失的软组织进行复原，并研究它们对恐龙的活动和灵活性可能产生的影响。

研究灭绝动物的功能形态学最简单也最传统的方法就是在关节处移动骨骼，有时人们会在纸上或运用数学计算来对骨骼的运动进行模拟。这个技术并不是特别准确，它也不能解释上文中提到的软组织对运动的影响。它同样需要直接运用到可能易碎的或者已经损坏的化石。技术进步已经大大改进了古生物学家研究功能形态学的方法。通过使用相机或扫描仪对骨骼的形状进行拍摄或扫描并输入电脑中，再用这些

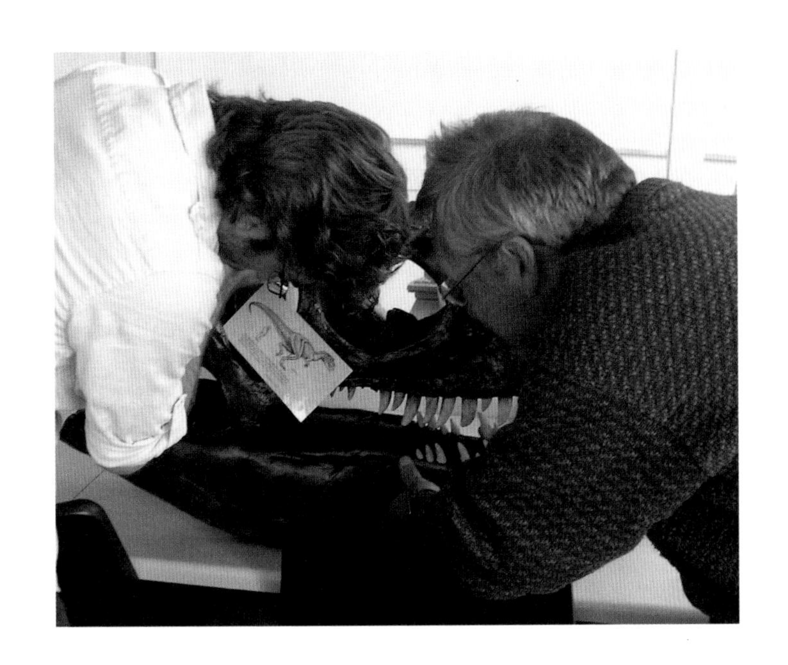

如今，科学家们通常使用计算机模型和 CT 扫描所获得的数据来研究功能形态学。然而在以前，科学家们经常亲手组装并操作化石（或者化石模型）来了解这些动物的身体在它们活着的时候是如何运作的。这幅图展示了两名专家正在操作一个异特龙头骨的复制品。

数据建立骨骼的数字模型，这一方法现在已被人们经常使用。使用这些计算机模型来检验骨骼可能的运动方式比操作全尺寸的骨骼或者复制品来进行研究要简单得多。一些通过数字建模获得的研究结果令人兴奋，并且证实了一些关于恐龙习性的有争议的观点。让我们来看看那些人们综合运用传统和现代技术研究的恐龙解剖学实例吧。

数十年来，为了能理解这些恐龙是如何咀嚼的，恐龙专家一直在仔细观察鸭嘴龙类和其他禽龙类的颌部。他们提出了许多观点，但大多数观点都无法解释这些恐龙牙齿上独特的磨损痕迹是如何产生的。古生物学家大卫·诺曼（David Norman）和大卫·威显穆沛（David Weishampel）在 20 世纪 80 年代提出了一个新观点。这两位科学家注意到沿着禽龙、曼特尔龙和鸭嘴龙类的面部侧面可能存在一个可以活动的区域。基于这块区域的骨骼之间的连接方式，他们提出上颌骨（构成面部大部分侧面并包含上颌牙齿的巨大骨骼）可以向外和向内旋转，从而导致侧向切磨运动在颊齿的表面进行。头骨其他可活动的区域似乎也使得这一动作成为可能。根据这个解释，禽龙类拥有头骨可动性（我们在前文遇到过这一名词）。这种允许颊齿之间接触并相互摩擦的独特咀嚼方式与从古到今其他任何动物的咀嚼系统都十分不同。

受到头骨可动性这一观点的启发，其他古生物学家陆续提出许多其他的非鸟恐龙也有可以活动的头骨的观点。异特龙类、暴龙类、阿瓦拉慈龙类以及其他一些恐龙也被认为在它们的头骨上存在可活动的区域。这些观点仍有争议。2008年，解剖学家凯西·霍利迪（Casey Holliday）和拉里·威特默（Larry Witmer）提出，所有非鸟恐龙的头骨都有紧密连接的可以防止发生任何移动可能性的骨质突起，并且缺少可活动的充满液体的关节，这些关节出现在了具有可动性的现生动物（比如鸟类和蜥蜴）的头骨上。如果这一观点是正确的，为什么禽龙和其他恐龙拥有表明它们的头骨至少在某一程度上存在

根据大卫·诺曼和大卫·威显穆沛这两名科学家所提出的头骨运动模型，像埃德蒙顿龙这样的鸟脚类恐龙演化出了一种上下颌牙齿互相研磨的独特咀嚼方式。这幅图展示了这种咀嚼方式所涉及的一系列动作，该动物的头部以纵切面展示。

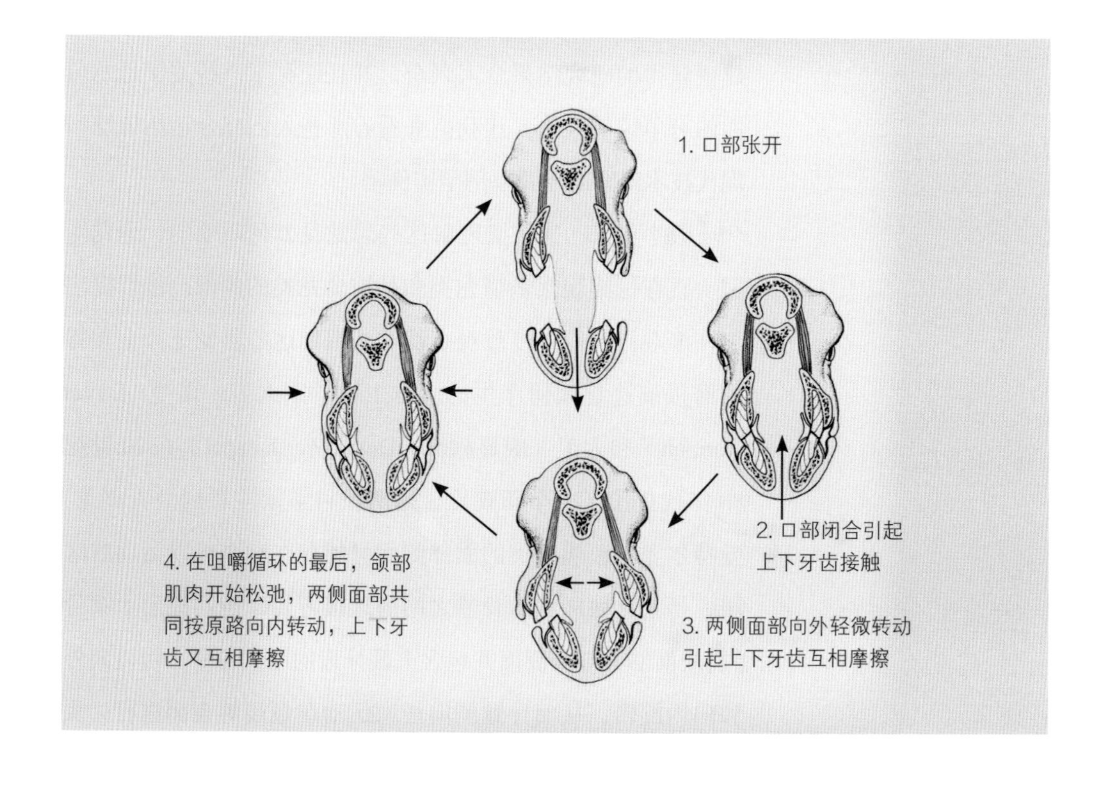

可动性的特征呢？霍利迪和威特默认为这些区域可能是新的骨骼生长的地方，而不是可活动的区域。

古生物学家同样也在争论，在蜥脚类和其他四足恐龙（比如角龙类）中，肩带应该处于胸腔一侧的什么位置。第二个争论的焦点是恐龙生前其前肢的摆放姿态——是像那些蜥蜴和乌龟一样在侧面伸出，还是呈柱状处于身体正下方，就像大型哺乳类（比如犀牛）那样。关于肩带位置和前肢姿势的话题是有关联的，因为肩带的位置控制着肩臼的位置，而肩臼的位置又影响着前肢的姿势。

虽然不同的学者在这些问题上持有不同的观点，具关节的骨骼化石表明，肩带位于四足恐龙骨架的下方，其位置是如此之低，以至于乌喙骨几乎在胸部前方发生接触。如果我们认为化石所反映的是肩带的实际位置，那么这意味着蜥脚类的前肢是以一种垂直的柱状姿势存在的，但是在角龙类和其他鸟臀类中肩臼是朝向后方的，略微向外与向下。这意味着鸟臀类的前肢并不像蜥蜴那样伸展在身体外侧，但也并不是直接位于身体下方。这种特别的前肢姿态下的手的位置和间隔与足迹化石相吻合，这表明这种前肢姿势是正确的。

科学家使用传统方法和计算机辅助方法研究过的恐龙解剖学领域的另一个争议话题是蜥脚类的颈部。数年来，古生物学家对蜥脚类颈部的用途、抬升方式和灵活性持有不同的看法。考虑到蜥脚类颈部的惊人长度，人们认为这主要是用来取得树木高处的食物，让蜥脚类可以取食其他植食性恐龙取食范围之外的植物。但是人们对蜥脚类解剖学的理解真的支持这个观点吗?

通过将英国发现的蜥脚类恐龙鲸龙的颈部骨骼连接在一起，古生物学家约翰·马丁（John Martin）认为蜥脚类的颈部最可能起到一种横梁的作用：颈部在身体前方直直伸出而且不能抬升至超过背部的高度。一些专家将这一观点应用于几乎所有蜥脚类，包括脖子特别长的腕龙和马门溪龙。这些专家还认为，相邻的颈椎之间可能有小幅度的活动，所以蜥脚类主要在地面或者与肩同高的高度进行取食。

为了更加全面地研究蜥脚类颈部的灵活性，计算机科学家肯特·史蒂文斯（Kent Stevens）和古生物学家迈克·帕里什（Mike Parrish）建立了迷惑龙和梁龙的数字模型。这些数字化的恐龙的颈部被认为可以达到和现生动物相同的活动范围。史蒂文斯和帕里什的结论与马丁的结论基本一致：颈部起到水平横梁的作用，相对于向上移动，更善于侧向移动和向下移动，颈根部则很少活动。

这似乎是一个用计算机建模来证实使用传统骨骼操作方法所做工作的案例。蜥脚类颈部伸直向前的观点主要是基于这样一种想法：颈椎之间的关节处只可能发生少量活动。但是，如果看看我们对现生动物颈部软骨的了解，我们也许会认为蜥脚类恐龙的颈椎之间能够大幅度活动——足以使它们的颈部向一侧发生大幅度弯曲，或者向上抬至空中，或者向下伸

专家们已经提出了几种不同的观点来解释四足鸟臀类恐龙的肩胛乌喙骨和前肢在它们存活时可能的组装方式。这些观点的两个极端分别如图最左与最右所示，即前肢完全向外伸开或者完全垂直于地面。真实的前肢状态可能介于这两种状态之间。

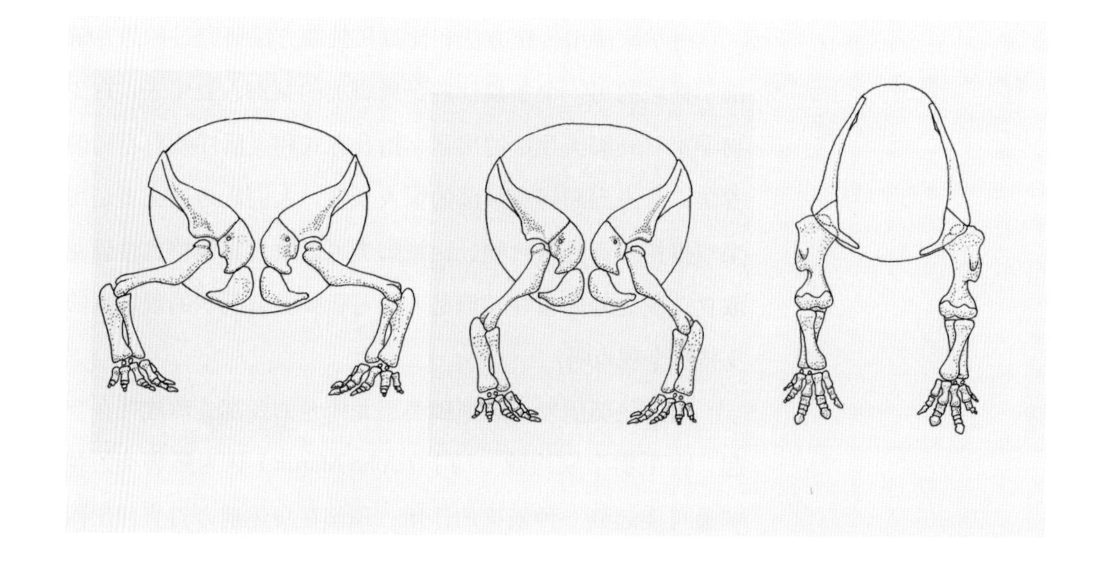

如果考虑到蜥脚类恐龙颈椎之间存在的软骨盘，我们会发现它们的颈部具有高度的灵活性，能够轻易地大幅度向上（以及向下）弯曲。在上方两幅图中，左图展示了迷惑龙的颈椎，右图展示了梁龙的颈椎。

向地面。这里的重点在于，一些计算机建模研究以及骨骼复原操作研究可能不会产生准确的结果，因为这些方法没有考虑到在化石中经常缺失但又必须被考虑到的软组织。这些软组织意味着动物在存活时可能具备良好的能力来做出一些动作，如果我们单看由骨骼提供的证据，似乎很难想象动物们能做出这些动作。

其他专家也同样对恐龙骨骼进行了数字建模研究。德国古生物学家海因里希·马利松（Heinrich Mallison）制作并研究了蜥脚形类的前肢、剑龙的尾部和其他恐龙的身体部位的数字模型。他对蜥脚形类恐龙板龙的手臂以及手进行的建模工作使板龙前肢的运动范围得以重建。它们的指可以大幅度弯曲，手被固定成了掌心向内的姿势，腕关节允许手向内弯曲，但不能旋转。这种解剖学上的骨骼排列方式听起来应该很熟悉，因为这种方式和我们之前在兽脚类中所见到的排列方式是一样的。

马利松制作了长有尖刺的非洲剑龙类恐龙钉状龙的数字模型，该模型表明钉状龙的尾部足够灵活，它们可以将尾巴在身体的两侧摇来摇去或者高举至空中。这种程度的移动与剑龙类将它们尾尖的刺用作武器的观点相符，并且剑龙类能

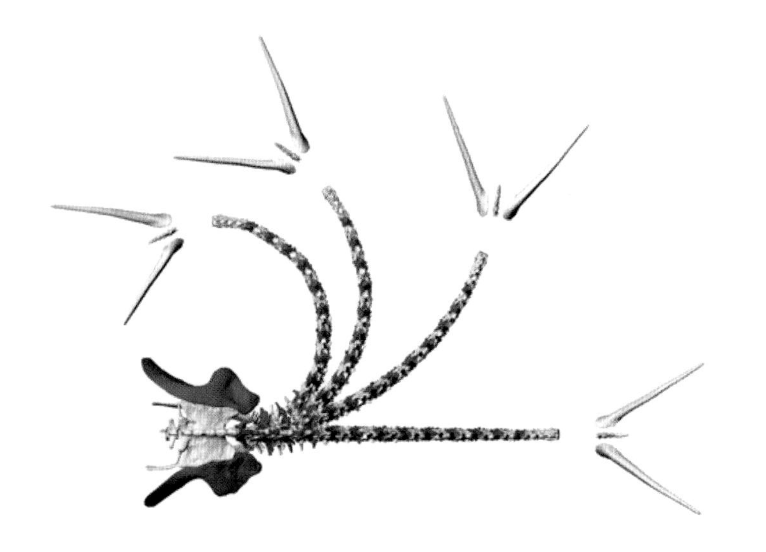

通过计算非洲的剑龙类恐龙钉状龙的尾部以及尾椎可达到的运动幅度，专家们指出钉状龙可以将尾部大幅弯曲至身体的侧方。

够将尾巴甩得足够远以防御大型兽脚类的攻击。那些适当考虑了脊椎之间软组织的数字化研究表明非鸟恐龙的颈部和尾部通常都十分灵活。

我们对恐龙功能形态学的认知仍处于早期阶段，还有大量的研究工作需要完成。特别有趣的是，人们对非鸟恐龙功能形态学的研究越来越感兴趣，这促使许多科学家开始研究现生动物的解剖学和功能形态学，因为大部分现生动物的解剖学可能从未被详细地研究过，这也许有些出乎人们的意料。从本节所讨论的那些关于头骨可动性与蜥脚类颈部灵活性的话题中我们可以清晰地看出，相比于以前，蓬勃发展的新技术有助于古生物学家更详细并更深入地研究恐龙解剖学和功能形态学的各个领域。

显微镜下的恐龙骨骼

我们一般把骨骼看作组成动物身体内部支架的零件，这个观点没错，但骨骼的意义远不止于此。骨骼是不断生长且一直处于变化状态的组织。骨骼的厚度、大小和形状可以根据它们所承受的负载与压力而变化；它们会根据个体的需求而变形或重新生长；它们记录了动物的成长、年龄，甚至健康状况和生命故事。通过在显微镜下研究恐龙骨骼的薄片，古生物学家发现了大量关于恐龙生物学的新知识。

仅在显微镜下可见的解剖学研究叫作组织学（histology）。对研究这一领域的古生物学家来说，所需要的主要工具是带锯或钻机（用来切割或移动用于研究的骨骼切片）以及一台显微镜。

非鸟恐龙的骨骼主要由一种叫作纤维层状骨（fibrolamellar bone）的骨骼组成。这种骨骼包含了结构混乱复杂的骨纤维和血管。依据对现生动物的研究，我们得知纤维层状骨的持续产生是骨骼快速生长以及动物整体快速成长的证据。

我们可以通过将恐龙骨骼切成薄片来观察其内部结构的细节。这幅图是暴龙肋骨的截面。通过这种方式我们可以观察骨骼内部的各种结构，包括生长线、血管孔以及不同类型的骨组织。

在非鸟恐龙骨骼的外缘，我们通常会发现纤维层状骨中容纳血管的空间会变小。数条生长线也可能是可见的。这些看起来和树木年轮很像的生长线叫作生长停滞线（line of arrested growth，简写 LAG）。人们是依据这些线与现生动物骨骼中生长线的相似性，推测出这些线实际上是恐龙每年都会形成的生长线。因此，对这些生长线进行计数可以得出该动物死亡时大致的最小年龄。这些生长线显示了什么样的结果呢？非鸟恐龙（特别是体型大的恐龙）是可以存活数十载的长寿动物吗？我们目前得到的结果相当令人惊讶，因为结果表明所有恐龙的寿命都是相对较短的，甚至大型恐龙都很少能活到 40 年或 50 年以上。

在骨骼切片的外缘，通常会出现一条明显的边界，叫作外围基本组织（external fundamental system，简写 EFS）。这个特征通常发现于成熟的成年恐龙，由多条间隔紧密的生长停滞线组成。外围基本组织表明非鸟恐龙并不是终生生长的，在成熟期它们会停止生长或只以非常缓慢的速度生长。如果骨骼化石中缺少外围基本组织，则表明这只恐龙在死亡时仍在快速生长，尚未完全达到成年的体型，因此这只恐龙可能是年轻的成年个体或者幼年个体。

大多数关于恐龙骨组织学的数据表明，非鸟恐龙的生长速率要远高于像龟和蜥蜴这样的爬行动物。直到 20 世纪 80 年代，人们还认为像蜥脚类这样的巨型恐龙需要一个多世纪的时间才能长到成年恐龙的体型。最新的研究表明，即使是最大的蜥脚类也可以在 40 年或者更短的时间内生长至完整的体型。这种高速的生长模式对整个恐龙生物学都有启示意义，我们会在第四章回到这个主题。

现在先不考虑生长速度，恐龙的骨骼解剖学还告诉我们哪些关于非鸟恐龙的生物学信息呢？有些恐龙标本保存有破损的和愈合的骨骼，有些骨骼上则保存有形状特别的肿块、粗糙的斑块或者骨结构异常的区域。破损的和愈合的骨骼可能表明恐龙在战斗中或在摔倒及其他事故中受过伤。人们曾发现过以下现象：有些角龙的角缺失了一部分或者面部的骨骼上出现了凿痕，暴龙的肋骨破裂、前臂受伤、胫骨感染，异特龙髋部与尾部的骨骼保存有一些明显是由剑龙的尾刺造成的孔洞。

基于在现生动物中所观察到的现象，我们认为非鸟恐龙有时会遭受疾病或异常的生长环境的困扰。一些骨骼解剖学领域的专家认为，我们可以确定这些骨骼异常的医学原因，并且已经诊断出了癌症、关节炎以及其他疾病。大多数专家则反对这一观点。他们认为，在最理想的情况下，我们也只能对导致这些骨骼异常的原因进行有根据的推测——可惜的是，我们无法对这些骨骼进行必要的病理学检测来弄清楚骨骼中可能发生的疾病过程。

我们能从恐龙的显微骨骼解剖结构获取有关恐龙性别和繁殖状态的信息。这也许令人惊讶，但早在几十年前人们就已经知道雌性鸟类拥有一种独特的骨骼，叫作髓质骨（medullary

如左下图所示，这只禽龙四块趾骨中的第三块上长了一圈形态异常的、凸起的、粗糙的骨质增生物，这块增生物表明了该趾骨某种程度上的异常生长。这可能意味着这只恐龙患有趾骨关节炎。

如右下图所示，这块破碎的髋骨也属于一只禽龙。该骨骼破碎之后发生愈合，但断成两截的骨骼在愈合之后并没有处于一条直线上。人们并不知道这只恐龙是如何骨折的，但很明显的是，该处骨折在这只恐龙随后的生活中已经愈合。

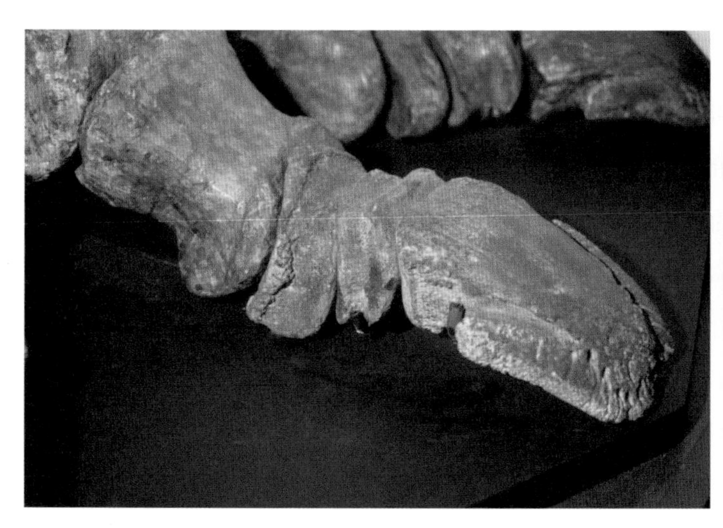

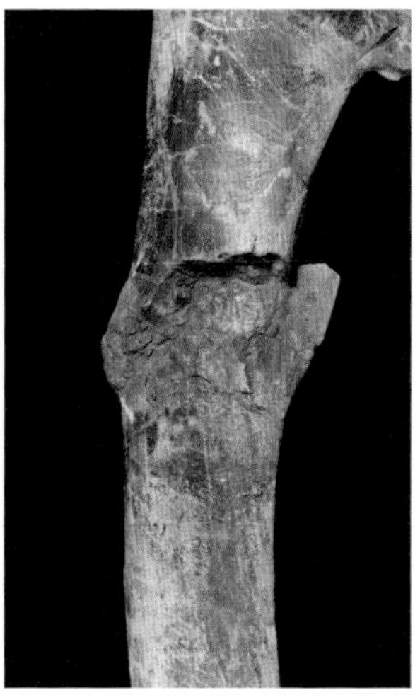

bone），这种骨骼会在它们体内生成卵的时候产生。髓质骨长在后肢骨骼的内腔（髓腔）中，形态呈海绵状，其唯一功能是存储用于形成卵壳的化学元素——钙。自 20 世纪 80 年代以来，一些科学家在研究考古遗址中发现的动物时使用是否拥有髓质骨这一方法来判断古代鸟类的性别。一些古生物学家在 20 世纪 90 年代提出，人们最终可能会在非鸟恐龙中发现髓质骨，也许是在一只坐在巢顶的兽脚类恐龙身上。当 2005 年科学家们在暴龙的后肢骨骼中发现髓质骨时，非鸟恐龙拥有髓质骨这一预言最终得到了验证。这又是一个被认为是“鸟类”独有的但实际并非鸟类所独有的生物学特征。髓质骨这一特征的出现实际上要比鸟类的出现早得多，甚至可能在兽脚类谱系最早的恐龙中便已出现。

自 2005 年以来，我们在其他的非鸟兽脚类（异特龙）和鸟臀类（禽龙类的腱龙）中也有发现髓质骨。还在蜥脚形类的鼠龙中发现了类似于髓质骨的骨骼。这一特征的分布表明所有恐龙支系的成员均可产生髓质骨，并且这一特征应该来源于所有恐龙的共同祖先。不过必须要记住的一点是，尽管髓质骨的出现可以让我们确认一只恐龙是处于产卵期的雌性恐龙，但是其缺失并不一定意味着这只恐龙是雄性。髓质骨的缺失可能意味着这只恐龙是雄性，但也可能是一只尚未产卵的雌性恐龙。髓质骨确实是鉴定恐龙性别的一个有用的指南，但它也不是万无一失的。我们会在第四章回到这一主题并讨论其对恐龙筑巢行为的意义。

仅仅是髓质骨的存在就很有趣，因为它让我们至少可以确定一些中生代恐龙标本的性别。但髓质骨特别令人兴奋之处在于，它能为我们提供许多有关恐龙生物学的信息。很显然，任何长有髓质骨的动物都已经性成熟。换句话说，存在髓质骨的动物个体已经到了能够产卵以及交配的年龄。那么，我们可以推断，髓质骨只能发现于那些已经发育完全的恐龙中。但事实并非如此。我们所发现的拥有髓质骨的异特龙和腱龙个体便是幼年个体，它们只有发育完全的成年个体一半大小。这意味着某些（可能许多）非鸟恐龙早在它们达到成年体型和停止生长之前便已经可以繁殖了，它们是未成年的“父母”。可能许多非鸟恐龙早在它们长到完整的成年体型之前便已经开始求偶、交配以及养育后代了——这一可能性会影响我们想象中恐龙筑巢地的景象以及繁殖期必然会发生的各种互动。

非鸟恐龙有多重

和普通人一样，科学家一直以来也对非鸟恐龙的体型很感兴趣，特别是它们的重量或质量。毕竟，许多非鸟恐龙的体型要远大于现生的犀牛、河马和大象，并且最大的蜥脚类的体型可能和鲸的体型相当，这让它们成为有史以来体型最大的陆生动物。

计算化石动物的体型不仅仅是在做一道有趣的习题。体型是一个至关重要的生物学因素，了解这一点有助于我们理解一个物种在生态系统中所扮演的角色，它们的食性需求、运动能力以及和生物学相关的其他方面的信息。从理论上讲，如果想要计算出一个动物的质量，该动物的遗骸要足够完整，这样我们才能够准确地确定该动物的长度与形状。当部分骨骼缺失时，我们可以通过借鉴近缘物种的骨骼来对缺失的骨骼部分进行合理推测。

当发现一具完整或近乎完整的骨骼化石时，人们有时会使用一种过时的方法来估计该动物的体重，那就是制作一个该动物在生存状态下完整的比例模型，在这个模型中，所有软组织（肌肉、皮肤以及器官）都会被复原。这一模型可以被浸入水中（或沙中），之后人们会测量其所替换的水或沙子的质量，然后将质量按照模型的比例来放大，从而获得完整尺寸的动物的质量。尽管这一方法被认为是“过时的”，但实际上如果操作得当，通过这一方法得出的结果可能相当可靠。然而，我们很难确信所使用的模型是否足够精确。比如，模型制作者是否在骨骼上安装了正确数量的肌肉？是否考虑到了动物存活时体内含有的大量空气？正如我们将在下文所讨论的那样，除了肺部与肠道内含有空气外，兽脚类和蜥脚类恐龙的体内还含有大量的气囊。

上文中所描述的方法依赖于整个动物的完整信息。对现生动物的研究表明，动物的体重通常可以通过对一块骨头的测量而计算出来。在鸟类中，它们的整体质量和股骨的周长

不同的研究方法对已灭绝恐龙的质量估算相差巨大，比如对剑龙的质量估算的研究便是如此。部分程度上是因为一些用于估算质量的方法要比其他的方法更加可靠，但也可能是因为同一物种不同成员的质量可能会因为它们所获得营养的丰富度与它们肌肉发达程度的不同而产生巨大的差异。

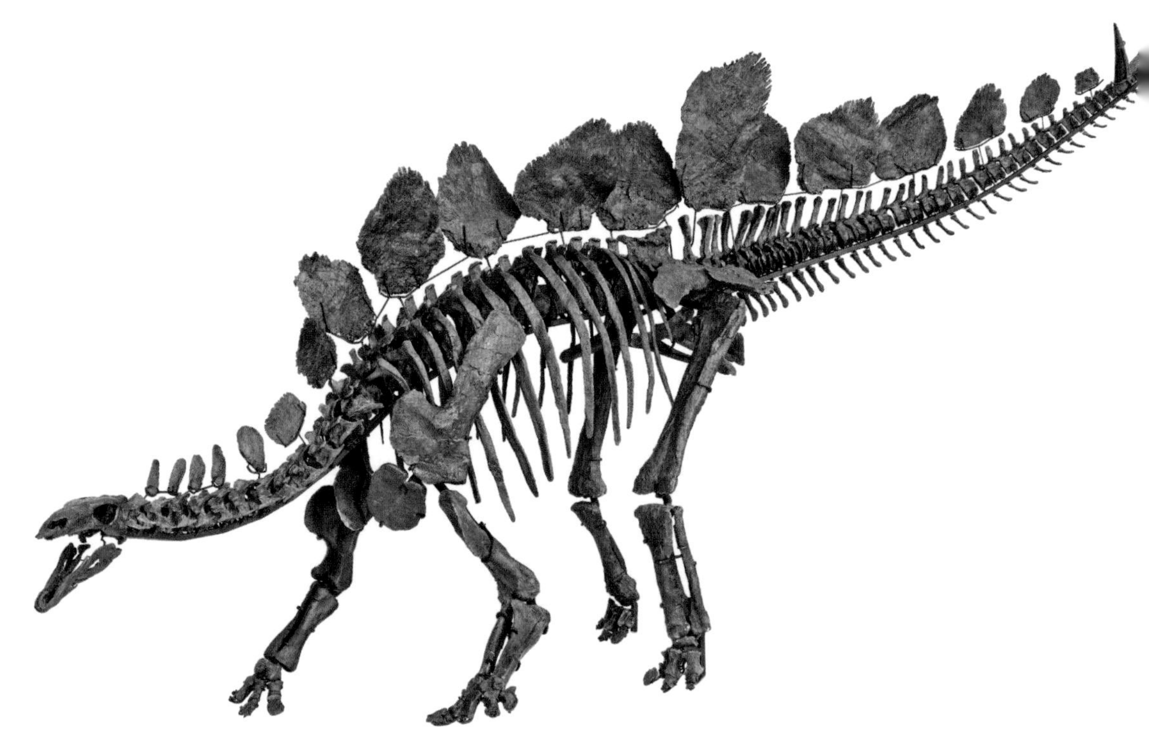

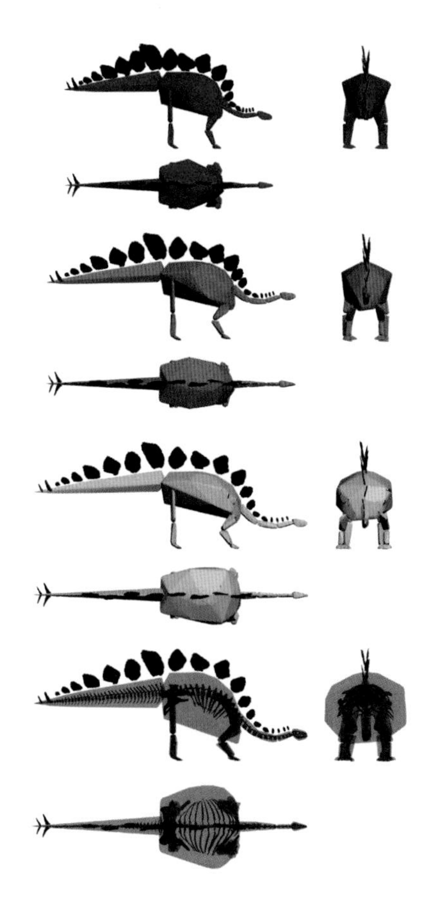

一种叫作凸包的数字建模技术可以让研究人员对一只动物的软组织轮廓进行粗略复原。问题是，想要知道一只（已经成为化石的）动物在它活着的时候具体拥有多少软组织通常是不可能的。这些不同的剑龙凸包模型拥有不同的软组织量，上图分别展示了软组织量较少的剑龙模型、软组织量中等的剑龙模型和软组织量较多的剑龙模型。

似乎有着比较可靠的关系。因此，计算出化石鸟类——甚至只发现了几块骨骼的化石鸟类——的体重是有可能的。但是这个方法之所以有效，是因为鸟类学家已经搜集了大量现生鸟类物种数百只个体的数据，这些个体的体重都已被精确测量过。

数字建模技术也使得古生物学家能够计算出恐龙的体积与质量。通过对组装好的骨架进行多角度拍摄并将这些照片在电脑中进行组合，专家便可制作出一个精确的三维模型。还有一个类似的模型制作方法涉及激光的使用。通过扫描生物结构（比如恐龙骨骼）的表面，一台激光扫描仪可以建立起整个物体的数字模型。把这些模型在电脑里组装，我们便可使用这些模型制作出一个该物体的三维模型。这些数字模型要远比真实的物体更容易处理（特别是涉及整个骨架时），因为这些模型是三维的，它们可以被用来计算动物的体积，从而可以计算出动物的质量。

还有一种叫作凸包（convex hulling）的数字技术，这项技术涉及在扫描的骨骼周围建立多边形形状，这些形状可用于尝试估算动物存活状态下的软组织数量。这种方法有一个问题，那就是它几乎必然会低估那些存在过的软组织的数量，因为该方法没有考虑到一些大块肌肉的延伸区域会远远超过骨骼的限制范围（在恐龙中确实会发生这种情况）。当人们将凸包这一方法应用在现生动物的骨骼上时，得出的质量和人们已经知道的该动物的实际质量十分相近。这表明当我们正确使用这一方法时，这个方法还是十分准确的。凸包法已经被运用于数具恐龙骨骼化石，包括伦敦自然历史博物馆的剑龙骨骼化石。这件标本是该方法理想的使用对象，因为它保存得十分完整，骨骼之间的关节也保存完好。

现在我们有了几个可以用来估算质量的方法，这些方法中哪一种更好呢？当我们使用不同的方法时，其结果也不同。对大型暴龙标本运用不同的估算方法，得出该暴龙的体重从 4 吨至令人难以置信的 18 吨不等，而我们对南美洲蜥脚类无畏龙（*Dreadnoughtus*）的质量进行估算的结果从 40 吨至近 60 吨不等。这些结果之间具有明显的差别，这一现象也许表明其中一些方法所测得的结果比其他方法更可靠。

2015 年，夏洛特 · 布拉西（Charlotte Brassey）和她的同事对比了几种不同的质量估算方法。他们将凸包法运用于一件剑龙标本，估算出该剑龙的质量为 1.5 吨，这个数值比通过其他剑龙标本的肢骨周长数据所估算的质量（可达 3.7 吨）要小。为什么不同的方法会测出不同的结果？这些结果互相矛盾的原因并不是其中一种方法存在缺陷，而是这具位于伦敦的标本在其个体死亡时仍处于生长阶段，并没有达到完整的尺寸，而其他测得更大体重的标本则是完全长大的成年个体。虽然使用四肢骨骼测量体重的方法对成年的恐龙个体最有效，但凸包法对于各种体型的恐龙均适用。

我们所掌握的估算已灭绝恐龙的质量的方法越多，越能有效地反复核对各种结果，这样才越有可能得到和真实值相近的结果。但是，在一些例子中，我们在对恐龙质量的估算中所看到的变化可能反映了恐龙种群中确实存在过的实际变化。比如一些暴龙标本所代表的个体，可能会比其他个体拥有更多的肌肉，因此也会更重。我们稍后会再来讨论这个问题。

肌肉及其功能

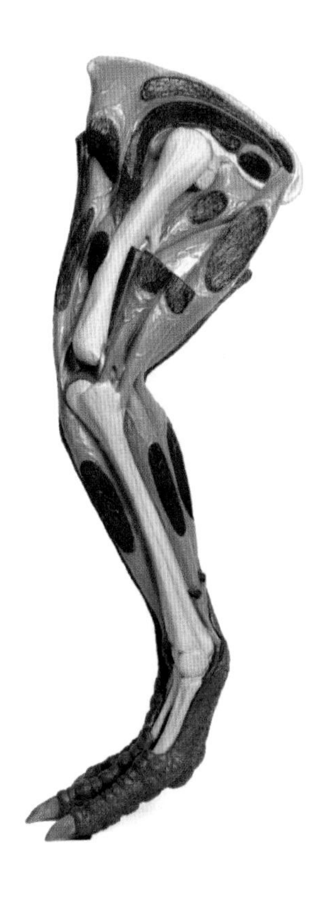

古生物学家可以将现生动物所提供的信息与骨骼化石上的瘢痕和骨质突起所提供的信息相结合，来复原出非鸟恐龙肌肉的排列方式与体积。该图所示的复原模型展示了鸟脚类恐龙棱齿龙后肢的肌肉系统。

和所有脊椎动物一样，非鸟恐龙拥有复杂的肌肉系统。许多肌肉附着在骨骼上。当这些肌肉被从大脑和脊髓发出的神经脉冲激活时，它们会对骨骼产生牵引力，这样动物的骨骼就可以在各种关节处活动。其他肌肉则附着在被骨骼包围的器官上。例如，有些肌肉使肠道收缩并在消化系统中运移食物，有些肌肉形成心脏并保持心脏跳动，还有一些肌肉使眼睑和鼻孔可以活动。

实际上，我们所有关于非鸟恐龙肌肉解剖学的观点都来自本书第 20 页所讨论的包围法。换句话说，我们观察现生鳄类和鸟类的肌肉，并基于这些包围了非鸟恐龙的现生动物的肌肉系统重建了非鸟恐龙的肌肉系统。这些推断获得了从恐龙骨骼上直接发现的信息的支持，因为骨骼上的脊状隆起和凸起、表面粗糙的斑块（叫作瘢痕）以及伸出的翅膀和指状的骨尖，都可以让我们知道这些肌肉在恐龙存活的状态下原本附着的位置。骨骼上明显的脊状隆起，叫作肌间线（intermuscular lines），也有助于我们确定肌肉附着点的位置。

但我们要说明的是，现生动物的肌肉并不总是与在骨骼上看到的瘢痕、凸起以及其他结构相连，这意味着至少一些我们所持有的关于非鸟恐龙肌肉解剖学的观点仍存在争议。但对于大多数肌肉来说这不是问题，因为基于包围法，我们可以确定大多数肌肉在灭绝动物的身体中所处的位置。这一观点适用于颌部肌肉、胸部与前肢肌肉、沿着颈部和背部以及尾部分布的肌肉，还有连接肋骨的肌肉。

非鸟恐龙的小腿肌肉和现生鸟类相似，因为它们的胫骨上都有许多巨大的骨嵴——特别是位于胫骨前表面顶端向前突出的巨大胫脊——这个结构表明这里有一组突出的肌肉。在胫骨的后表面也有一组类似的突出的肌肉。实际上，所有中生代的恐龙肯定都有鼓槌状的胫骨，就像今天的鸟类一样。

在非鸟恐龙身体内部，最大最有趣的一块肌肉叫作尾股长肌。这条长而粗厚的肌肉的一端连接着第四转子（股骨背侧脊状或指状的骨质突起），而另一端则连接着尾椎两侧的椎弓。这条肌肉在今天的蜥蜴以及鳄类中也存在，是它们行走时最重要的肌肉之一。这条肌肉会将股骨向后拉，在动物行走或奔跑的周期中起到向前推进的作用。

尾股长肌这组肌肉和一个明显的骨质结构（第四转子）相连，这一事实表明转子的大小、形状以及位置上的变化都能告诉我们各种关于恐龙肌肉解剖结构的有趣差异。鸟臀类的转子形状变化范围广泛。一些鸟臀类拥有结构简单的、脊状的第四转子，而另一些鸟臀类的第四转子则从股骨的后边缘向下凸出，形成了一个长刺状或指状的突起。这些不同的形状与不同的鸟臀类类群所采取的行走和奔跑方式相对应。脊状的第四转子为四足行走的鸟臀类恐龙所特有，而长刺状的第四转子则为双足行走的鸟臀类所特有。根据对现生动物的研究，我们知道肌肉活动对转子的形状有着重要的影响，所以第四转子的这些区别表明四足鸟臀类和双足鸟臀类在尾股长肌的解剖结构上大不相同。

几乎所有恐龙的胫骨都拥有一块三角形突起，这块突起叫作胫脊（cnemial crest）。该结构为一块巨大而健硕的肌肉的附着点，这块肌肉覆盖了胫骨的正面。上图左侧的胫骨属于鸟脚类恐龙曼特尔龙，右侧的则属于兽脚类恐龙巨齿龙。

第四转子的另一个重要演化趋势在虚骨龙类中有所体现。随着虚骨龙类的演化，第四转子变得越来越小，从一块增厚且明显的脊状结构变为一块低平的瘢痕，到最后完全消失（大多数现生鸟类完全缺失第四转子）。为什么会发生这一转变？似乎是这些恐龙从使用尾股长肌来行走转变成使用与髋部骨骼相连的肌肉来行走。随着尾股长肌变得越来越小，力量越来越弱，第四转子也在缩小。随着尾股长肌不再那么重要，尾部也变得更小、更细、更短。与其他恐龙相比，手盗龙类尾巴的体积与长度大幅减少和缩短，结果是形成了一些尾巴发生强烈退化的类群，比如镰刀龙类、窃蛋龙类和鸟类。

许多蜥脚类、甲龙类以及其他一些恐龙的尾巴基部的尾椎上长有厚而粗壮并向外侧突出的骨质脉弧，这意味着这个区域的肌肉一定十分巨大。这些肌肉具体到底有多大还很难说，到目前为止，关于这些肌肉的体积以及它们是如何工作的研究工作开展甚少。人们对尾部呈鞭状的梁龙类、呈锤状的甲龙类以及呈长刺状的剑龙类的尾巴基部附着的肌肉做了初步研究，发现这些巨大而宽阔的肌肉拥有足够的力量来让这些恐龙用力地挥舞它们的尾巴。这些武器化的尾巴末端便可以被当作鞭子、锤头以及狼牙棒使用。甲龙类专家维多利亚·阿伯（Victoria Arbour）对甲龙类呈锤状的尾部上附着的肌肉进行了计算机辅助研究。研究表明，它们的尾部拥有足够的肌肉力量和足够坚固的骨锤来敲碎敌人的骨骼。

有迹象表明我们可能低估了一些非鸟恐龙的肌肉含量。比如说，古生物学家和艺术家在重建尾部肌肉时通常会给尾椎附上一层薄薄的肌肉，如果我们从前方或后方观察尾椎，会发现这层肌肉几乎没有超出从各个椎体向上凸起的棘和向外侧伸出的脉弧的外缘。但如果我们观察现生的蜥蜴、鳄类甚至鸟类的尾巴，就会发现它们的尾椎被周围的软组织厚厚地包裹着，同时四周也被粗大的肌肉包围着，这些肌肉的生长范围远远超过骨骼的边缘。

当我们以这种方式重建恐龙的尾部时，鸭嘴龙类和暴龙类等恐龙的尾部会比许多复原作品中所展现的更宽、更厚和更粗壮。恐龙尾巴要比想象中更重，这一观点可能会影响我们对恐龙的运动能力以及它们身体重量的分布方式的看法。

尽管我们可以合理确定非鸟恐龙身上各个肌肉的分布位置，但有一点却经常不能确定，那就是这些肌肉到底有多大。在现生动物中，同一物种的不同个体之间肌肉的尺寸可以有很大的差异。这种差异部分取决于遗传因素，但也取决于个体自身的生活史，像是个体的健康状况以及饮食质量等因素对于肌肉大小都有很重要的影响。肌肉体积的变化可能会对我们复原动物生存状态下的外观产生巨大的影响，而且这一变化也可能会影响我们对灭绝动物运动能力的重建。例如，

发现于北美洲的蜥脚类恐龙梁龙的尾椎上表面长有高高的棘状突起，叫作神经棘（neural spines）；下表面则有向下突出的棒状骨骼，叫作脉弧或脉棘（chevrons or haemal spines）。除此之外，每块椎骨两侧也长有向外侧突出的长长的翼状骨尖，该结构叫作横突（transverse processes）。在下图中，这只恐龙的身体部分位于右侧。

一些发现于北美洲的甲龙类恐龙尾部的最后一节呈柄状且发生硬化，其最末端拥有骨质的锤状结构（如右图所示）。尾部的基部则可以活动，骨质的棘状突起从尾部的基部两侧向外突出。如果从整个身体的形态来观察这些恐龙，我们会发现它们的骨盆异常宽阔。

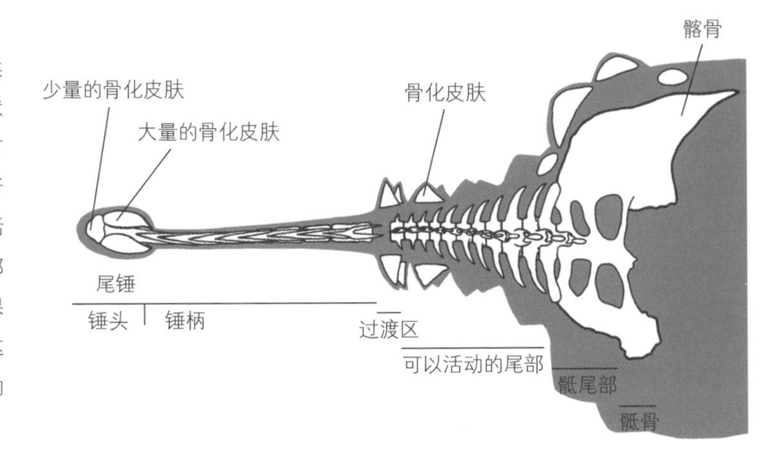

甲龙类恐龙骨盆的后方分布着巨大的肌肉附着部位。这些肌肉同样附着在尾部，这使得甲龙类恐龙的尾部拥有强大的力量。下面这两幅图片展示的是甲龙类恐龙的骨盆，在四分之三视角下，动物似乎背对着读者。

一只拥有巨大下肢肌肉的动物可能会比下肢肌肉较小的动物跑得快得多。

约翰·哈钦森（John Hutchinson）和他的同事使用数字建模方案研究了这一课题并发表了文章。哈钦森建立了一只数字化的暴龙，并向人们展示了同一个动物的各种肌肉分布可能性——同一个体可以拥有细长的、质量小的肌肉，或者体积更大、更厚实、质量也更大的肌肉，或者好些介于这两者之间的肌肉，而这主要取决于该个体的健康状况、饮食质量以及生活方式。由此产生的所有模型都是同样可信的，这些结果强调了这样一个事实：即使是同一只恐龙个体，它的质量以及生存状态下的外观都可能因为肌肉形态与分布的变化存在巨大的差异。

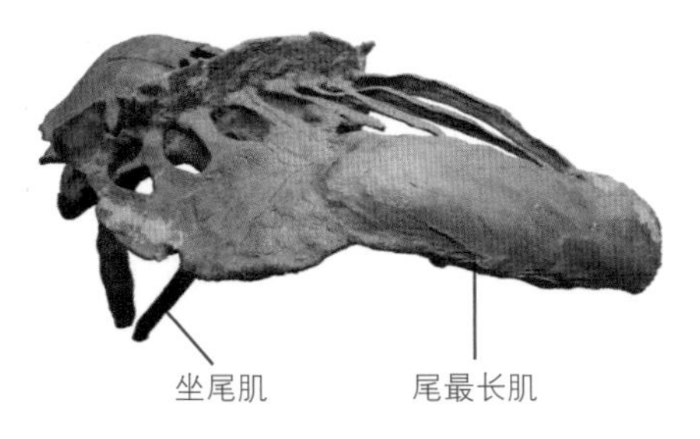

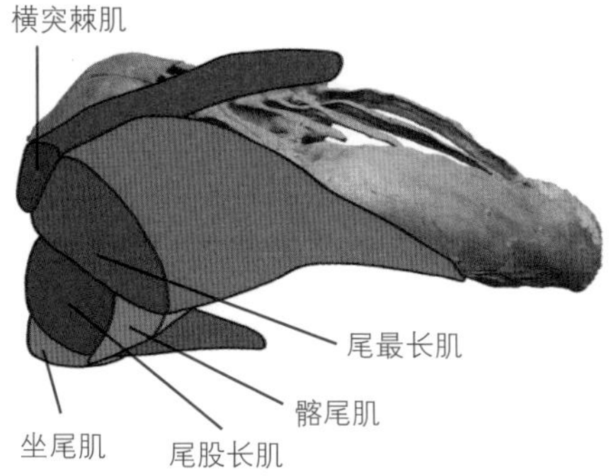

呼吸与气囊系统

与哺乳动物以及蜥蜴等爬行动物相比，非鸟恐龙的骨骼是不寻常的，这一观点早在 19 世纪 50 年代便已经出现。甚至 19 世纪在英格兰发现的恐龙骨骼化石碎片都展现出一些非鸟恐龙拥有含气骨（即非鸟恐龙有一些或许多骨骼都包含气腔，通过叫作支气管的管子与肺部相连）。我们可以通过在骨骼外侧寻找巨大的开孔（气孔）来识别一块骨骼的含气性。这些孔洞通向骨骼内部巨大的气腔。这一气囊系统是鸟类骨骼普遍存在的特征，如今我们已经知道这一特征也广泛存在于非鸟恐龙中。实际上所有灭绝的兽脚类都拥有气囊，许多蜥脚形类也拥有气囊。

在恐龙演化树的另一支上，鸟臀类恐龙的骨骼中缺乏气腔。此外，最古老的蜥脚形类和兽脚类的气腔也很不发达。在一些相关的物种中，它们的脊椎骨只有两三块具有气腔，这两大类群的一些早期成员的骨骼则完全没有气腔。而翼龙

如这幅简化的主龙类支系图（这幅图描绘了“传统的”恐龙演化树，即兽脚类和蜥脚形类关系更近）所示，翼龙类和蜥臀类恐龙均具有含气骨，然而这一特征尚未在鸟臀类恐龙和早期的恐龙形类（比如马拉鳄龙）中发现。可能这一特征曾在主龙类中发生了多次演化。

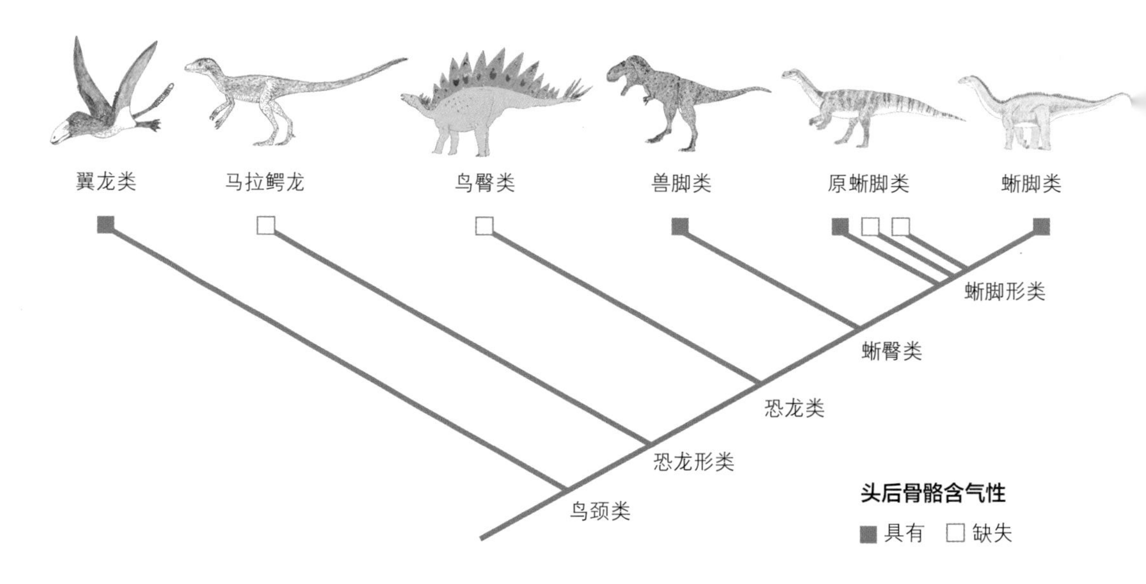

（在鸟颈类主龙中是恐龙的远亲）也拥有含气骨这一事实，使情况变得更加复杂。

目前，我们尚未完全了解早期恐龙及其近亲的骨骼含气性在演化过程中发生了什么。可能在早期恐龙中，含气性在不同的类群中发生了至少两次演化，也有可能在恐龙的共同祖先中气腔便已经出现，只是随后在不同的恐龙支系中发生了至少两次退化与消失。这又是一个需要更多化石记录来解答的问题。

在鸟类中，气囊不仅存在于骨骼内。在身体内部的主要腔室中也存在一系列巨大的气囊，包括分布于颈部两侧的一对气囊，位于叉骨附近的一个大气囊，还有位于胸部与腹部的三对气囊。每一个气囊都向周围伸出支气管与附近的骨骼相连，从而使这些骨骼也含气。位于颈椎内部的气囊与颈部两侧的气囊相连，位置更靠后的脊椎和其他骨骼都是含气的，因为胸部与腹部气囊伸出的支气管进入这些骨骼之中并引起了这些骨骼内部新生气囊的生长。

上文观点的意义在于，非鸟恐龙骨骼上气孔的存在与分布可以揭示不同气囊群的存在与分布，就像我们在现生鸟类中所见到的那样。我们可以说，分布在颈部两侧的气囊在兽脚类和蜥脚形类恐龙演化史的很早阶段便已出现，因为这些

现生鸟类的气囊分布在整个身体内部，所有的气囊都与肺部相连。目前，已有强有力的证据表明这种气囊在一些非鸟恐龙类群当中也存在。

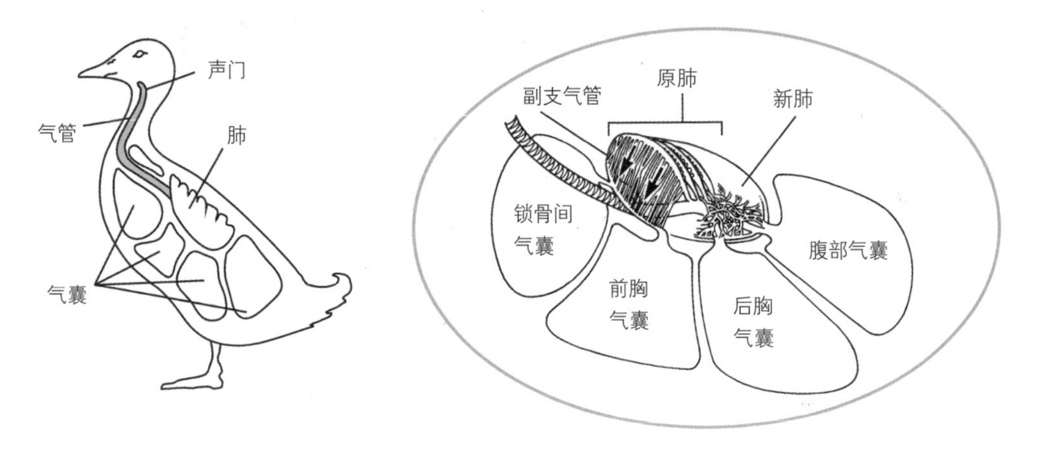

恐龙中大多数的颈椎上存在与气囊相连的气孔。我们也知道胸部和腹部的气囊在兽脚类和蜥脚类演化史的大部分阶段广泛存在，因为它们其他部分的骨骼上有着与这些特别的气囊相连的孔洞。所谓的锁骨间气囊在一些非鸟恐龙中存在的证据，来自我们发现一些兽脚类、梁龙类以及泰坦巨龙类存在含气的叉骨和肩带。所有这些证据都清楚地表明，许多种类的恐龙都拥有和现生鸟类十分相似的气囊系统。

这些复杂的气囊系统的存在对于恐龙生物学有几点影响。首先，这些恐龙肯定要比人们过去认为的要轻。如果它们的内部空间有很大一部分是被空气而不是组织或者体液所占据，那么它们要比没有气囊的动物密度更小。蜥脚类专家马修·韦德尔（Mathew Wedel）对恐龙的气腔特别感兴趣，他算出梁龙的气囊系统使得梁龙要比没有气囊的情况下大约轻 10%。

骨骼气腔确实改变了恐龙的身体形状，至少对一些具有含气骨的恐龙有影响。比如，蜥脚类的脊椎和其他大型动物相比在比例上要更大一些。这似乎是因为随着脊椎内部发育出了更大、结构更复杂的气腔，脊椎也会向外扩张。到底为

图片左侧所示的迷惑龙颈椎的截面与图片右侧所示的现生天鹅的颈椎截面十分相似。截面里的黑色区域表示骨骼内部的空气。这两块骨骼均含有大量空气。

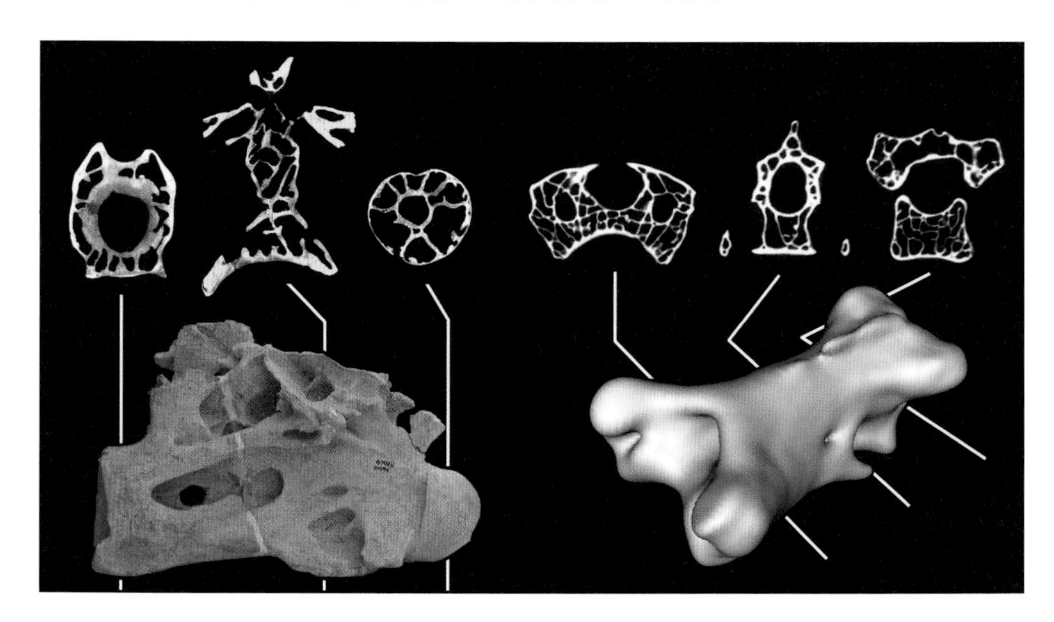

什么蜥脚类会以这种方式扩大它们的脊椎是不确定的。可能这样会增大脊椎上肌肉附着部位的面积从而能够支持更大更强壮的肌肉，或者也有可能这些扩大的脊椎对脊柱内部较为脆弱的部分起到保护作用。

无论是哪种演化力量驱使脊椎体积增大，这些脊椎含有如此多的气体意味着，相对于它们的体积来说，它们的质量十分小。韦德尔的计算结果表明，一只巨大的蜥脚类恐龙整个颈部骨骼的质量仅相当于它一条前肢的骨骼的质量。蜥脚类（还有兽脚类）的颈部骨骼可以演化得如此轻盈，或许有助于解释它们为什么善于演化出极长的脖子。对于其他骨骼中缺少孔隙的动物（比如哺乳类），哪怕它们的颈部骨骼和蜥脚类的大小相当，但质量会大得多。

大量的空气不断地被恐龙的气囊系统在身体内部以及骨骼内部的空间中循环推动，这一事实意味着这些恐龙也许能将体内多余的热量通过气囊系统排出体外。体型庞大的蜥脚形类拥有巨大的肌肉和内脏，内脏在大部分（或者所有）时间内都被发酵的植物所填充，这些植物几乎必然会产生大量的热量。一些专家认为这些热量很高，会对恐龙的生命造成危险，所以这些恐龙可能需要专门用来散热的机制或者行为来排出这些热量，气囊系统可能是这一问题的关键解决方案。

蜥脚类恐龙的身体内部充满了如此多的空气，以至于它们浮在水中时，身体的位置要比人们过去所认为的高得多。当处于深水中时它们的身体会很不稳定，所以它们可能会避免游泳，即使在水中活动也只涉水。

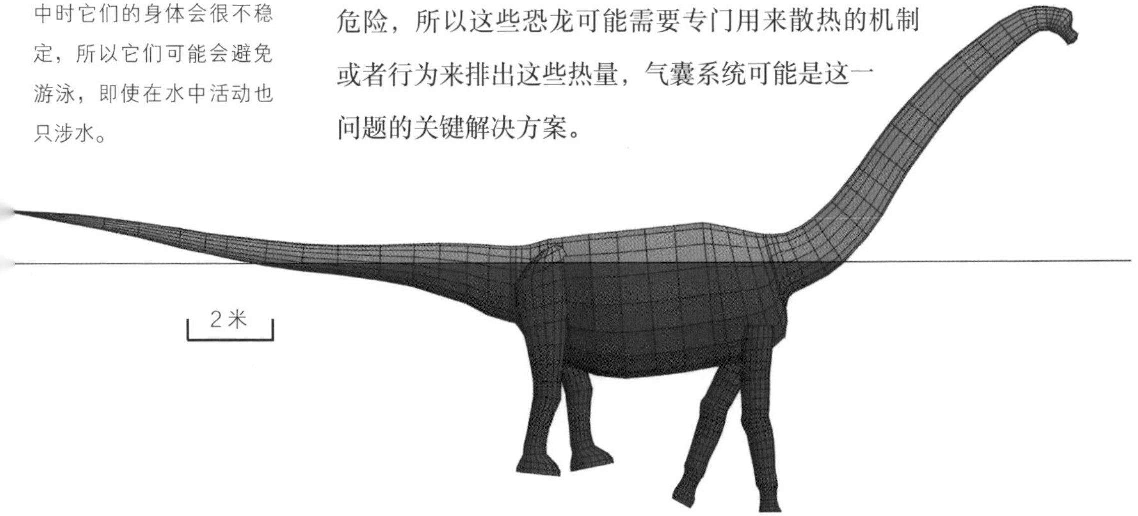

2米

这些气囊与含气骨的存在同样意味着如果蜥脚类选择去游泳，它们会受到水的浮力。通过计算蜥脚类数字模型的含气性，古生物学家唐纳德·亨德森（Donald Henderson）证明，蜥脚类在游泳时如同一个巨大的木塞高高地浮在水面上，无法让身体保持稳定，容易在水面上倾覆。

气囊系统可能也对恐龙的发声能力起到一定的作用。对现生鸟类的研究表明，鸟类长长的气管、巨大的气囊以及含气的胸部骨骼提高了它们的发声能力，使得它们能够发出比原来更响、音域更加宽广的叫声。蜥脚类和较大的兽脚类都是体型比较大的动物，它们很可能会发出巨大的声响并将声音信号传递很远的距离，所以人们很容易去推测这些恐龙会以和鸟类相似的方式使用气囊发声。目前，这一观点还处于猜测阶段，但是我们希望能在将来看到这一观点得到验证。

消化

毫无疑问，非鸟恐龙拥有消化系统。正如我们所看到的，人们几乎没有发现胃、肠以及其他消化器官的化石（但也不是完全没有了解）。考虑到上述情况，复原消化系统的真实面貌几乎是不可能的。不过，许多来自化石记录的线索让我们可以对恐龙消化系统的面貌进行有依据的猜测，包围法也可以在这一点上帮助我们。

我们可以胸有成竹地说，任何种类的化石恐龙都应该有一条食道（oesophagus）将它们的嘴与膨大的袋状的胃连接在一起。它们也应该有一条末端存在一个腔室的肠子，这个腔室叫作泄殖腔（cloaca）。然而，我们试图获得关于恐龙消化系统更

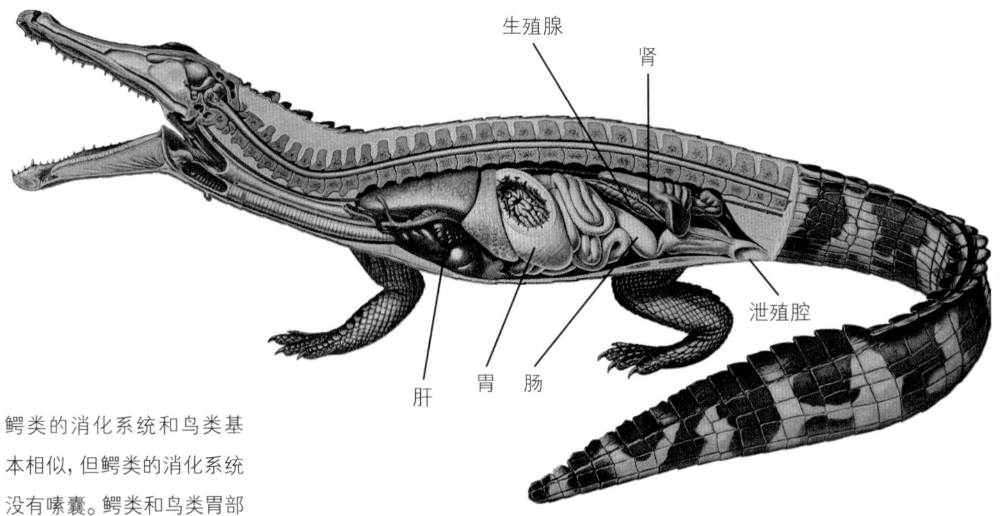

鳄类的消化系统和鸟类基本相似，但鳄类的消化系统没有嗉囊。鳄类和鸟类胃部的解剖结构也不一样。非鸟恐龙消化系统的解剖结构是和鳄类相似，还是和鸟类相似？又或者是一些非鸟恐龙的消化系统和鳄类相似，而另一些和鸟类相似？

加详细的信息，包围法却为我们提供了不甚明确的答案，因为现生的鸟类和鳄类的消化系统在多个方面存在差异。

鳄类的食道末端长有一个被划分为两个隔室的巨大的胃，前面的隔室叫作贲门部（cardiac sac），后面的隔室叫作幽门部（pyloric region）。鸟类的胃同样也由两部分组成，位于前方的管状部分叫作前胃(proventriculus)，有一个嵴状的内表面，这个内表面是黏液和胃酸产生的地方。胃的后方部分则是肌肉发达的砂囊（gizzard），其内部通常有一些粗糙的结构来磨碎坚硬的食物。许多鸟类和鳄类更进一步的区别在于，沿着鸟类的食道存在一个明显扩大的区域。这个结构叫作嗉囊，用于储存食物。根据在中国发现的令人震惊的化石，我们知道所有这些结构——一个嗉囊和一个分成两部分且拥有明显的砂囊的胃——在生活于1.2亿年前早白垩世时期的鸟类中便已存在。

鳄类和鸟类在解剖结构上存在差异，这意味着我们并不能对复原非鸟恐龙的解剖结构完全拥有信心。它们可能拥有类似于鳄类的解剖结构，或者可能和鸟类一样拥有嗉囊和砂囊。还有可能非鸟恐龙拥有一系列消化特征，那些更像鸟类的兽脚类拥有见于鸟类的消化特征，而其他恐龙类群的消化特征和鳄类更加相似。这种可能性获得了一些化石记录的支持，因为在鸟类肌肉发达的砂囊中被用来磨碎食物的胃石，在非鸟恐龙中的似鸟龙类和窃蛋龙类中也有发现。

在大多数非鸟恐龙的化石中，尚未发现嗉囊。然而，在一具天然木乃伊化的短冠龙（*Brachylophosaurus*）（属于鸭嘴龙类）标本的颈部，保存了一个形状奇怪的膨大结构，被人们认作嗉囊。如果这个结构真的是嗉囊，这就表明至少有一些鸟臀类独立演化出了我们在鸟类中所见到的嗉囊，这也提醒我们，包围法对于恢复已经灭绝的类群的解剖结构来说只能提供粗略的指导。对于所有根据包围法所做的推测来说，其他的恐龙类群独立演化出了它们自己的嗉囊或者类似于嗉囊的结构，或者类似于砂囊的器官，这种可能性是存在的。

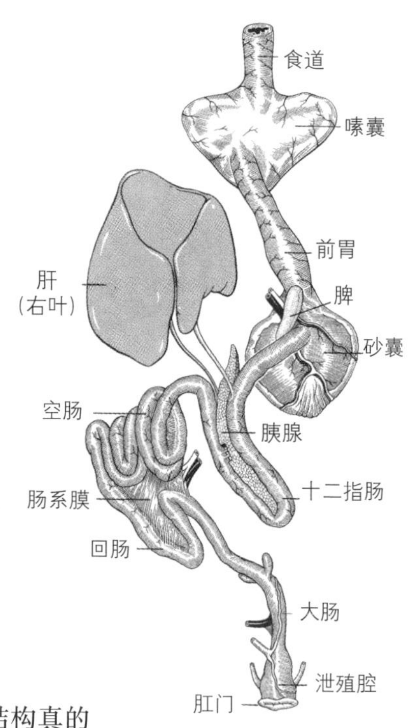

现生鸟类的消化系统包括一条将嘴和胃部连接在一起的管道（食道），以及一条长度远超过食道的将胃部与泄殖腔连接在一起的肠道。沿着食道的四周通常存在着一块体积扩大的区域，叫作嗉囊。部分胃被砂囊占据。

当谈到恐龙肠道的解剖学时，我们并没有完全受制于包围法。人们发现了一具原位保存有肠道的特殊化石。这具棒爪龙（*Scipionyx*）化石发现于意大利下白垩统地层的岩石中，是一只仅 23 厘米长的幼年兽脚类恐龙。这具棒爪龙的化石几乎是完整的，骨骼之间的关节保存完好，只有足部与尾部末端发生缺失。值得注意的是，这具棒爪龙标本的胸部与尾部基部之间，原位保存了近乎完整的、呈环绕状的肠道部分。不出所料，肠道末端的泄殖腔正好位于尾部起始部位的下方。

一小段食道化石也保存了下来，同时，在尾巴基部附近呈线状平行排列的可能是成束的肌纤维。胃部没有保存下来直接证据，大概是因为在发生化石化之前，其内部所包含的强酸便已经将其分解。肠道内部保存的鳞片和骨骼碎片表明，棒爪龙以鱼类和蜥蜴为食。

通过从一些并不是恐龙近亲但同恐龙有着相似生活方式和饮食习惯的现生动物中所了解的知识，我们可以对非鸟恐龙的消化系统解剖学做出有根据的推测。比如说，蜥脚类和其他大型植食性恐龙会吞咽并消化大量营养价值低的植物食材。在现生动物当中，像河马、牛和大象这样的植食性动物

这具唯一已知的棒爪龙标本保存了内脏和肌纤维，但是覆盖身体的外部结构毫无保存。其巨大的牙齿和手爪表明它已能够独自觅食，尽管它还非常年轻。

会采取相似的取食策略。此外，和蜥脚类亲缘关系更近的动物，包括鬣蜥、鹅、松鸡以及鸵鸟，也会采取相似的取食策略。所有这些动物都采用后肠发酵的消化系统，在这个系统中食物停留在胃部的时间相对较短，大部分的消化都是在肠道进行的。这些动物的肠道十分巨大，消化食物相对来说并不是那么高效，结果是这些动物的粪便中含有大量没有被完全消化的植物食材。蜥脚类有可能也是后肠发酵动物，其消化系统同与它们采取相似取食策略的现生动物大体相近。

这只小型兽脚类恐龙棒爪龙的肠道化石保存的完好程度令人惊叹。肠道仍以环绕的排列方式保存，几乎和这只恐龙生存状态下肠道的排列方式一样。肠壁上精细的皱褶清晰可见，这些解剖结构细节可以通过显微镜来详细观察。

恐龙的生物形象

我们掌握了许多关于恐龙骨骼、肌肉的形状与位置，以及诸如它们的消化系统和气囊系统这样的知识，这意味着我们对于非鸟恐龙解剖学的大多数方面都有着相当的了解。因此，我们可以对化石保存完好的非鸟恐龙的整体形态与大小进行一些肯定的描述。这些方面的信息可以告诉我们非鸟恐龙的内部看起来是怎样的，那它们的外部解剖结构要依据什么来恢复呢？它们在存活状态下的外观是怎样的呢？

在过去的几十年中，非鸟恐龙被人们复原成一类躯体松弛、粗胖并长有细小肌肉的生物。在恐龙文艺复兴之后，这一观点发生了改变。非鸟恐龙（以及中生代的鸟类）如今被描述为一类身材轻盈紧致、四肢肌肉发达且隆起，而颈部、躯体以及尾巴细长的生物。鉴于我们目前对恐龙的了解，恐龙身体轻盈呈“流线型”这一观点在一定程度上是正确的，但是有时科学家和艺术家在复原恐龙面貌的过程中似乎做得太过了。他们赋予恐龙健硕的腿部肌肉，而去掉了有脂肪的、松弛的皮肤组织，尾巴变得太过狭窄和骨感，表面只覆盖着薄薄的一层皮肤。结果就是这些复原作品让恐龙看起来营养不良，甚至像僵尸一样。这些复原作品有时候会缺少一些软组织结构，而这些结构在恐龙存活时必然存在，比如植食性恐龙拥有巨大的肠道和圆滚滚的肚子，尾巴长而有力的恐龙的尾部肌肉一定比较宽厚。上述复原恐龙的艺术现象叫作收缩膜包裹现象（皮包骨头的恐

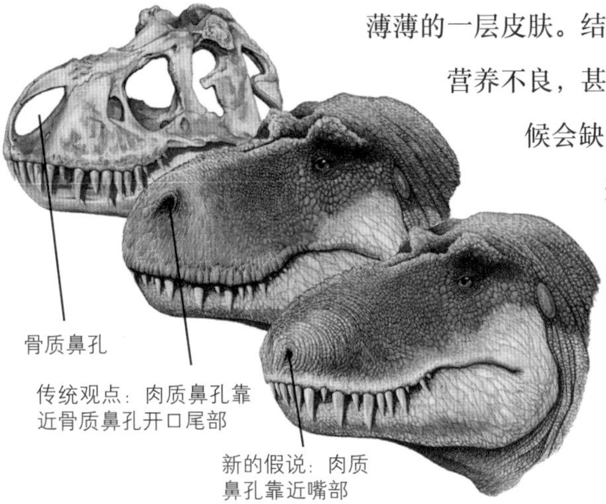

人们在对非鸟恐龙进行复原时，通常会将它们的肉质鼻孔复原至鼻孔区域的背侧。但是这种复原可能是错误的。一些专家认为肉质鼻孔更有可能位于最前端，靠近嘴部的位置。还需要注意的是，非鸟恐龙是否拥有嘴唇也是一个充满争议的话题。

骨质鼻孔

传统观点：肉质鼻孔靠近骨质鼻孔开口尾部

新的假说：肉质鼻孔靠近嘴部

龙就好像被收缩膜包起来一样）。

近年来出现了一批对现生动物解剖学给予更多关注的新一代艺术家和古生物学家。在本书前文中提到的科学方法——像 CT 扫描和数字建模这样的前沿科技，以及像系统发生包围法这样的研究灭绝生物的新手段——意味着对解剖学感兴趣的古生物学家能更好地向世人展现那些已经灭绝的恐龙的软组织的真实面貌。同样重要的是，新的化石已被人们发现，其中一些为人们提供了许多关于恐龙生物形象的令人兴奋与惊奇的数据。

非鸟恐龙的面部特征是一个充满争议和不确定性的研究领域。基于包围法，非鸟恐龙的面部或颊部似乎不太可能有肌肉存在，所以它们面部重建后的形状与面部下方头骨的形状大体相同。然而，许多非鸟恐龙颌部的边缘拥有一些特征，一些科学家将它们解释成肉质的唇和脸颊存在的证据。这些特征包括呈线状排列的小孔以及沿着面部和下颌两侧延伸并与齿列平行的脊状结构。所以说我们猜想一些恐龙拥有类似于蜥蜴或蛇那样的唇状结构是合理的。这些结构可以让它们的牙龈保持湿润，并在颌部关闭时保证口腔是封闭的。还有一种合理的观点认为，那些切割并碾碎植物食材的恐龙可能拥有类似面颊的结构，以帮助将食物留在口中。而且面颊并不是现生爬行类所特有的，一些鸟类（包括火烈鸟、秃鹫和鹦鹉）也拥有形成这类结构的皮肤。

尽管这些观点看似合乎逻辑，但“合乎逻辑”并不等于“被证据充分支持”。近年来，由拉里·威特默带领的一个解剖学家团队研究了非鸟恐龙的头骨，目的是检验上述观点的可能性。他们得出的一些结果与之前古生物学家提出的观点相悖，同时他们提出了一些有趣的关于恐龙面貌的新观

我们知道鸟臀类恐龙上下颌的最前端被喙组织覆盖。但是在遥远的过去，鸟臀类是否也拥有更靠后的肉质面颊，坚硬的喙组织是否沿着它们颌部的边缘分布，就像这幅图所展示的角龙类恐龙纤角龙（*Leptoceratops*）一样？

点。基于现生乌龟、鳄类和鸟类的鼻孔位置以及骨骼上和血管有关的孔和槽的分布模式，威特默提出，某些化石恐龙的肉质鼻孔并不是像通常所展现的那样位于骨质鼻孔开口的尾部位置，而是位于正前方接近上颌边缘的位置。威特默认为，甚至对于蜥脚类来说这一观点也是正确的，蜥脚类的骨质鼻孔开口经常位于前额的上方。

威特默和他的同事还提出，对非鸟恐龙来说，类似面颊以及唇的结构可能并不存在，它们要么拥有类似于鳄类的面部构造，包括紧紧贴在头骨上的面部皮肤，以及几乎暴露在外的牙齿，要么硬化的皮肤沿着颌部边缘生长，形成喙状边缘。我们可以肯定鸟臀类拥有覆盖着上颌与下颌边缘的喙状组织，因为在一些标本中这些组织保存了下来。喙状组织可能会沿着颌部边缘的其余部分继续延伸，这让鸟臀类看起来十分古怪，人们更为熟悉的是重建后拥有面颊的鸟臀类。

非鸟恐龙从头至尾的身体覆盖物是什么？许多恐龙物种的化石所记录的皮肤都是长有鳞的，这些皮肤并不像艺术家有时展示的那样又厚又皱，而是覆盖着呈锁子甲或者蜂窝状

具关节的完整骨架化石有时会原位保存皮肤碎片（或者皮肤碎片的印痕），比如这具发现于加拿大阿尔伯塔省的埃德蒙顿龙的骨架化石。

排列的鳞片，一些皮肤中还散布着更大的棱锥状鳞片。这些鳞片大多都很细小且排列紧密，这意味着恐龙的皮肤从几米外看起来会比较光滑。目前人们已经知道有许多非鸟恐龙皮肤样本保存很好的例子，这些样本为复原恐龙皮肤表面提供了大量详细的信息。最有名的例子是几块发现于加拿大上白垩统地层的木乃伊化的鸭嘴龙类标本。

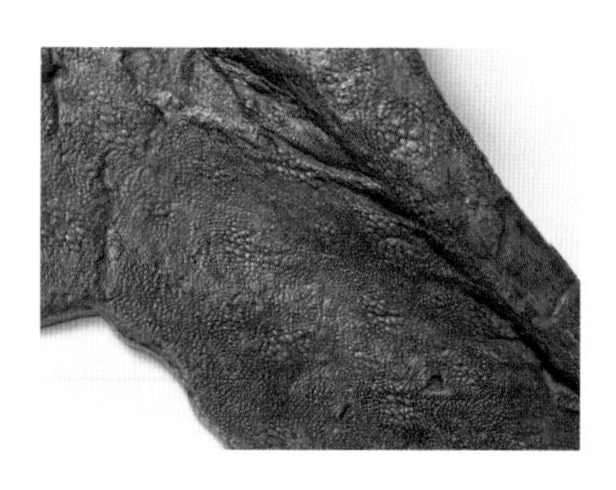

这块化石化的皮肤碎片属于一只埃德蒙顿龙，其展示了一些微小、圆形、不相互重叠的鳞，这种鳞在一些皮肤具鳞的大型恐龙中很典型。皮肤要以这种形式保存成化石通常需要异常干燥的环境。

艺术家经常会给非鸟恐龙的颈部、背部以及尾部画上棘刺、头盾和尖刺，这一想法是基于我们在现生蜥蜴中见到的相似特征。如今我们知道一些非鸟恐龙确实拥有这些特征。沿着兽脚类恐龙角鼻龙的脊骨分布着低矮的骨质突起，而在怀俄明州发现的类似于梁龙的蜥脚类的尾部也发现了长长的、三角形的棘刺。这些骨质突起和棘刺在恐龙中的分布范围至今未知。难道角鼻龙是一种用独特的长相来引人注目的兽脚类？或者说许多有亲缘关系的兽脚类都拥有类似的装饰物？同样，背部棘刺是梁龙所独有的吗？还是说在所有蜥脚类或蜥脚形类中都广泛存在？未来的发现会为这些问题做出合理的解释。

木乃伊化的鸭嘴龙类同样揭示了头冠和冠饰存在于一些非鸟恐龙类群中。有锯齿的冠饰和类似于尖桩篱栅的冠饰在多个鸭嘴龙物种中都有发现。在长有头冠的物种中，这些冠饰附着在骨质头冠的后边缘，这表明在这些恐龙中骨质头冠与后方的冠饰是相连的。

还有一些引人注目却保存较差的化石印痕暗示着在一些恐龙中还有其他软组织存在。一具发现于亚洲的暴龙类恐龙特暴龙（*Tarbosaurus*）标本在它的下颌下方保存有垂肉或喉囊。在似鸟龙类恐龙似鹈鹕龙中也发现了类似的特征。还有一具巨大的角龙类恐龙三角龙的标本，其身体两侧和背部的一些鳞片中央长有小刺。

如今，关于非鸟恐龙外观最令人兴奋的消息都和发现了保存有羽毛、丝状体以及类似的皮肤结构的许多非鸟恐龙物种化石有关。数十年来，古生物学家一直认为，既然鸟类和兽脚类相似，那么所有的手盗龙类甚至所有的虚骨龙类都很可能长有羽毛。在20世纪90年代末，这一观点得到了证实。由于那些在中国辽宁上白垩统岩层中发现的壮观的化石，如今我们可以确信窃蛋龙类、驰龙类、伤齿龙类和其他有亲缘关系的手盗龙类类群的成员都是长有羽毛的。它们的手和小臂以及尾巴末端长有长长的羽毛，有时后肢上也长有羽毛。脸部和吻部的大部分区域都被绒毛而不是鳞片覆盖。短小的羽毛覆盖着身体，至少这些类群中部分恐龙的足部和趾同样被绒毛或羽毛覆盖。

保存有羽毛的小型手盗龙类兽脚类恐龙化石表明，它们身上覆盖着厚厚的羽毛。一些手盗龙类恐龙则保存有多毛的头冠以及长在手、上肢、下肢、足部以及尾部的羽毛。这幅图展示的是发现于中国下白垩统地层的金凤鸟（*Jinfengopteryx*）。

最著名的化石手盗龙类恐龙——伶盗龙——发现于晚白垩世沙漠环境下沉积的岩层中，在这种环境下，羽毛和其他软组

织很少能保存下来。但人们发现，这些恐龙的骨骼揭示了恐龙的身体曾被羽毛覆盖过的证据。沿着伶盗龙前肢尺骨分布的间隔规则的骨质小突起和现生鸟类用于固定羽轴尖端的羽茎瘤十分相似。羽茎瘤出现在伶盗龙的尺骨上意味着一些非鸟恐龙长有羽毛这点是可以被证实的，尽管在这些化石中羽毛本身并没有保存下来。

一些非手盗龙类的虚骨龙类成员并没有被真正的、结构复杂的羽毛所覆盖，而是被结构较简单的、毛发状的丝状体所覆盖。发现于辽宁的美颌龙类和暴龙类化石表明这两类恐龙便是这样。羽暴龙（*Yutyrannus*）是一种发现于辽宁的暴龙类恐龙，其长度可达到9米，它的身上保存有大量细长的丝

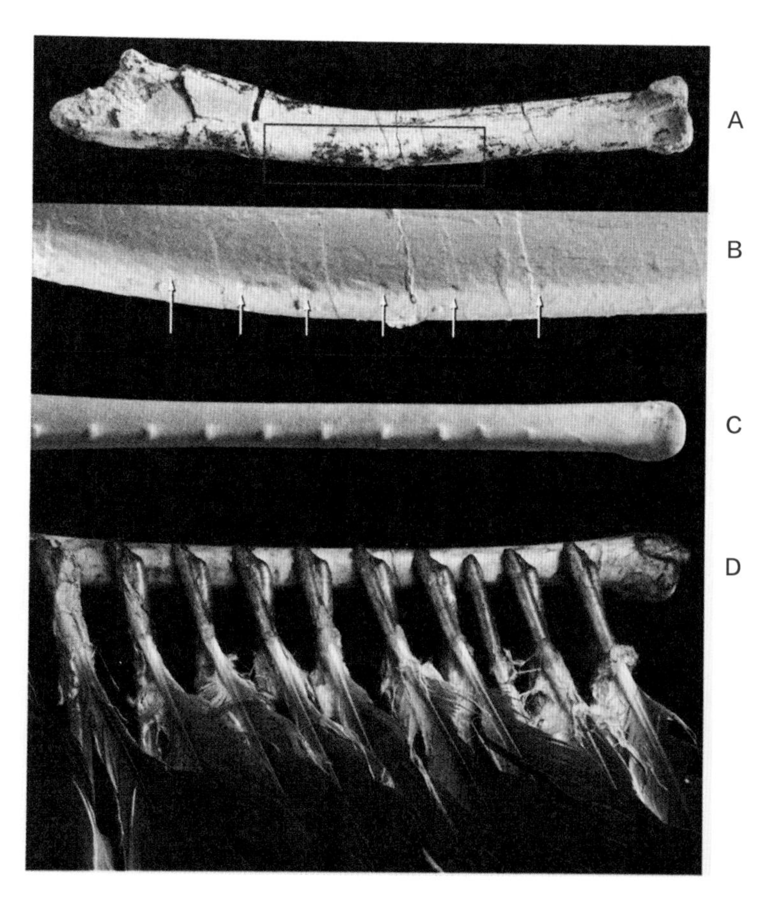

发现于蒙古的兽脚类恐龙伶盗龙的小臂骨骼拥有间隔较宽的小突起（如图A与图B所示）。这些小突起和现生鸟类所拥有的羽茎瘤十分相似（如图C所示）。在鸟类中，这些小突起是较大翼羽的附着点（图D）。

状体。这种丝状体并不为这些发现于中国的兽脚类所独有。发现于德国上侏罗统地层的两种兽脚类恐龙——似松鼠龙（*Sciurimimus*）和侏罗猎龙（*Juravenator*）——的身体和尾部也长有丝状体，发现于加拿大上白垩统地层的似鸟龙类化石也是如此。

一只似鸟龙类恐龙的小臂骨骼上长有暗色条纹，这表明它的前肢长有长长的羽毛或类似羽毛的结构。有趣的是，在同一物种的幼年个体标本中，这些条纹并不存在，这表明只有成年个体才拥有更长的臂结构。这也暗示羽毛或类似羽毛的结构起到了一种性展示的作用。

这些兽脚类恐龙外表覆盖的绒毛和羽毛表明一些虚骨龙类既拥有结构简单的、类似丝状体的结构，又拥有结构复杂的羽毛，而后者可能为手盗龙类所独有。目前，我们在不同的非鸟恐龙中见到的这些丝状体似乎可能正是羽毛的“祖先”。我们会随后在第五章回到这一主题。

更令人惊讶的是，人们在一些鸟臀类中也发现了毛发状的丝状体。一具角龙类恐龙鹦鹉嘴龙的标本保存有长长的、毛发状的丝状体，这些丝状体生长在尾巴的上表面。生活于晚侏罗世的异齿龙类恐龙天宇龙的身体和尾巴的大部分区域也长有长长的丝状体。发现于西伯利亚中侏罗统或上侏罗统地层的小型双足行走的鸟臀类恐龙古琳达奔龙（*Kulindadromeus*）不但身体大部分区域都覆盖着丝状体，在某些部位也覆盖着长长的带状结构。此外，古琳达奔龙还长有小型的片状结构，这些结构的后缘长有细丝。它的手部和足部长有细小的鳞片，尾巴的上表面覆盖着成对的方形片状体。

兽脚类和鸟臀类都拥有丝状体这一事实向人们展现了一种可能性，即所有恐龙的共同祖先可能存在类似的结构，因此所有恐龙类群的早期成员从它们的共同祖先那里继承了这

种特征。支持这一观点的可能证据来源于这样一个事实：恐龙的近亲——和恐龙同属于主龙类的翼龙也拥有这些细丝。考虑到恐龙丰富的多样性以及在演化中存在的多种可能性，这些结构在不同的恐龙类群中分多次独立演化出来这一可能性也是存在的。此外，大部分鸟臀类、所有的蜥脚形类以及许多早期兽脚类的化石只显示出它们具鳞皮肤的证据，这表明在鸟臀类中很少见到的丝状体和似鸟兽脚类中的丝状体更有可能是不相关的。

这具完整的标本属于中国的角龙类恐龙鹦鹉嘴龙（上图），其保存有该恐龙大部分的身体轮廓和具鳞的皮肤碎片。令人惊奇的是，该恐龙尾部的上表面生长着长长的、弯曲的丝状体。

近距离观察（下图），这些长在鹦鹉嘴龙标本尾部的丝状体似乎是扁平的，但它们原先可能是圆柱状的，也可能是管状的。这些丝状体深深地嵌在皮肤里。

关于恐龙生存时的面貌，人们最常问的问题之一是：你是如何知道它们的颜色的。直到最近，对于这一问题的回答还是：恐龙的颜色是无法知道的，复原作品中恐龙的颜色大多是由艺术家们的猜测和奇思妙想决定的。2010 年，在一只小型的白垩纪兽脚类恐龙中华龙鸟（*Sinosauropteryx*）的丝状体中发现一种被称为黑素体（melanosome）的显微结构，这一问题的答案这才发生了改变。黑素体是一种微观粒状结构，它含有赋予动物颜色的色素。不同形状的黑素体与不同的颜色有关。在现生鸟类中，圆形的黑素体含有红色和棕色色素，而长杆状的黑素体含有的色素赋予鸟类灰色或黑色。中华龙鸟的黑素体表明这种恐龙主要呈现棕色，其尾部则分布着棕色和白色的条纹。自2010年以来，在其他非鸟兽脚类恐龙（包括中国鸟龙和小盗龙）和早期鸟类（包括近鸟龙[*Anchiornis*]、始祖鸟以及孔子鸟）中已经发现了不同类型的黑素体。

迄今为止，尽管近鸟龙的头冠被描述为淡红色，但所有从这些动物中发现并报道的黑素体都反映了一类暗淡的颜色，包括灰色、黑色以及棕色。始祖鸟的黑素体数据来源于它的一根羽毛的化石，这块著名的化石发现于1860年或1861年。这块化石的黑素体似乎表明这根羽毛（来自翅膀的上表面）是黑色的，但是我们不能肯定地说整个翅膀的上表面都是黑色的，或者整个翅膀都是黑色的，或者整只始祖鸟都是黑色的！

也许这些发现中最引人注目的是小盗龙羽毛上保存的黑素体，这种形状的黑素体只出现在带有虹彩的黑色羽毛上。如果这些观察结果是有根据的，那么小盗龙就是一种黑色的、

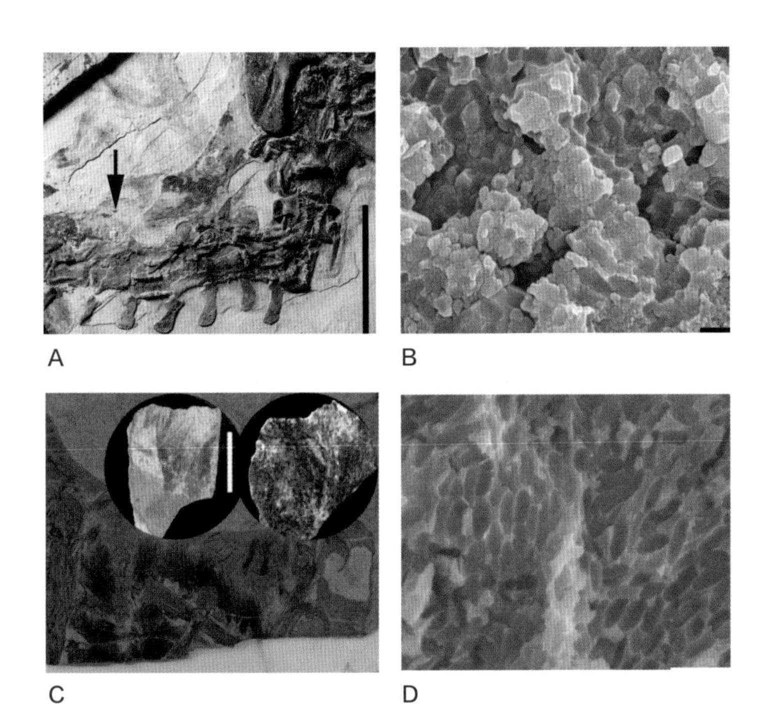

发现于中国的兽脚类恐龙中华龙鸟尾部基部的一小块皮肤碎片（图A）具有许多丝状体。这些丝状体中充满了小到只能用显微镜观察的圆形黑素体（图B）。羽毛呈红色和棕色与这种圆形黑素体有关。

在中国发现的手盗龙类兽脚类恐龙中国鸟龙身上的丝状体（图C）同样充满了黑素体。和中华龙鸟一样，这些黑素体中也存在与红色和棕色相关的圆形黑素体，而图D中所示的椭圆形的、朝同一方向排布的黑素体则与黑色和灰色有关。

羽毛富有光泽的恐龙。根据其眼眶内部片状骨骼排列成的环状结构的大小，一些专家提出小盗龙在夜间活动。但问题是，带有彩虹色羽毛的现生鸟类都是白天活动的，不常在弱光的环境下觅食，所以小盗龙是夜行性动物这一观点可能是错误的。不过先不要急着下结论。

还存在一种可能性，即这些结构可能根本不是真正的黑素体，而是化石细菌。这个可能性已被古生物学家仔细考虑过了，目前大多数古生物学家承认这些特征是真正的黑素体。然而，看起来至少有一些化石黑素体的形状可能在化石形成过程中被修改过。因此，如果用这些黑素体的形状来复原恐龙的原始颜色，我们就会被误导。在一些实验中，研究人员掩埋并加热各种颜色的现生鸟类羽毛，以此来模拟化石形成过程中受到的某些影响。这些实验中使用的羽毛的黑素体，最终看起来总是像那些与灰色或棕色有关的黑素体。这些实验表明可能存在这样一种情况，那就是这些化石羽毛原先拥有更多样的颜色，但在经过数百万年的改造之后，这些羽毛原先的真正面貌可能已被这些改造掩盖。如果这种观点是正确的，也许是来自黑素体（而不是眼眶）的证据，在我们研究小盗龙的生物学时提供了误导性信息。

这块单独保存的始祖鸟翼羽化石发现于 1860 年或 1861 年，其表面保存有黑素体。这些黑素体表明这根羽毛几乎肯定是黑色的。这根羽毛只有 58 毫米长，来自翅膀的上表面。这似乎是一根翅膀上表面的初级覆羽（primary covert）。

第四章

恐龙的生物学、生态学和习性

在前面的几章中我们探讨了恐龙的多样性与演化（第二章），恐龙的解剖学与外貌（第三章）。在本章中，我们会揭示众多不同的证据和科学方法是如何结合在一起，让科学家描绘出详细的恐龙生物学面貌的。具体来说，会对如下问题进行研究：非鸟恐龙是如何捕猎和进食的，它们是如何运动的，它们采取哪种新陈代谢方式，它们是如何繁殖、生长并成年的，以及它们与一起生活的其他物种是如何互动的。

恐龙的食性和取食行为

在恐龙生物学领域，有一个课题一直为人们所关注，那就是恐龙的食性与取食行为。这个课题之所以受到关注，部分是因为了解一种已灭绝动物的食性让我们易于解释并理解它们的生活与行为，部分是因为颌部和牙齿的化石易于分析和研究。我们很容易就能对恐龙的牙齿和颌部的整体形状及总体特征进行一系列基本观察，并将观察结果与它们的食性和生活方式联系起来。这些基于基础解剖学和与现生动物比较而得出的观点，也已经得到了其他研究的支持，比如对牙齿表面微观磨损的研究、对牙齿与头骨功能的计算机建模研究，以及胃内容物和粪便化石的发现，这些内容我们都会在下文看到。尖端向内弯曲、侧向扁平并且呈细锯齿状的牙齿像剑一样锋利，这类牙齿可见于现生的肉食性蜥蜴和鲨鱼，拥有这类牙齿明显意味着该动物过着攻击并捕食其他动物的肉食性生活方式。在恐龙中，细锯齿状牙齿是角鼻龙类、巨齿龙类以及异特龙类等大型兽脚类的典型特征。和细锯齿状牙齿同时被发现的，通常还有上下厚、两侧窄的吻部，以及用于快速有力地咬合嘴巴的巨大颌部肌肉在头部后侧和下颌留下的证据。

这只发现于美国上侏罗统地层的异特龙以及其他相似的恐龙拥有深而窄的头骨。它们的头骨拥有适应于颌部快速张开与闭合的颌关节，以具有向后弯曲的锯齿状牙齿为特征。这些线索都能让我们了解这些恐龙的生活方式与行为。

这些恐龙也拥有一类颌关节，这些颌关节以一种类似于剪刀的方式张开与闭合，并且不可能发生侧向和前后向的复杂运动。这种牙齿和头部的解剖结构表明，这些恐龙会用迅速而猛烈的撕咬来削弱和杀死猎物，同时通过颌部的上下运动把食物切割成容易进食的大小。

以这种方式进食的兽脚类可以被认为是兽脚类的典型成员，但并不是所有的兽脚类都是这样。棘龙类拥有狭长的吻部和无锯齿的锥状牙齿，这些特征和我们在现生鳄类动物中见到的有些相似。出于这些原因，我们把棘龙类解释为一类抓鱼吃的恐龙，关于棘龙类生活方式和行为的其他数据也证实了这个观点。其他的一些非鸟兽脚类类群也拥有特别细长的吻部，它们可能也会捕食鱼类，其中包括生活于晚三叠世和早侏罗世的腔骨龙类以及生活于白垩纪的手盗龙类类群半鸟龙类。然而，在肉食性恐龙当中，以鱼类为食还是相当罕见的。

这颗加拿大阿尔伯塔省的伤齿龙的牙齿化石只有几厘米长，细小的锯齿沿着这颗牙齿的前缘分布，而沿着牙齿的后缘则分布着较大的钩状锯齿。这种牙齿既能用于取食肉类又能用于取食植物。

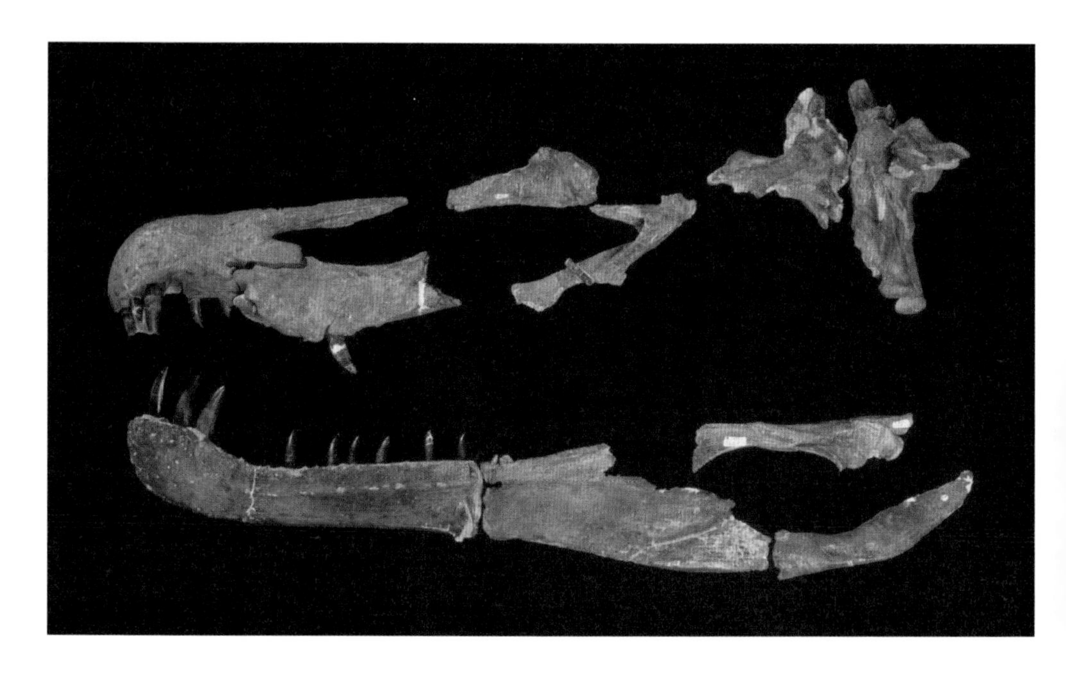

与此形成强烈对比的，是宽大的吻部和颌部、加厚的头骨、证明非常巨大的闭颌肌存在的证据以及粗而钝头的牙齿等特征出现在一些暴龙类成员身上，其中最明显的就是暴龙。这些特征意味着这种肉食性生活方式涉及咬碎骨头，甚至可能能够吃下骨头。还有一些信息支持这一关于暴龙类习性的观点，比如胃内容物和粪便的化石（稍后会讲到）。暴龙和类似的暴龙类几乎必然会对它们捕食的恐龙造成严重而致命的咬伤，它们还能咬开尸体并嚼碎骨头。这种捕杀和取食方式与拥有狭窄锯齿状牙齿的兽脚类的捕食行为非常不同，因为后者细长的牙齿和更轻的头骨并没有强壮到能够承受咬碎骨骼时所产生的反作用于头部的巨大力量。

发现于欧洲的重爪龙以及与之相似的棘龙类恐龙拥有长而浅的吻部以及弯曲的颌部边缘。这些特征与现生的鳄类相似，这表明这些恐龙可能也会捕鱼。与其他兽脚类恐龙的牙齿相比，棘龙类恐龙的牙齿十分不同，这些牙齿要么具有极其细小的微锯齿，要么完全没有锯齿。

在现生的哺乳类和爬行动物中，钉状的、叶状的、适于研磨的牙齿与植食相关，紧密堆积在一起的牙齿组成的齿系所形成的锉面或长长的刀状边缘也和植食相关，这些特征都对恐龙的植食性有着很好的指示意义。许多植食性动物的牙齿都在互相研磨以及将植物嚼烂的过程中发生了严重的磨损。

来自解剖学、胃内容物以及遗骸保存地点的证据表明，重爪龙会在湖泊与河流中捕捉大型鱼类。它们会使用长长的颌部进行捕食，也可能会用到它们巨大的手爪（对页图）。

SIBBICK 95

这一点和肉食性动物相反，后者的牙齿相互之间几乎不会直接接触。各种各样的牙齿形状存在于植食性的非鸟恐龙中。细长而狭窄的圆柱状牙齿存在于一些蜥脚类中，比如梁龙类，它们的牙齿就排列成了类似于耙子的样式。这样的牙齿常用来将叶片从树枝上或地表植物（比如蕨类）上剥离。齿冠更宽、几乎呈勺子状的牙齿出现在其他蜥脚类类群中，这些牙齿看起来更适合用来切断植物。齿冠形状如同箭头或者树叶并且拥有粗糙的锯齿边缘的牙齿出现于许多蜥脚形类和鸟臀类中。这些牙齿看起来和现生的植食性蜥蜴的牙齿相似，适合对叶片和其他植物组织进行精细切割。盾甲龙类便拥有这类牙齿，但是其中一些支系在它们齿冠的侧面演化出了盆状的结构以及厚厚的唇状嵴（舌面嵴）。这些特征也许能让它们在咀嚼植物时咀嚼得更加充分。

禽龙类恐龙在它们演化史的初期拥有叶状的、长有锯齿的牙齿，但后来逐渐演化出了更大的且排列更紧密的牙齿。

和其他大多数兽脚类恐龙相比，暴龙那具有锯齿的钉状牙齿显得异常厚重和巨大。它们似乎比其他兽脚类恐龙更善于咬碎骨骼。颌部不同牙齿的长度相差很大，最短的牙齿出现在前方和后方。

这个类群中将这类牙齿演化到极致的恐龙是鸭嘴龙类，它们菱形的齿冠紧密地贴合在一起，形成了一个由数百颗牙齿组成的巨大的齿系。在每个齿系中可能存在着 60 个牙位，而每颗正在使用的牙齿下方则堆积着 5 颗用来替换的牙齿。齿系的侧面形成了一个锉刀状的粗糙表面，而上颌中齿系的下缘和下颌中齿系的上缘的齿冠发生了严重磨损，形成了长长的、被磨平的表面。这些磨平的表面被用于压碎、研磨和切割植物，牙齿表面的磨损痕迹证明了这一点。鸭嘴龙的牙齿结构极其复杂，牙齿内部与表面形成了六种不同的物质来防止磨损或形成孔洞，并保证牙齿牢固地保持在原位。这些牙齿可能是生命演化史上存在过的最复杂的牙齿。

角龙类同样演化出了齿系，但是角龙类的牙齿是垂直堆叠在一起的，没有形成类似于鸭嘴龙那宽阔且呈锉刀状的齿系侧表面。角龙类齿系边缘的牙齿形成了尖锐而棱角分明的剪切面，这种结构一定是用来切割植物组织的，同时上下齿系相互接触的方式导致了结构复杂的凹陷和尖锐的齿系边缘的形成。和鸭嘴龙类的牙齿一样，这些牙齿的结构高度复杂，由五种不同的组织组成，可以减轻牙齿的磨损并使牙齿紧密相接在一起。

一些蜥脚类和鸟臀类的口鼻部和下颌宽阔呈方形，这种形态让这些恐龙能够一下子啃下一大口植物。我们可以想象，这些恐龙的取食行为和拥有宽大嘴巴的现生植食性动物很相似，比如白犀牛和河马。这种植食性动物叫作粗食者

鸭嘴龙类恐龙（比如这幅图所展示的产自北美洲的埃德蒙顿龙）拥有上百颗菱形的牙齿，这些牙齿相互紧挨组成齿系。鸭嘴龙类恐龙的齿系长而厚，其内表面的作用可能类似于锉刀，其上表面的结构则适应于压碎或切割植物。

（bulk feeder）。狭长而突出的吻部以及颌部在所谓的精食者（selective feeder）中很常见，也就是那些只选择植物的某一部分（新枝、嫩芽和果实）取食的物种。剑龙类看起来就像一类精食者，各种各样的长吻窄喙的鸟脚类也是精食者。一些鸟臀类根据其头骨形状不能严格地划分为粗食者或精食者，它们的取食策略介于两类动物的中间状态。这意味着这些动物属于“混食者（mixed feeder）”，即每种取食策略都涉及的植食性动物。

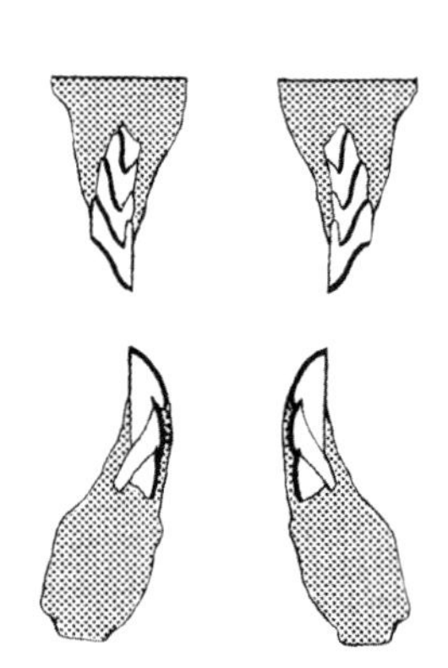

从截面上观察巨型角龙类恐龙三角龙的齿系，我们会发现这种齿系看起来就像一套套美工刀片。几代牙齿自下而上互相堆叠在颌部边缘，形成了尖锐的用于切割植物的边缘结构。

不同的植食性非鸟恐龙在许多方面都存在差异。当研究恐龙的取食习性时，其中一些差异似乎至关重要。头骨后侧的宽度指示了头部后方所附着的肌肉量，因此也指示了该动物控制头部运动的能力。在现生动物中，啃食地表植物的动物要比取食树上（或灌木）的嫩叶和细枝的动物更善于控制头部的运动，而吃嫩叶的动物对头部的精细运动依赖较少，它们取食时更倾向于依靠嘴部的运动。

不同的植食性非鸟恐龙通过颌部关节能够做出的动作种类存在巨大的差异。一些蜥脚形类和鸟臀类的颌部关节受到限制，只能做出类似于在兽脚类中出现的剪刀状颌部动作（上下颌只能上下移动），但是很多类群演化出了能让下颌前后滑动和侧向转动的颌部关节。这种颌部运动使得上下颌牙齿的齿冠之间能够相互摩擦，这意味着这些恐龙吃到嘴里的植物可以被研磨成细小的碎片。

植食性恐龙在头骨厚度、颌部形状以及其他能够表现它们咬合力的方面也存在差异，在取食高度上它们同样有着显著不同。比如，甲龙类拥有短小的四肢和颈部，这表明它们以生长在地表或接近地表的植物为食。相较之下，鸭嘴龙类拥有更长的四肢、颈部和头骨，这意味着除了地表附近的植物，当它们想要吃到高出地表较多的植物时也能做到。同时，鸭嘴龙类还拥有双足站立的能力，这意味着它们也有可能以高于地面数米的植物为食。这种取食高度上的差异意味着生活在同一时期的恐龙植食者能够利用不同的植物资源作为食物，从而避免与其他类群的恐龙为了同样的食物资源相互竞争——这一主题我们会在下文关于恐龙群落的小节中进一步讨论。

目前，我们已经了解和肉食性或植食性生活方式相关的一些特征。但是，还有一些非鸟恐龙类群具有的特征表明这些恐龙同时拥有这两种生活方式。这些恐龙是杂食性动物：它们会以植物叶片、果实和种子为食，同时会捕捉一些小动物，

一些植食性恐龙拥有宽阔的嘴，这种形态的嘴适应于啃食地表的植物。一些现生食草动物的嘴也有相似的形态，比如白犀牛。这是一只年幼的白犀牛。

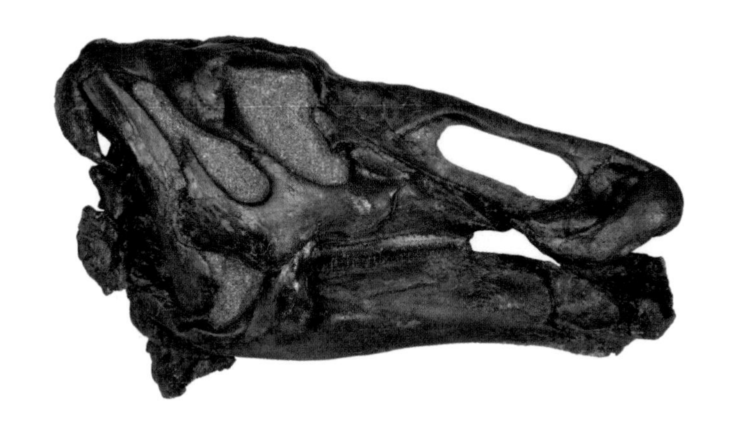

北美洲的鸭嘴龙类恐龙埃德蒙顿龙拥有宽阔的、像鸭子一样无齿的喙，这使它们能够啃食地表的植物。但是这种恐龙的身高、灵活的颈部以及高而窄的头骨形状更适合于取食高处的植物。所以鸭嘴龙类恐龙有可能是食性广泛的动物，能够以生长在不同高度的多种植物为食。

也有可能吃一点动物的尸体。生活于晚三叠世和早侏罗世的蜥脚形类——大椎龙、板龙和它们的近亲，同时拥有适合切割叶片的叶状牙齿以及尖锐的锥状牙齿，它们还拥有掌心向内的爪，这种爪子很有可能被用来捕捉小动物。和蜥脚类以及大型鸟臀类这些毋庸置疑的植食者相比，这些蜥脚形类的身体并未因植食性而发生特化。

并不是所有的兽脚类都是肉食者。一些兽脚类类群拥有叶状的、钉状的和门齿状的牙齿，这些牙齿和现生的植食性动物或杂食性动物的牙齿比较相像。似鸟龙类、镰刀龙类和

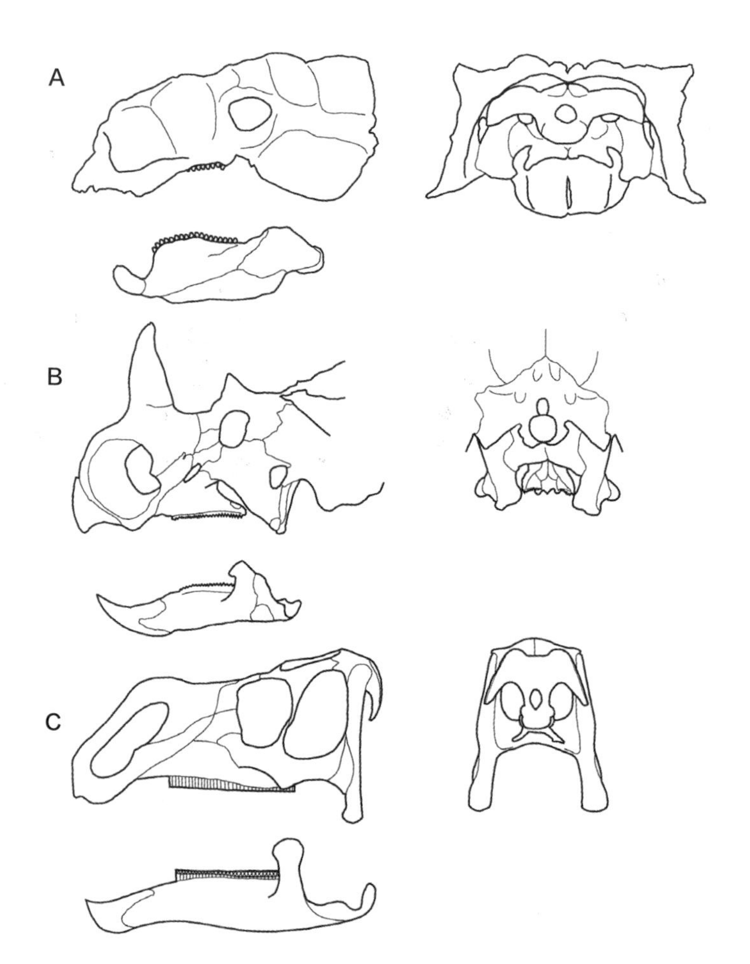

这些图片展示了一些植食性恐龙头骨形状、高度与宽度的不同，以及它们巨大的颌部肌肉。这些恐龙均发现于北美洲上白垩统地层且生活于同一时期。这些恐龙头骨的差异与它们所属的恐龙类群采取不同的取食方式有关。图片展示了一只甲龙类恐龙的头骨（图 A）、一只角龙类恐龙的头骨（图 B）和一只鸭嘴龙类恐龙的头骨（图 C）。

窃蛋龙类便属于这些杂食性或植食性的兽脚类。这些拥有“怪异牙齿”的类群在演化的过程中趋向于完全失去它们的牙齿，进而产生了更专注于以植物为食的没有牙齿的后代类群。这些类群中没有牙齿的成员的颌部边缘长有喙状组织，这使得它们的面部看起来和鸟类十分相似。它们身体和爪子的形状同样适应于杂食性或植食性的生活方式，比如，镰刀龙类有着宽大的髋部，表明它们拥有巨大的内脏；而似鸟龙类的手爪和脚的形状较直，不大可能被用来捕捉和杀死动物。窃蛋龙类和似鸟龙类的胃部保存有大量的小石子（胃石）。在现生鸟类中，胃石是植食性物种的典型特征。

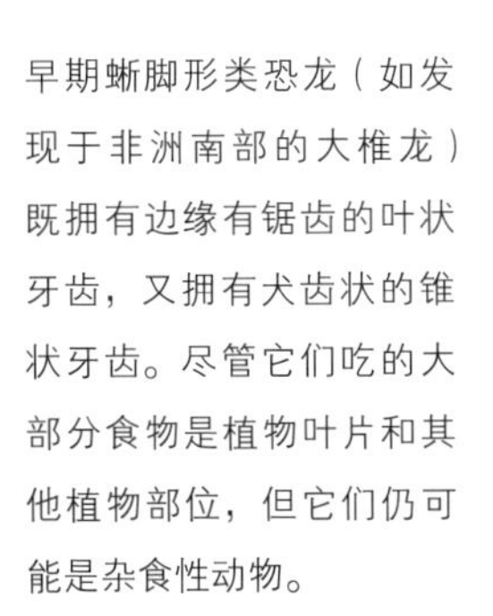

早期蜥脚形类恐龙（如发现于非洲南部的大椎龙）既拥有边缘有锯齿的叶状牙齿，又拥有犬齿状的锥状牙齿。尽管它们吃的大部分食物是植物叶片和其他植物部位，但它们仍可能是杂食性动物。

牙齿的微观磨损

到目前为止，我们只介绍了一些十分基础的研究化石动物食性的方法，这些方法中有很多都涉及与现生动物进行简单比较。但是人们也已经使用一些复杂而精确的方法来研究恐龙的颌部和牙齿，这样才能更好地了解恐龙的食性和取食方式。

几十年来，对动物取食习性感兴趣的生物学家使用高倍显微镜来研究牙齿上的磨损痕迹。这些痕迹能够为我们提供和动物所食用的食物种类相关的线索，以及关于动物在取食时颌部移动方式的详细信息。一些恐龙取食时只是简单地张开和闭上嘴巴，这种运动方式在它们的齿冠上留下了垂直的擦痕与磨损痕迹；还有一些恐龙则会将它们的颌部左右移动、前后移动甚至转动，因此它们的牙齿表面会留下形态更复杂的磨损。这种关于微观磨损的研究方法最初在20世纪70年代被用于研究化石灵长类的牙齿。由于这种方法被证实十分有用，学者们很快开始研究许多其他化石动物的牙齿，特别

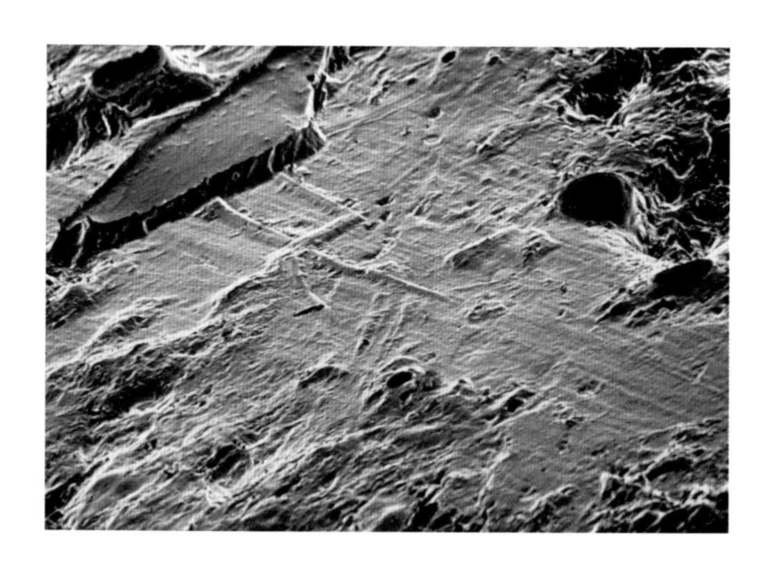

这幅图片展示了蜥脚类恐龙梁龙齿尖上的微观磨损痕迹。我们可以观察到这些相互平行的细小擦痕。这些擦痕与齿冠的长轴平行，它们一定是在梁龙用齿尖拉扯食物时产生的。

是哺乳类。直到20世纪90年代晚期，这种方法才被应用于恐龙研究。

恐龙的牙齿并不像哺乳类的牙齿那样保存微观磨损。部分原因是它们吃的植物和哺乳类吃的植物属于不同的类群，但还有一部分原因是恐龙在它们的一生中会不断地更换牙齿。恐龙的牙齿寿命很短，在被使用一定时间之后，牙齿便会脱落并被新长出的牙替换，而哺乳类牙齿的寿命则有很多年，这使得这些牙齿拥有更长的使用时间并产生磨损的痕迹。在蜥脚类以及其他恐龙牙齿上所观察到的生长线表明，它们的牙齿寿命只有一个月，之后这些牙齿就会被新长出的牙齿从牙槽中顶出去。

尽管在研究恐龙牙齿的微观磨损时会受到很多限制，但是学者们仍然通过恐龙牙齿的微观磨损了解到了很多关于恐龙的信息。对盾甲龙类牙齿微观磨损的研究表明，晚白垩世的甲龙类恐龙包头龙在咀嚼时，它们的下颌会进行复杂的运动。微观磨损似乎表明，包头龙在反复咀嚼时，它们的下颌会发生前后滑动，这种颌部运动叫作前后运动（propaliny）（人类并不使用这种颌部运动方式，但是另一些现生动物——比如象和兔子——则拥有这种方式）。颌部关节的形状决定了颌部可以发生前后滑动，还有明显可见的牙齿磨损的整体形状，这些都为包头龙拥有复杂的颌部运动提供了进一步的支持。此外，对盾甲龙类牙齿磨损的研究还表明，一些盾甲龙类在咀嚼时主要使用一种简单的垂直切割运动，比如早侏罗纪的腿龙。鸭嘴龙类牙齿上的微观磨损由大量细小的擦痕组成，这些擦痕表明它们的食物主要为松柏类叶片，也表明它们拥有复杂的颌部运动，包括一定程度的前后运动。

还有许多恐龙物种的牙齿微观磨损研究有待完成，比如剑龙类的牙齿就没有按照这种方法被研究过。即使没有进行过这样的研究，我们也已经明显发现剑龙类的牙齿拥有较少的磨损痕迹，只有某些种类的一些个体的牙齿上有小块的竖直磨损面，这是由齿尖之间或者齿尖和植物之间相互接触造成的。剑龙类的牙齿磨损较少以及这些磨损只发生在齿尖表明，这些恐龙并没有充分地咀嚼食物。

我们在过去会基于牙齿和颌部形状得出一些关于恐龙食性与取食行为的观点，如今我们在恐龙牙齿上所观察到的微观磨损通常与这些观点相符。但是还有一些恐龙类群并不是这样，它们牙齿的微观磨损数据似乎与我们所掌握的一些其他信息相矛盾。

学者们已经对蜥脚类中梁龙类恐龙的牙齿微观磨损进行过多次研究。大量细小的平行擦痕是梁龙类的牙齿的典型特征。在 20 世纪 90 年代发表的研究成果发现，这些牙齿缺少以地表植物为食的植食性恐龙所特有的微小凹痕。凹痕是由粘在植物上的小沙粒造成的，这些植物往往生长高度很矮或者被取食的部位离地面很近。因此，学者们认为该研究为这些特别的蜥脚类以高处嫩枝为食的取食方式提供了证据。而在此之前，科学家们已经通过这些恐龙长长的颈部和能够双足站立的特征预测它们主要以树冠处的嫩枝为食，上述研究的证据也与这一观点相符。

最近，这一观点受到了挑战——一些研究报道了雷巴齐斯龙类和梁龙类的牙齿存在大量的凹痕。这些凹痕是因为恐龙无意中食入沙砾所造成的。凹痕的形态表明这些恐龙主要在地表附近取食，它们不加选择地啃食各种各样的植物。梁龙类中的一些恐龙具有宽大的嘴巴也支持这些恐龙在地表附近进食这一观点。然而这些研究并不是梁龙类取食习性的“最终结论”。这些恐龙的齿尖出现了大量形状特别的磨损，同时梁龙类的头骨似乎很坚硬，善于承受较大的咬合力。无论是

像梁龙这样的蜥脚类恐龙生活在一个到处都有植物的环境中。有高大的树木，也有大量的地表植物，尤其是蕨类植物。目前还不清楚蕨类植物在这些恐龙的饮食中有多重要，它们也许经常食用。

它们牙齿上的这种磨损，还是其强大的颌部力量，似乎都不能用一种仅涉及啃食地表植物的食性来解释。反而，这些特征似乎更符合从树枝上剥离叶片的取食方式。

这些结果描绘出了一幅复杂的甚至相互矛盾的景象。这是因为要解释一种早已灭绝的动物的食性、行为和生活方式是很困难的，大量不同的证据有时会产生不同的结果或指向不同的方向。我们从现生动物的习性中可以得知，动物往往不会只局限于一种习性或取食方式，它们可以是适应力强的机会主义者，能够根据可获得的资源来转变它们的生活方式。可能一些梁龙类恐龙就是各种植物都会取食，在某些情况下它们会取食接近地表的植物，而在另一些情况下它们会取食树冠上的嫩枝和叶片。

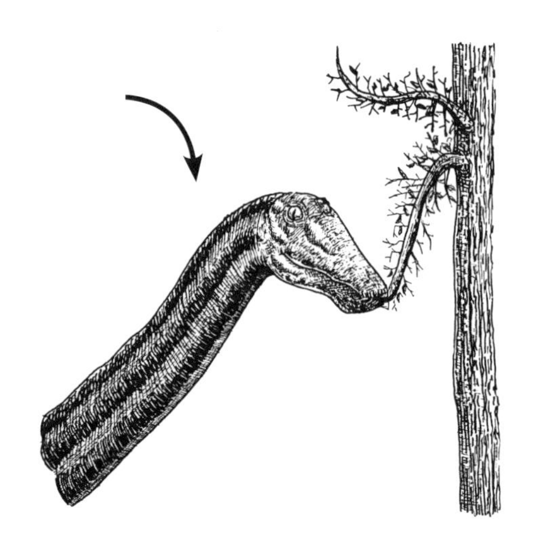

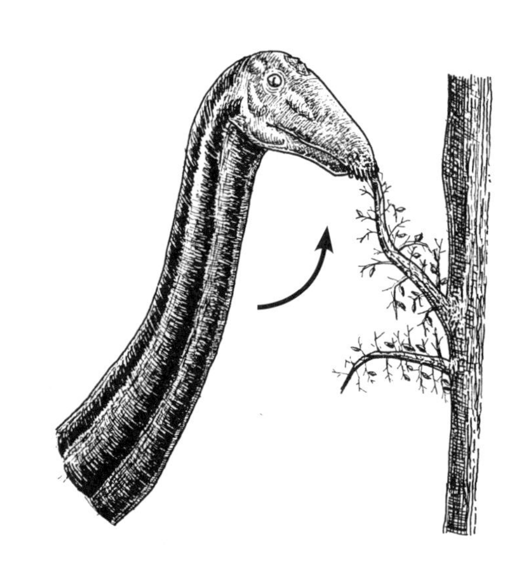

一些专家认为，梁龙细长的牙齿上罕见的磨损痕迹表明了这种恐龙的取食方式——它们会用嘴咬住树枝然后突然向下或向上拉扯树枝，以便剥离树枝上的树叶食用。

兽脚类的手和足

在前文中我们已经看到，兽脚类的牙齿和颌部的解剖结构对兽脚类攻击、杀死以及肢解猎物的方式有着良好的指示意义。但是兽脚类当然不会把它们的颌部和牙齿作为唯一的武器——它们的手和足也是重要的武器。大多数类群的非鸟兽脚类恐龙拥有三根手指，掌心向内的手上长着增大的强烈弯曲的爪子和粗壮的韧带以及增大的肌肉附着部位。这些手（正如我们之前所看到的那样）几乎就是专门用来抓取猎物的——较小的非鸟兽脚类很可能通过这种方式来捕捉哺乳类、蜥蜴、恐龙幼崽以及其他猎物。掌心向内的朝向意味着猎物在送到嘴里之前会被两只手紧紧地抱在中间。要注意的是，即使是在手指和手上长有长长的羽毛的情况下，兽脚类的手仍然可以用这种方式来捕捉和抓住猎物。显然，这些羽毛并不会长在掌心或者手指掌面，所以它们不会妨碍抓捕的功能。

大多数大型的兽脚类也拥有这种手，这意味着它们很有可能会以同样的方式使用手来捕猎。这些恐龙的体型要大得多，当然它们的猎物也要大得多。一只约 7 米长的巨大兽脚类主要捕食那些 2 到 3 米长的恐龙，在这种情况下，兽脚类会在用手抓捕猎物的同时使用它们的颌与牙齿攻击猎物。大型兽脚类非常灵活的指关节为这种抓与咬的猎杀方式提供了额外支持：它们的手指可以向内握紧，将爪子刺入猎物的身体，同时这些手指也可以承受较大角度的向后弯曲。考虑到被抓住的猎物会挣扎并反抗捕食者的捕获，这些手指的灵活性具有重要的意义。

在兽脚类演化史中，这种抓与咬的捕捉方式曾多次被抛弃。暴龙类在它们演化史的最初阶段拥有类似于手盗龙类的细长的手，但是后来它们转而依靠越来越强大的咬合力来捕食猎物，最终的结果就是这些巨型恐龙的前肢发生了退化并变得十分短小，而它们的颌部和牙齿变得超级强壮。手盗龙类在它们的演化史中始终保留了长长的可以用来抓捕猎物的手，但是一些手盗龙类类群（特别是和鸟类亲缘关系较近的类群）渐渐开始依靠它们的足部来制服猎物。自 20 世纪 60 年代恐爪龙被描述之后，人们发现驰龙类和伤齿龙类的足部第二趾以一种独特的姿态举起来，第二趾上增大的镰刀状的爪始终保持着从地面抬起的姿势。灵活的关节意味着整个第二趾可以呈弧线状从足部的上方高高地划过并到达足部的下方。

手盗龙类恐龙（如恐爪龙）的第二趾上的爪增大且强烈弯曲，这肯定是一种可怕的武器。但是这个武器是如何使用的呢？一些专家认为它们被用于将猎物开膛破肚，但现在看来这不太可能。

这些恐龙是如何使用这些所谓的镰刀爪的趾的呢？一个流行的观点是，这些爪具有切割的功能，被用作给猎物开膛破肚的武器，是为了攻击猎物的腹部和身体两侧而演化出来的。

这个观点所提出的爪子的功能现在看来是非常不可能的。对爪子的复制品和仿制的机械腿所进行的测试表明，这些镰刀状的爪子在切割方面表现不佳。在任何情况下，一只猎物的身上能够被切割或者易于捕食者实施切割的部位很少。如果我们观察现生动物，隼和鹰也拥有类似的增大的第二趾爪。这些鸟类并不使用这个爪子来击打猎物或者将猎物开膛破肚，而是用它将猎物按在地上。它们用嘴将猎物杀死，而不是足部的爪。也许上述现象能让我们更加真实地理解这些恐龙的捕食行为——可能它们会跳到猎物身上，依靠自己的重量将猎物按倒在地，然后用嘴进行攻击。这些恐龙还拥有巨大的、长满羽毛的前肢和手，这点可能并不是巧合——它们大概需要在挣扎的猎物身上保持平衡，而翼状的前肢可以帮助它们保持平衡。

恐爪龙和与之类似的手盗龙类恐龙杀死猎物的方式很可能与现生的鹰和隼类似。它们会用强有力的具爪的足部控制住猎物，之后会依靠长有羽毛的前肢与尾部的运动来保持身体平衡。最后它们会在猎物存活时将其吃掉。

计算机建模和恐龙取食行为的研究

在前文的多个实例中，我们已经看到新的计算机辅助技术使古生物学家能够检验恐龙身体运转和行为表现的各种可能性。这些技术中最值得注意的是有限元分析（finite element analysis，简写 FEA）。这是一种基于计算机的方法，最初被设计出来是用于测试类似于建筑物和飞行器等物体在受到狂风或者大型引擎振动等强作用力时会如何表现。有限元分析通过将一个三维的物体形状转换成许多微小的相互连接呈三维网格状的多面体形状来进行研究。当力或者压力被施加在这些网格上时，电脑程序会计算出这些压力是如何分布的，压力最大和最小的区域分别在哪里。这些区域通过彩色编码系统来加以显示，通常红色代表高应力区域，蓝色代表低应力区域。

有限元分析已经成为恐龙取食行为和咬合力研究中一种非常普遍的应用方法。大多数恐龙类群的成员如今都经过了有限元分析研究的检测。由埃米莉·雷菲尔德（Emily Rayfield）领导的研究团队进行了第一个现代有限元分析研究，他们将一个完整的异特龙头骨作为有限元分析的对象。研究

通过建立异特龙头骨的三维数字模型，埃米莉·雷菲尔德和她的同事能够向人们展示异特龙在进行咬合时，其头骨的哪些部位受到压缩，哪些部位受到拉张。黄色的箭头展示了压缩区域，红色箭头展示了拉张区域。

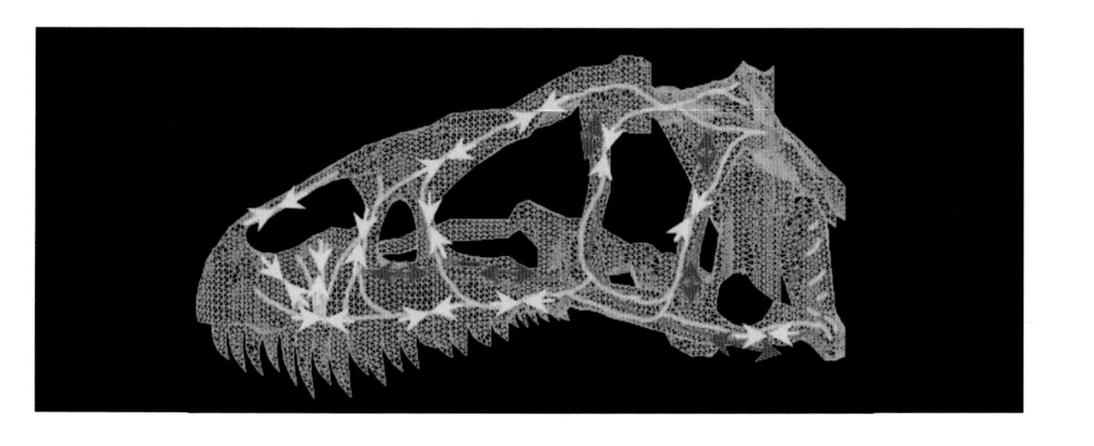

结果表明，异特龙的头骨十分善于承受应力，显然能够承受比它咬合时产生的力大得多的应力。这项发现可能为这样一种观点提供了支持：异特龙将它们的整个头骨作为类似于短柄小斧的武器来使用，它们会反复地用头部猛烈撞击猎物的身体，给对方造成创伤。

有限元分析后来被应用于包括腔骨龙、食肉牛龙、重爪龙和暴龙在内的非鸟兽脚类以及梁龙和圆顶龙等其他蜥脚类的研究中。目前的研究结果与通过其他研究所得出的关于这些恐龙取食行为的观点相符。有限元分析的主要优势是：和过去通过对头骨的整体形态与结构进行的检查相比，有限元分析能够揭示头骨功能的更多细节并获得更多更详细的信息。例如，应力沿着重爪龙细长吻部的传导方式与我们在鳄类动物（比如以鱼类为食的长吻鳄）头骨中所见到的应力分布图相符。有限元分析因此大幅提高了我们将头骨作为“取食机器”来研究的能力。

雷菲尔德针对暴龙的有限元分析研究，展现了这些动物是如何完美地承受当它们咬穿骨骼时所产生的巨大应力的——我们从暴龙在其他恐龙身上造成的咬痕以及我们随后会讨论的含有大量骨骼的粪化石中可以知道，暴龙咬穿骨骼

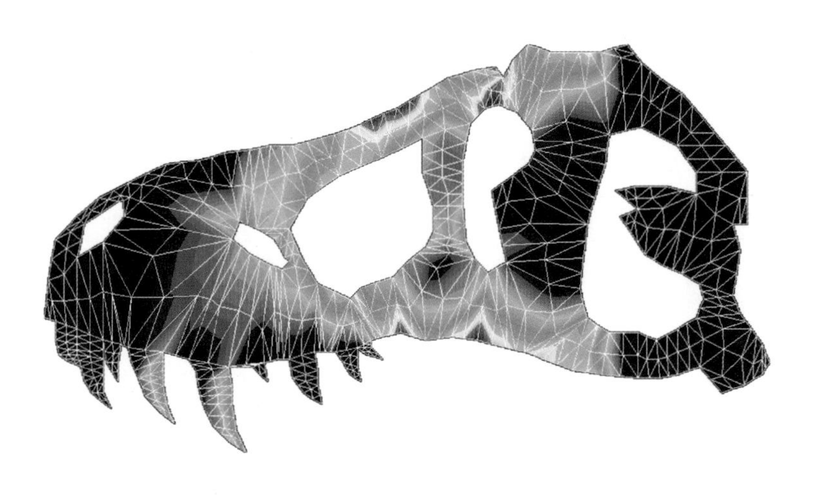

有限元分析研究通常会使用不同的颜色来展示一个承受负荷的物体中应力的分布。在这个暴龙头骨模型中，承受应力最大的区域显示为红色，而蓝色区域所承受的应力最小。

这种行为时有发生。雷菲尔德的有限元分析同样展现了在暴龙头骨中传导的应力中有多少是通过位于吻部上方的鼻骨传导的。这个结果大概解释了为什么暴龙（以及其他暴龙类）拥有这种粗厚的、关节扭曲的、愈合在一起的鼻骨，这些鼻骨在承受这些应力时起到了至关重要的作用。

有限元分析的广泛应用与学者们为了更好地理解头骨与骨骼在动物存活时的工作原理所做出的努力有着密不可分的关系。当古生物学家们努力使用更精确、在数学上更严谨的方法来研究已经灭绝的动物的习性与解剖学时，有限元分析的应用也得到了发展。

我们了解得越多，就越明白当想要理解头骨以及其他身体部位的运行方式时，有限元分析能为我们提供的信息是有限的。动物毕竟不只是由骨骼组成的。肌肉、韧带和其他软组织在头骨或其他身体部位的运行中也发挥着关键作用。实际上，在恐龙进行咬合和取食时，这些软组织起到的作用是如此重要，以至于我们认为只依靠骨骼得出的结论是具有误导性的。甚至有些针对现生动物的研究表明：当动物进行咬合时，头部实际受到应力影响最多的部位和有限元分析所得出的最受应力影响的头骨部位根本就不相符。

只有当被研究的物体被精确地建模时，有限元分析才能给出一个较好的分析结果。仅仅知道一个结构的形状是远远不够的，我们还需要知道它内部的三维形态。有限元分析无疑是一个十分有用的研究工具，但是它不应该被单独地应用于研究，因为这样我们容易误解它提供的结果。同时，只有当我们搜集到大量的信息时才能正确地应用有限元分析。

好消息是我们处理这些问题的能力——在进行有限元分析时考虑到软组织和内部结构并进行分析——一直在迅速地提高。现在的恐龙头骨和其他部位的计算机模型要比它们10年前的样子复杂得多，我们理解单个骨骼、头骨和整个骨架的三维模型的能力正在以惊人的速度提升。

尾部较长的兽脚类恐龙美颌龙类的化石表明，它们会以哺乳动物和蜥蜴这样的小型脊椎动物为食，中华龙鸟便是一个例子。在对页这幅插图中，中华龙鸟身上的颜色分布方式和图案反映了人们针对其黑素体所做研究的近期发现。

肠道、胃内容物以及粪便

那些被迅速掩埋并快速融合到岩石记录里的动物，比如那些被火山灰或者泥石流掩埋的动物，在胃和肠道内部有时仍会保存它们最后一餐的食物。这样的化石很罕见，那些已经被发现的化石具有极其重要的意义，因为它们能为我们直接提供关于动物食性的信息。

迄今为止，被报道的胃内残留物大多数来自非鸟兽脚类恐龙。不出所料，这些胃内残留物证明了这些恐龙是捕食者，有时是其他恐龙的捕食者。最著名的保存有胃内容物的恐龙可能是生活于晚三叠世的兽脚类恐龙腔骨龙，有两件腔骨龙标本的腹部保存了小型主龙的残骸。数年来，有人声称这些小型主龙是腔骨龙的幼崽，这些残骸证明了腔骨龙存在同类相食的行为。在现生的肉食性动物中，同类相食是一种常见的行为，所以这样的发现并不是特别意外。但后来人们发现这些胃内容物被鉴定错了。这些胃内容物根本就不是腔骨龙幼崽的残骸，而是小型镶嵌踝龙类主龙的残骸。

这只中华龙鸟标本（上图）的胃部保存了一块小型哺乳类的颌骨（下图）。鼩鼱和老鼠等小型哺乳类肯定也是其他小型肉食性恐龙经常捕食的猎物。

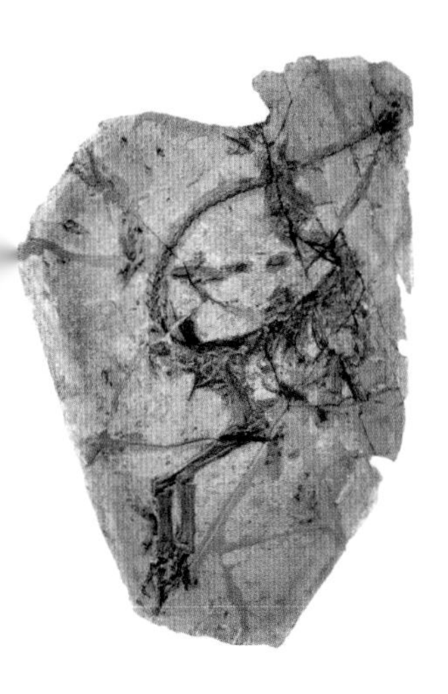

发现于蒙大拿州上白垩统地层的暴龙类恐龙的胃内容物中保存了鸭嘴龙类恐龙的骨骼。发现于英国的棘龙类恐龙重爪龙和鱼鳞以及禽龙类幼体的骨骼保存在一起，这些鱼鳞和骨骼几乎肯定代表了胃内容物。我们还知道一件发现于德国上侏罗统地层的美颌龙标本的胃部保存有一只蜥蜴，发现于辽宁的中华龙鸟保存了以哺乳类骨骼为主的胃内容物，而中华丽羽龙（中华龙鸟的大型近亲，同样发现于辽宁）的体内则保存了鸟类和其他兽脚类的残骸。

还有一件发现于辽宁的兽脚类标本——著名的驰龙类恐龙“四翼”小盗龙——的体内保存了一条鱼。这个发现很有

上图描绘了一只能够滑行的小型驰龙类恐龙小盗龙在中国一个湖泊的岸边吃鱼。我们并不清楚这只小盗龙是靠它自己把这条鱼抓上来的还是取食了一条已经死在岸上的鱼。

意思，因为这表明通常被人们想象成能够爬树和滑行的小盗龙，不只是在树枝之间和树干上捕食猎物，它们同样会在包括水边在内的地面觅食。另一件小盗龙标本的腹部保存了一只鸟类的部分骨架，这意味着小盗龙以各种各样的猎物为食。一些非鸟虚骨龙类恐龙有时被人们认为是植食性恐龙，其胃内容物显示它们偶尔也会吃小动物。这些恐龙包括窃蛋龙（*Oviraptor*）（一件标本内部保存了一只蜥蜴）和巨大的似鸟龙类恐手龙（一件标本包含了一条鱼）。这里提到的胃内容物与表明这些恐龙是杂食性动物的解剖学证据相符。

蜥脚形类和鸟臀类的胃内容物很罕见。一只发现于加拿大下侏罗统地层暂时被鉴定为砂龙（*Ammosaurus*）的蜥脚形类，其体内保存有一只小型的类似蜥蜴的爬行动物。这为早期蜥脚形类是杂食性动物而不是绝对的植食性动物的这一观点提供了支持。在鸟臀类中，一只发现于澳大利亚的小型甲龙类恐龙的胃中发现了被嚼碎的植物碎片、种子以及类似果实的物体，而在一件鸭嘴龙类恐龙短冠龙的标本中则发现了被细细嚼碎的叶片。

更多关于恐龙食性的证据则来自粪化石。由于粪便质地柔软，很容易被昆虫、真菌和细菌快速分解，它们很少作为化石保存下来。尽管如此，还是有足够数量的粪便被泥土或沙子掩埋并形成化石记录，这些粪化石能让我们很好地了解恐龙产生的各种各样的粪便。大多数粪便的形状都类似于弯曲的粗香肠或者分段的粗绳子，粪便的平均长度大约为 8 厘米。然而，一些非鸟恐龙的粪化石要小得多，一堆小颗粒状的粪化石似乎是由一只小型鸟臀类恐龙产生的，这些粪化石每颗的直径小于 1 厘米。在粪化石尺寸的另一端是迄今为止发现的最大的恐龙粪化石。这个巨大的样本发现于加拿大萨斯喀彻温省上白垩统地层，有 64 厘米长，内部充满了小块骨骼。这个粪化石一定是由暴龙产生的，因为暴龙是晚白垩世时期生活在萨斯喀彻温省的唯一巨型的肉食性恐龙。暴龙可能会嚼碎并吞下骨骼的观点同对其颌部与牙齿的解剖结

这只保存完好的小型甲龙类恐龙发现于澳大利亚，过去它经常被错误地鉴定成敏迷龙（*Minmi*），但现在我们知道它叫盾龙（*Kunbarrasaurus*）。这件标本保存得非常完整，其内脏中所包含的物质也保存了下来。

许多恐龙的粪化石是香肠状的块体，识别出产生这些粪化石的特定恐龙是不可能的。图中这些粪化石是植食性恐龙产生的，可能是蜥脚类恐龙。

构进行的研究所得出的结果一致。像这么长的粪化石确实很大，但是大型蜥脚类和其他大型植食性恐龙可能会产生更大的粪便——它们几乎会像大象、马、鸵鸟和其他大型鸟类那样产生一大堆粪便。

一些兽脚类的粪化石甚至保存了没被消化的肌肉组织，这意味着我们可能会发现更多的非鸟恐龙肌肉组织的化石碎片（你可能会记得之前在书中提到的保存在兽脚类恐龙棒爪龙中的肌肉组织）。这也表明食物通过兽脚类消化系统的速度很快，这个现象意味着兽脚类的新陈代谢速率很快。

主要以植物残余组成的粪化石被认为是植食性非鸟恐龙产生的。这些粪化石通常不能被确切地归至特定的物种，但是它们清晰地展现了这些与粪化石相关的恐龙所食用的植物类别，诸如木贼、蕨类、苏铁、松柏以及开花的树。一些标本揭示了很多惊人的事实，让人们对恐龙的食性有了深入的了解。一些发现于上侏罗统和上白垩统地层的植食性恐龙粪化石含有木头碎片。大量的木质植物碎片保存在上白垩统地层的粪化石中，人们认为这些粪化石是由鸭嘴龙类恐龙慈母龙产生的。几乎可以肯定这些恐龙会食用木头，它们很可能能够消化这些特殊的食物资源并从中汲取营养。

发现于印度上白垩统地层的被人们认为是泰坦巨龙产生的粪化石也很有意思，因为这些粪化石含有一些微观的矿物颗粒，这些矿物颗粒被认为是禾本科植物所特有的。这些粪化石保存有一些不同的禾本科植物物种的残骸，这些物种属于禾本科演化树上的不同支系。这些化石不仅表明在晚白垩世时期很多种类的禾本科植物已经出现了，它们同样揭示了产生这些粪化石的泰坦巨龙至少在某些时候会食用禾本科植物。由于在白垩纪末大灭绝之前禾本科植物在植物群落中并没有占据重要的位置，在这个发现之前人们普遍认为非鸟恐龙从不食用禾本科植物。又一次，若不是发现了这条罕见的证据，我们不会知道这个特别的取食行为的存在。

运动 1：行走和奔跑

毫无疑问，非鸟恐龙和古鸟类在它们的日常生活中会行走和奔跑。它们的骨骼——以及它们活着时存在的肌肉——表明，事实上所有恐龙物种的身体结构都适应于一种包含大量行走的生活方式。细长的腿骨表明许多非鸟恐龙是能够快速奔跑的动物。其实，有一种观点长期以来都很流行，即类似于似鸟龙类的恐龙能够同现生的鸵鸟和马跑得一样快。由于一些人在一段时间内坚持使用将非鸟恐龙和古鸟类与现生动物进行比较的基本方法，在有关恐龙的书中提出似鸟龙类和鸵鸟相似、角龙类和犀牛相似、蜥脚类的身体比例和大象

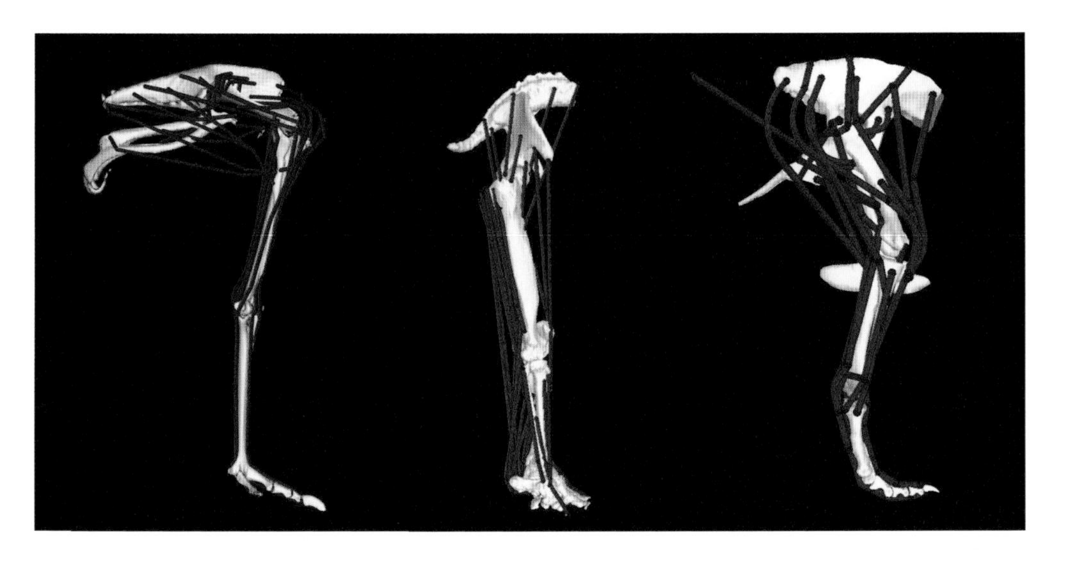

非鸟恐龙（如最右端的暴龙）骨骼肌肉的计算机模型可以与现生动物如鸵鸟（最左端）和大象（中间）骨骼肌肉的计算机模型相比较。结果表明，大型恐龙可以快速运动，但并不像有些人所认为的那样快。

相似的观点已经屡见不鲜。结果，人们已经倾向于将这些现生动物的奔跑能力归因于已经灭绝的恐龙身上。比如，很多书给出似鸟龙类的奔跑速度是 72 千米 / 小时，蜥脚类的奔跑速度则和大象大致相当，是 40 千米 / 小时，等等。

值得注意的是，这种观点存在严重问题。首先，也许令人惊讶，我们对现生动物的奔跑速度和运动能力所知甚少。很多在书中被重复提及的“事实”被证明是不可靠的，或者这些“事实”所依据的记录质量不佳。比如，关于大象奔跑速度的说法，从来没有哪本书清楚地说明这条信息来自哪里。近期对大象运动的研究显示：大象的最高运动速度实际上为 6.8 米 / 秒，相当于 24 千米 / 小时。好消息是，对哺乳类、蜥蜴、鳄类、鸟类以及其他动物行走和奔跑能力的研究数量正在迅速增长。顺便说一句，这些研究中的大部分都受到了最初与非鸟恐龙相关的问题的启发。

研究表明，庞大的、肌肉强壮的尾部可能能让恐龙——特别是兽脚类恐龙——十分善于在奔跑的时候突然急转弯。恐龙的尾部可能会保持在距离地面较高的位置，然而是否会抬高到像图片所示的高度仍然未知。

另一个问题是，当我们要得到关于已灭绝动物的能力的一个可靠观点时，上文所提到的恐龙和现生动物表面上的相似之处根本不能提供良好的依据，其提供的信息远远不够精确。一只蜥脚类恐龙可能和大象有些类似，但是它和大象根本不相似——大象拥有较小而浅的骨盆和一条瘦小的尾巴，然而蜥脚类拥有巨大而深的骨盆和一条巨大的尾巴，这条尾巴上最大的肌肉（我们在第三章中所见到的巨大的尾股长肌）与大腿的后侧相连。非鸟恐龙的构造其实并不像任何现生的动物，这意味着我们不能依靠简单的、表面上的比较来获得有意义的结果。所以，到底要怎么做呢？

数字建模能让我们对恐龙的行走与奔跑能力的研究变得更加科学而严谨。功能形态学家约翰·哈钦森制作了一个暴龙的数字模型，在这个模型中，重建的腿部肌肉被放置在正确的解剖学位置。对于这种研究来说，暴龙是一个吸引人的研究对象，因为它是有史以来演化出的最大的双足动物之一，它代表了一种极限，这个极限展现了动物是如何试验出陆地上生命的物理限制的。事实上，学者们围绕着暴龙的运动能力已经进行了长期的争论：一些学者认为暴龙并不能奔跑，它们只能缓慢地行走；另一些学者则提出暴龙在短距离内跑得很快，能够维持和赛马接近的速度；还有一些学者支持在这两种观点之间的每一种可能性。哈钦森的研究结果表明暴龙可以以 8 米 / 秒的速度奔跑，相当于 29 千米 / 小时。对于一个像大象那么大的动物来说这个结果并不差，但暴龙的速度还是要比赛马慢得多。

一些涉及其他非鸟恐龙的研究正处于起步阶段。一些专家认为，尾股长肌对大多数非鸟恐龙来说是如此巨大和重要，以至于它也许能让非常大的恐龙（包括蜥脚类）比人们过去所认为的更加快速而有力地移动四肢。如果是这样的话，这

恐龙的行迹可以展现一只恐龙的移动速度。图中这些巨大的足迹发现于法国的普拉涅镇，它们是一串长度超过 150 米的行迹的一部分。这些足迹的制造者可能是一只巨型蜥脚类恐龙，其身长可能超过 30 米，重量可能超过 50 吨。

些恐龙的运动速度可能会比人们通常认为的更快，然而对于暴龙来说，它们的运动速度不太可能高于上文中哈钦森计算所得的结果。

迄今为止，我们只通过讨论由观察恐龙的骨骼和肌肉所获得的信息来思考非鸟恐龙的运动能力。对于这些恐龙的行走和奔跑能力来说，更直接的证据则以足迹化石的形式存在。恐龙的足迹并不罕见或难以找到，实际上它们的数量丰富且保存十分清晰，在世界各地存在着数百万的恐龙足迹化石。有一大群古生物学家专门研究恐龙足迹，并利用这些足迹化石来告诉我们和恐龙习性有关的各种信息。

足迹化石为陆地上的运动提供了两条关键的信息。第一条信息是关于这些足迹制造者所采取的手和足的姿势。不同恐龙在行走或者奔跑的时候，它们的双手之间和双脚之间都相距较远，或者它们通过行走、奔跑、跨步、跳跃乃至单脚跳跃等方式来运动，这些信息都可以通过研究足迹化石来获得。第二条关键信息是关于这些动物的运动速度。只要对和足迹相关的恐龙的四肢长度有所了解，我们就可以将四肢长度与步长做比较，从而估算出恐龙的运动速度。

甚至同一只恐龙所产生的足迹都可能会因为其落脚的方式以及沉积物的软硬程度而发生变化。这一系列数字复原模型描绘了一只兽脚类恐龙将其足部踏入软泥（图A与图B）、陷入软泥（图C）以及抽离软泥（图D）的几个不同阶段。这几个动作留下了几个长长的、形状奇怪的、裂缝状的足迹。

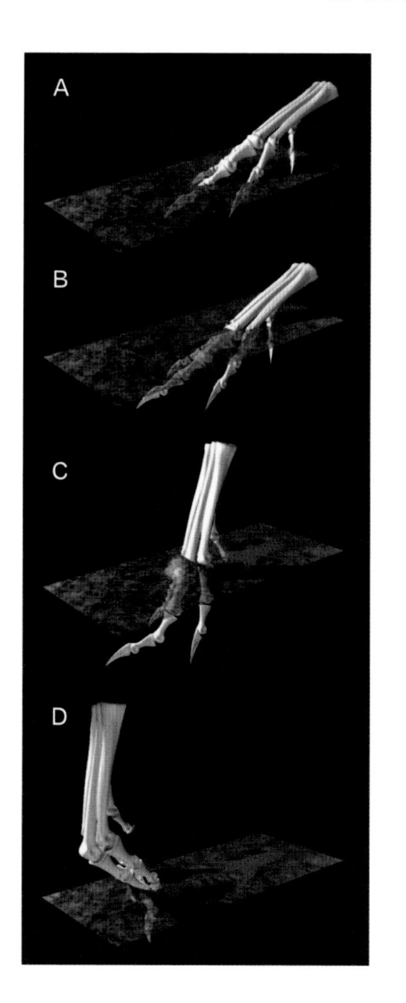

通过研究非鸟恐龙的足迹，我们已经总结了一些规律。在大多数情况下，非鸟恐龙的足迹显示其行走速度不快不慢，与现生鸟类和哺乳类的典型速度相似。非鸟恐龙并不像巨型陆龟或者科莫多龙那样以沉重的步伐缓慢行走，它们的行走速度和现生鸟类、哺乳类以及活跃的蜥蜴相似。一些古生物学家提出了一些独特的观点，例如，伶盗龙类兽脚类恐龙是通过跳跃移动的，角龙类在行走的时候前肢完全伸展开。正是通过这些动物产生的行迹，我们可以直接检验这些观点。在这两个例子中，足迹并没有为这些独特的观点提供支持。

再一次，数字技术引发了恐龙足迹研究方法的革命。通过使用激光扫描足迹或者从多个角度拍摄足迹，再将这些照片在电脑中组合在一起，古生物学家可以在数字空间中对这些足迹进行研究和测量。这意味着一块足迹的复杂三维形状如今可以以数字格式存储（并且可以分享和复制），当我们要使用这块足迹时，就不需要亲自去化石发现地或者将足迹化石从发现地移走了。

足迹化石数字版本的存在还可以让科学家更易于开展关于恐龙足部和形成足迹的沉积物之间相互作用的研究。足迹的形成是一个动态过程，足迹的形状可以发生巨大的变化，这取决于形成足迹的沉积物的状况（比如沉积物是沙质还是泥质，是湿润的还是干燥的，等等）以及足迹制造者的运动速度、质量和姿势。多亏了数字建模技术，我们能更好地确定在足迹形成过程中哪些因素是最重要的，也能更好地理解足迹化石保存过程中所发生的变化。

运动 2：涉水与游泳

非鸟恐龙主要是陆生动物，但是有很多种类的恐龙可能善于涉水，还有一些可能善于游泳。一些恐龙成员可能会经常从水中通过，这种行动也许发生在迁徙事件或者定期的觅食行为中。正如在第二章所讨论的，我们现在已经有一些理由认为巨型兽脚类恐龙棘龙会在河流以及河口捕猎和觅食。像鹅一样大、颈部很长的手盗龙类恐龙哈兹卡盗龙同样拥有一些特征，表明它们的生活方式涉及涉水和游泳。

长角的兽脚类恐龙角鼻龙拥有厚且灵活的尾巴，这让罗伯特·巴克认为角鼻龙也是一种会游泳的恐龙。同时，大量的角鼻龙牙齿出现在巨型肺鱼残骸富集的岩层中，这可以作为支持巴克观点的一个补充证据。也有人提出，像鹦鹉嘴龙和原角龙这样的角龙类可能拥有两栖或者水生的习性，大型角龙科恐龙准角龙（*Anchiceratops*）也被一些专家猜想成一种类似河马的两栖生物。这些观点富有争议，可以被视为以下情况的典型例子，即人们只依靠一只恐龙的一个特征所获得的对该恐龙的印象可能是错误的，这种印象并不为大多数信息所支持。角鼻龙确实很可能善于游泳，有时吃完肺鱼后它的牙齿也确实很可能会发生脱落，但是目前还缺少能证明它适应在水中生活的其他骨骼特征。同样地，鹦鹉嘴龙、原角

甚至那些极其适应陆地生活的恐龙可能也会游泳或者涉水。在美国、韩国、葡萄牙和世界其他地区，人们发现了仅由蜥脚类恐龙前足组成的足迹，这一直是一个难解的谜。这幅图所展现的场景会是这些足迹产生的原因吗？

龙以及准角龙的完整骨骼也表明了这些恐龙主要还是在陆地上生活。

关于恐龙足迹记录，最大的一个谜团来自一些蜥脚类留下的足迹，这些足迹十分罕见也十分奇怪，它们只由前足的足迹组成，后足的足迹发生缺失。对于这些足迹的一种解释是，它们是由浮在水中的蜥脚类产生的，这些蜥脚类在水中只用它们的前肢划水来推动自身前进。还有一种更复杂的解释是，这些足迹是由一些前肢承重比后肢承重多的蜥脚类产生的，可能这些足迹并不是严格意义上的足迹，而是“下足迹”（undertracks，足迹穿过数层厚厚的沉积物所产生的印痕）。对于所有蜥脚类来说，这个观点似乎是不可能的，据我们所知，蜥脚类靠它们的后肢来承受身体的绝大部分重量。考虑到亨德森关于蜥脚类浮在水中的姿势的结论（见第三章），认为这些奇怪的足迹是由浮在水中用前足划行的蜥脚类造成的，这个解释似乎很合理。

似乎由游泳的兽脚类和鸟脚类产生的罕见的足迹化石所引起的争议要少一些。这些足迹分为数组，每组足迹由三条互相平行的细长沟痕组成。它们似乎是恐龙在游泳时趾尖接触到河底或者湖底而形成的。这种足迹在美国犹他州的下侏罗统地层、西班牙的下白垩统地层以及世界其他地区都有发现。它们明显是由相似的小恐龙和大恐龙造成的，其中最大的沟痕长达 60 厘米，是一只恐龙在河床上留下的。

我们可以预测大多数种类的非鸟恐龙都能够游泳。许多兽脚类和双足鸟臀类在形态上和鸟类比较相似，而现生不能飞的大鸟都很善于游泳。许多四足鸟臀类，比如禽龙类和剑龙类，它们的身体很高，四肢和颈部富有力量，在游泳的时候很容易就能将头部保持在水面之上。出人意料的是，大象也是强壮的游泳者，这说明我们可以想象至少有一些四足恐龙也会以同样的方式穿过河流。同样重要的是，许多非鸟恐龙的尾部拥有巨大而有力的肌肉，这些肌肉很可能在恐龙游泳的时候提供推力。这些类群中至少有一些——其中有很多

角龙类恐龙的身体形状、较短的颈部、巨大的头骨和头盾让一些专家认为，当这些恐龙游泳时它们很难将它们的头部保持在水面之上。这些电脑复原模型描绘了角龙类恐龙可能会采取的漂浮姿态。很显然，这些姿态都不理想！

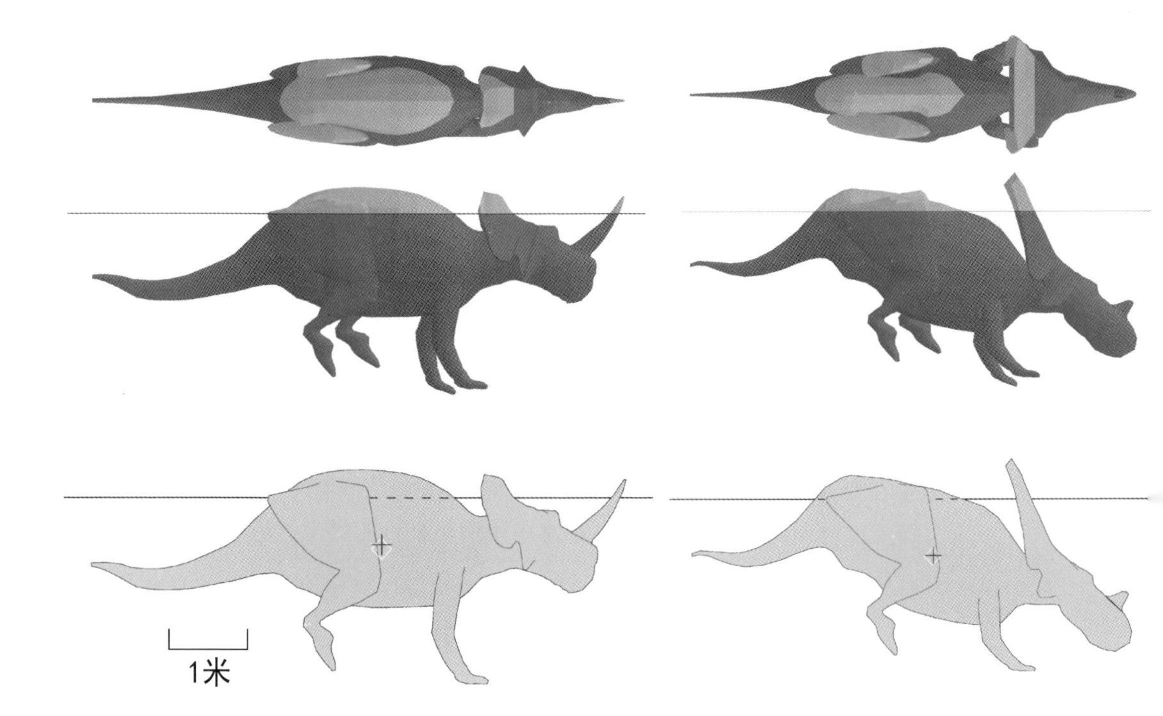

兽脚类和双足鸟臀类——拥有长而分开的趾，这些趾能让恐龙在软泥和沙子上行走而不被困住。当我们知道恐龙的这些特征之后，可以合理地猜想大多数非鸟恐龙在需要穿越水体时，以及在沼泽、湖泊与河流中觅食和进食的时候都会表现出优秀的水性。这些恐龙中的一部分实际上可能比我们通常所认为的更像水生动物，其中一些物种可能经常游泳。当然，要估算已经灭绝的恐龙在水中和水外分别生活多长时间是件困难的事情。

我们归纳出的这些观点并不适用于所有的非鸟恐龙。角龙类那巨大而沉重的头部和较短的颈部意味着其游泳能力不佳。唐纳德 · 亨德森制作了角龙类的数字模型，然后模拟了它们在水中的表现（使用的方法和研究蜥脚类时一样，我们在第 140 页讨论过）。角龙类的身体形状、肺部位置以及头部和颈部的解剖结构，很难让这些恐龙适应在水中漂浮和游泳。这也许解释了为什么我们会发现一些沉积物中堆满了角龙类的骨骼化石：它们当时似乎正试图穿过一条洪水泛滥的河流，但由于游泳能力不佳，就有大量的角龙类恐龙在这里淹死了。

运动 3：飞行和滑翔

一些非鸟恐龙，至少一些带羽毛的小型手盗龙类兽脚类恐龙，似乎能够在空中做出比如滑翔、降落或者飞行等行为。学者们围绕始祖鸟的飞行能力进行过大量讨论，这一生活在晚侏罗世的著名手盗龙类恐龙通常被描述为最早的鸟类（或者是最早的鸟类之一），并且大多数关于非鸟恐龙和古鸟类飞行能力的讨论都只专注于始祖鸟。

始祖鸟拥有宽大的翅膀，我们可以基于几副保存完好的骨骼化石对始祖鸟胸部与上肢的肌肉大小进行猜测。它翅膀上的羽毛形状经常被描述为典型的飞行鸟类的羽毛形状。基于这些特征，一些学者认为始祖鸟是飞行的能手，拍拍翅膀就能飞起来，它们的飞行能力和海鸥或者乌鸦相当。但是最近的研究对这种观点提出了质疑。研究证明，始祖鸟前臂上长长的羽毛在形状上和那些不能飞行的鸟类的羽毛最为相似，而不是那些能够飞行的鸟类。始祖鸟以及其他早期鸟类的肩关节和现生的飞行鸟类是不同的，这意味着它们不能完成严格意义上的飞行动作——扑翼飞行，不过它们还是很有可能能够滑翔的。

直到后来发生的鸟类演化史（见第五章）中，我们才发现明显的扑翼飞行的适应特征。那在手盗龙类演化的某一阶段是否存在另一种飞行方式呢？2000 年，科学家描述了以前

始祖鸟那巨大的翅膀长有长长的羽毛，人们常常因为这样的羽毛和翅膀而认为始祖鸟善于飞行。然而，许多关于始祖鸟的推测可能是不准确的。毕竟它的翅膀和翼羽并不能明确地支持始祖鸟善于飞行这一观点。

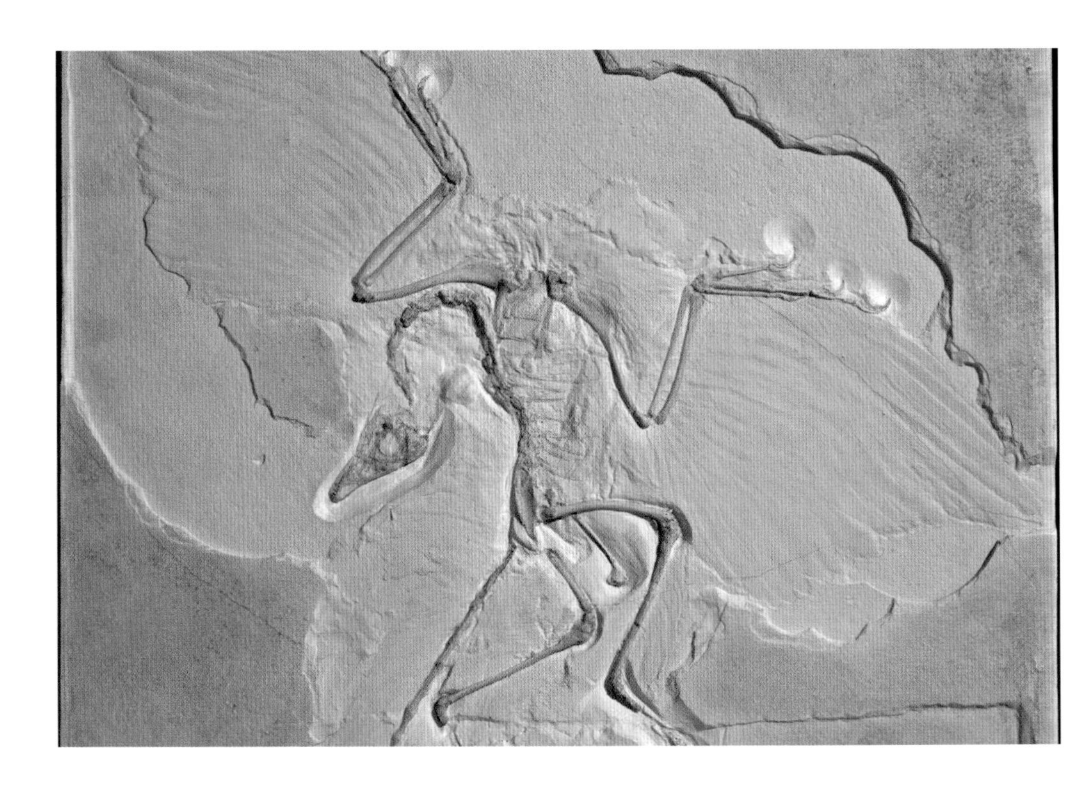

将这个真实大小并配备可以活动的腿和真正翅膀的小盗龙模型放在风洞中，专家们发现小盗龙的滑翔能力在它的腿垂直放置于身体下方时发挥最好，而不是像图中所示的将腿张开置于身体两侧时。

肢与后肢长有长长的羽毛而著名的小盗龙，这种恐龙可能是“四翼滑翔者”的观点自那以来便一直很流行。小盗龙不是鸟类支系上的成员，更确切地说，它们是驰龙类恐龙，因此它们和伶盗龙以及恐爪龙同属于手盗龙类类群。

目前，已有大量针对小盗龙可能存在的飞行行为的研究被发表出来。一些研究涉及制作和小盗龙一样大的模型并将其扔向空中来模拟它们的飞行行为，另一些研究涉及计算机建模，还有一些研究则是将精确配备羽毛的模型放在风洞中。这些研究最后总结出的关于小盗龙飞行能力的结果都是不同的，部分是因为这些学者所猜想的小盗龙四肢的姿势都不一样。其中有些研究将小盗龙的后肢姿态重建为在髋部两侧向外展开，考虑到腿部和足部的羽毛较长且呈翼状排列，这个后肢姿态看起来有些合乎逻辑。但是这个姿态和我们所了解的驰龙类的髋关节构造不相符，因为骨盆和股骨的形状表明小盗龙的后肢更可能是指向下方的，可能只是稍微指向身体的外侧。

加雷斯 · 戴克（Gareth Dyke）和他的同事在 2013 年开展的风洞实验表明，小盗龙能够滑翔但效率较低。它们在滑翔的时候会受到巨大的阻力，导致滑翔距离很短。这些研究同样表明，当小盗龙采取一种腿部向下同时仅略微向外倾斜的姿态时，它们飞行时的表现更出色。如果我们只考虑小盗龙的骨骼结构，上述姿态也与我们认为的小盗龙可能表现出的姿态相符。虽然小盗龙可能善于滑翔和爬树以及在树枝之间捕捉猎物，但是其解剖结构的大多数方面都表明它们是居住在地表的捕食者。

一些似鸟的手盗龙类类群中的成员以及早期鸟类似乎已经能够滑翔，也许也能扑翼飞行。关于这些动物确切的飞行能力仍存在着众多不确定性和争议，仍有大量的研究工作有待完成——这些研究工作将涉及电脑建模、风洞研究以及对羽毛和骨骼化石的显微观察。目前我们仍不清楚滑翔与飞行是否只在驰龙类、鸟类以及其他类群共同的手盗龙类祖先中演化了一次，还是在不同的类群中分别演化的。

经过上述研究，如果要说有什么事情是我们现在清楚的，那就是我们再也不能想当然地认为那些四肢上长着较大较长、结构复杂的羽毛的非鸟恐龙和古鸟类普遍具有良好的飞行能力。我们也明白了手盗龙类中滑翔和飞行能力的演化过程比几年前所设想的要复杂得多。

生理学大辩论

现生动物使用许多不同的策略来产生能量、保持温暖、防止过热，以及将吃到身体里的食物转化为能量和身体组织。所有动物都会消化食物，并使用从中获取的能量来为它们的肌肉和器官供能。许多动物也从阳光或地表收集热量，许多在身体内部储存热量。依靠外部热源调节体温的动物传统上

我们倾向于认为像哺乳类这样的内温动物能够一直维持体内较高的温度并保持稳定，但不是所有哺乳类都是这样。生活于澳大拉西亚的针鼹——比如图中这只短吻针鼹的体温即使在正常环境下也会有几度波动。

被称为“外温动物（ectotherm）”或“冷血动物”，而那些在身体内部产生并存储热量的动物叫作“内温动物（endotherm）”或“温血动物”。描述动物内部如何运转（比如它们如何消化食物、产生能量、维持体温或者调节水分）的过程叫作生理学，而非鸟恐龙（和古鸟类）的生理类型是整个恐龙研究界中争论和分歧的最大来源之一。

现生的鸟类和哺乳类（主要）是内温动物。内温动物在身体内部存储热量（通常是使用绝热性良好的组织来将热量保持在体内），并使用这些热量让器官保持在一个较高的温度。像这样保持身体温暖对动物的生存是有益的，因为这意味着器官可以以更高的速率运转，食物可以被更快地消化，蛋（或者幼崽）可以更快地成长。内温性也意味着动物的活动无须受外部温度的制约：它们可以在寒冷的环境中生存或者在凉爽的夜晚进行一天当中的大部分或者所有活动。

另一方面，相比于内温动物，外温动物对能量的需求较低，它们主要依靠从阳光中收集热量。因为外温动物依赖环境温度给身体升温，它们往往体型较小，器官也通常比内温动物的更小和更节省能量。

因为人类和其他大多数大型现生动物是内温动物，我们经常认为内温性要比其他的代谢类型更加高级，但这是一个很不准确的充满偏见的观点。在很多生境中，两栖类、爬行类以及昆虫的数量是如此丰富，这表明对于许多动物类群来说，外温性必然被当成一种非常成功的策略。

在过去几十年中，大量发现表明，将动物努力归入外温

在体内产生热量的能力并非哺乳类和鸟类所独有。许多其他的动物也能够在体内产生热量并维持较高的体温。许多快速游动的鱼类就是如此，比如图中所示的金枪鱼。

动物或者内温动物是极具误导性的。许多按照惯例归入外温动物的动物能够在体内产生热量。有一些昆虫、鲨鱼和硬骨鱼在它们的眼睛、脑部以及身上拥有特化的产热器官，也有一些蜥蜴可以在体内产生并保持热量。我们还知道一些按常规应归为内温动物的动物产热能力较弱，它们依靠外界的热源来维持身体温度，或者允许它们的身体温度根据环境温度发生波动。有些哺乳类确实是这样，比如针鼹和一些穴居的啮齿类。

实际上，将动物截然划分为内温动物和外温动物带来的误导性之大，使我们应该避免这种划分。这又是如何影响我们对非鸟恐龙生理学的观点的呢？数年来，关于非鸟恐龙生理学的观点发生了大量的变化，一些学者认为外温性的非鸟恐龙的体温控制完全依赖于环境温度，另一些学者认为内温性的非鸟恐龙完全能够像现生哺乳类和鸟类那样产生并保持热量，并且能够在凉爽甚至寒冷的环境中保持活动状态。恐龙是完全内温动物的观念在20世纪60年代至70年代的恐龙文艺复兴中崭露头角，在那段时期，一些学者和作家形象地描述了“热血恐龙”的生理特征。

非鸟恐龙的体型和形态非常多样，所以在所有恐龙类群中几乎不可能存在一个“普适性的生理定律”。但是，我们可以概括性地说，已经灭绝的恐龙曾是活跃的动物，它们拥有高耗能的巨大肌肉和器官，许多恐龙在活着的时候一定会暴露在炎热、寒冷、多风多雨的环境中。还有一个相关的特征是：实际上所有的非鸟兽脚类和蜥脚类恐龙拥有和现生鸟类相似的气囊系统，所以它们能够在身体内部传输大量空气，并为快速运转的肌肉和器官提供大量氧气。通过非鸟恐龙骨骼上的小孔（在它们活着的时候容纳穿过骨骼的血管），我们知道非鸟恐龙的血管尺寸同现生鸟类和哺乳类的相似。

恐龙骨骼中的生长线也表明恐龙生长得很快，生长速率可能和现生鸟类以及哺乳类相似。支持非鸟恐龙快速生长这一观点的学者认为，我们在这些动物中所看到的骨组织的生长模式只能发生在保持高代谢速率的情况中。换句话说，这些快速的生长速率似乎是内温代谢方式的证据。

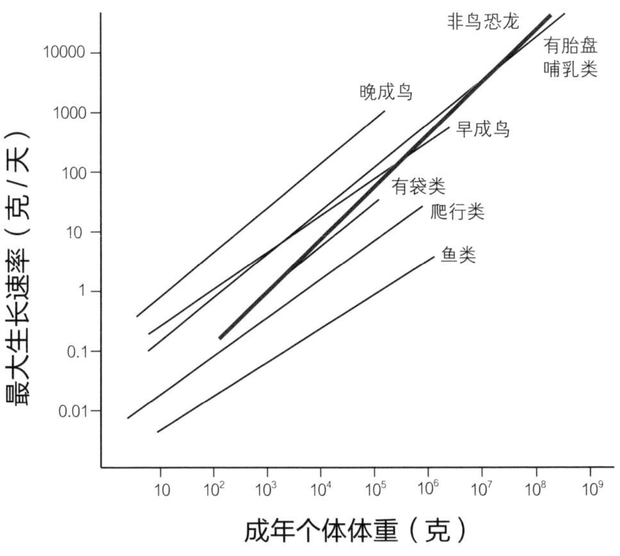

上述因素似乎都证明非鸟恐龙（以及早期鸟类）很可能是内温动物，在生理学上和哺乳类以及现生鸟类更相似，而不是和大部分蜥蜴以及鳄类相似。

对恐龙生长的研究并没有普遍得出非鸟恐龙以超高速率

对非鸟恐龙生长速率的研究（下图）表明它们生长迅速，虽然不一定像现生鸟类或者大多数哺乳类那样快，但还是比大多数动物要快。晚成鸟（altricial birds）是指那些雏鸟无法走动只能待在巢中的鸟类。早成鸟（precocial birds）是指那些雏鸟在孵化出来之后便很快就能行走及奔跑的鸟类。

生长的结论。一些学者认为研究结果表明非鸟恐龙的生长速率和另一些动物更加相似，比如金枪鱼、鲨鱼、针鼹以及棱皮龟。这些动物都有一种“中间的”生理类型，在该生理类型中内温性的产热活动确实发生，但这个产热活动并不像完全温血的哺乳类和鸟类那样控制着整个身体的温度。这种代谢策略被称为中温性（mesothermy）。

我们可能从来都没有满怀信心地确定化石恐龙的真正代谢状态，我们也不应该认为所有非鸟恐龙身体运转的方式都是相似的。但是我们的确拥有足够的数据来说明非鸟恐龙的生长速率和大多数蜥蜴以及乌龟并不相同，也不会像一些现生哺乳类和鸟类那样以超快的速度生长。许多非鸟恐龙很可能会拥有可变的生长速率并采取“中温”的产热与生长策略，而其他一些恐龙可能拥有更高级的和鸟类相似的代谢速率和生长策略。

这幅演化树简图展示了中温性在现生的鱼类、哺乳类和爬行类类群中数次演化的过程。可能这种新陈代谢的方式在非鸟恐龙和古鸟类中也很常见。

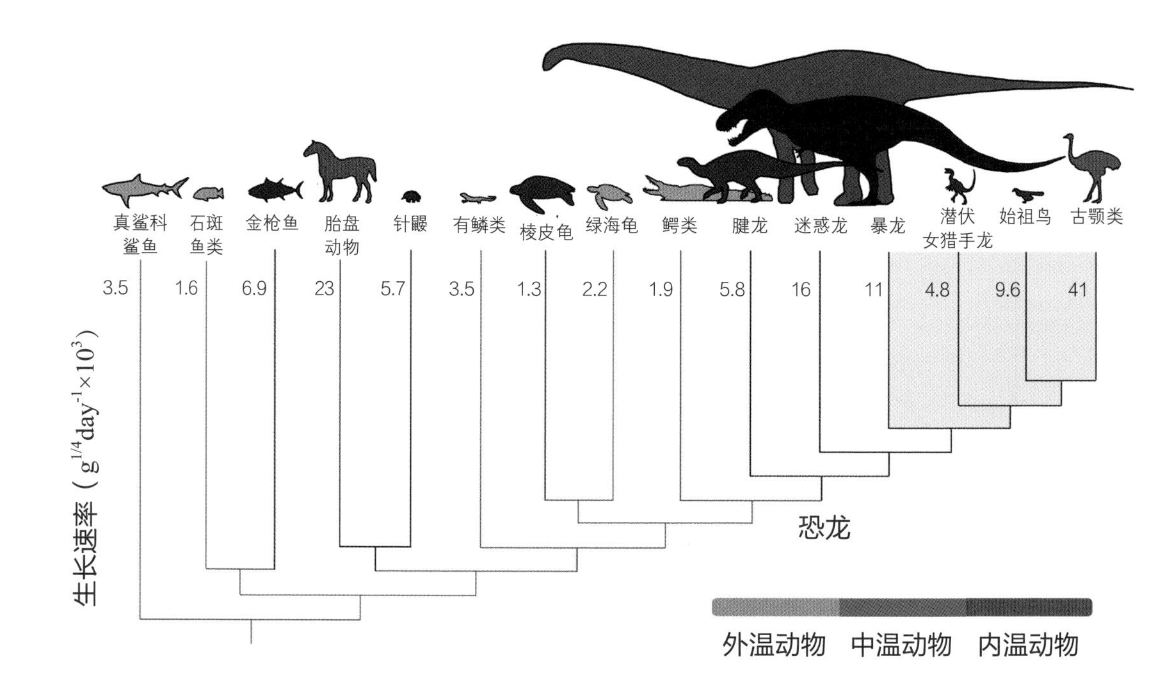

恐龙的繁殖和性生活

和所有动物一样，非鸟恐龙需要繁殖。雄性恐龙和雌性恐龙交配，雌性恐龙产蛋，恐龙幼崽从蛋中孵出并成长至成体。我们可能会对已灭绝恐龙的生殖行为进行诸多猜测，比如它们采取体内受精、筑巢、下蛋的繁殖方式，这些猜测所基于的包围法和我们之前用于研究恐龙生物学的其他领域所采取的包围法相同。但是我们不必只依靠猜测来获得答案，因为我们发现了大量关于非鸟恐龙的筑巢与下蛋行为、生活史和生长情况的直接化石证据。

由于显而易见的原因，我们对已灭绝恐龙的交配习性并没有具体的了解。我们最多能做的就是研究现生动物的交配行为，并对恐龙的交配行为进行一些合理的猜测。恐龙学家恰好没有回避这些问题。考虑到恐龙那惊人的身体形状和大小，这个研究主题变得更加吸引人了。一些蜥脚类实在是太大了，对它们来说，依靠后腿站立进行交配的姿势一定很困难或者危险，而剑龙背部的巨大骨板和尾部的骨刺让人们很难想象它们是如何相互靠近并进行交配的。

人们常常认为巨型恐龙的行为方式类似于现生的巨型哺乳类，而后者中有一些会花几个小时进行交配。人们这么认为的部分原因是与鸟类、鳄类及大型蜥蜴相比，这些哺乳类的交配行为被记录得更为详尽。另一部分是因为在人们的想象中非鸟恐龙和像大象、犀牛这样的哺乳类在行为上比较相似，而这仅仅是因为它们都拥有较大的体型。这个观点可能在一定程度上是正确的，但是从我们对系统发生学以及恐龙解剖学的了解来看，我们应该更多地依靠与恐龙亲缘关系最近的现生动物——特别是鳄类和大型鸟类。

交配是鳄类求偶过程的最后一个环节，鳄类的求偶过程包括听觉和视觉上的性展示以及触摸与爱抚。在这个过程中雌性有时会爬到雄性的背上。

如果非鸟恐龙以一种类似于这些现生动物的方式进行交配，那么它们的性行为可能是这样的：一只雌性恐龙可能会通过一些动作表示它已准备好交配，这些动作包括蹲伏，抬起骨盆区要么抬起尾巴要么将尾巴移向一边。随后雄性会移动到雌性个体的后方或上方，调整其尾部和骨盆区的位置，用它外翻的阴茎瞄准并插入雌性的泄殖腔。鳄类和许多鸟类的交配过程很短暂，也许非鸟恐龙也是如此。

交配与受精一旦发生，接下来又会发生什么？非鸟恐龙采取的是哪种独特的繁殖策略？首先要考虑的是，这些动物采取的是 K 选择（K-selection）还是 r 选择（r-selection）。这两个术语来源于一个方程式，用于计算动物种群内个体数量是如何随着该动物的生长速率而变化。采取 K 选择的动物每次生产的幼崽数量少，在后代的成长和照料上会投入大量精力，并且它们一生当中生产的后代总数较少。大型哺乳动物（包括人类）会采取 K 选择作为繁殖策略，还有一些动物，比如鲨鱼、一些蜥蜴和海龟也会采取这种策略。相较之下，采取 r 选择的动物会生产大量幼崽，幼崽的成活率低，所需父母的投入也很少。

实际上，将繁殖策略简单地一分为二，并将一种动物截然归入其中一类的观点在几十年前就已经不存在了，因为许多动物混合匹配这两种繁殖体系的特征。尽管如此，这两个术语仍然是有用的。我们对非鸟恐龙的了解表明它们主要是r对策者：它们一次会下好几窝蛋，孵化大量的幼崽，但存活至成年的幼体相对较少。很多种类的非鸟恐龙生育出的幼体实在是太多了，以至于在任何时间里一个种群内的绝大多数个体主要由幼年个体组成。支持这一观点的证据来自足迹化

哺乳类经常对幼崽采取长期的亲代抚育行为，在这个过程中，母亲会投入大量的时间与精力来养育它们的孩子。对于像鲸这样的大型哺乳类来说，这导致了非常缓慢的繁殖速度。

哺乳类幼崽在出生之后通常完全依赖它们的母亲，即使像啮齿类这样生长十分迅速的哺乳类也是这样。这种抚育机制对于幼崽的成长效果很好，但需要母亲大量和及时的投入。

石,因为有些岩层中保存的恐龙足迹似乎主要由幼年个体产生,而不是成年个体。支持这一观点的更多证据来源于我们发现的中生代恐龙骨骼化石，其中有大量的化石所代表的个体在其死亡时都没有完全长大。还有一条证据来自这样一个事实，即恐龙整体上是快速生长的——总的来说，许多恐龙似乎都采取了一种“长得快，死得早”策略。

这个观点对恐龙整体的演化造成了一些有趣的后果。很多恐龙物种的小型幼年个体似乎是和成年个体分开生活的，它们几乎表现得像一个独立的“物种”，生活的区域和摄取的食物与它们的亲代都不相同。这意味着一种非鸟恐龙可能会占据其所在群落的生态空间，否则就会被其他恐龙物种中不同体型的个体所占据。我们随后会继续讨论这一观点，因为一些恐龙的幼年个体和成年个体看起来差别巨大，而这为上述观点提供了支持。

同样有趣的是，恐龙的种群主要由幼年个体组成，这也许意味着恐龙作为一个群体很难灭绝。在一个能够完全消灭所有成年个体的事件（比如一次严重的气候突变，或者一场类似小行星撞击地球这样的全球性灾难）中，可能会有一大批体型较小的恐龙幼崽幸存下来。事实上，我们知道恐龙在整个中生代经历了许多环境恶化的时期——虽然我们通常认为非鸟恐龙是一类没能在大灭绝中幸存下来的动物，但重要的是要记住，非鸟恐龙在大灭绝之前已经从两次或三次更早的灭绝事件中幸存下来。

恐龙的蛋、巢和幼崽

即使完全缺乏非鸟恐龙的蛋、巢或者幼崽化石，我们仍然可以运用包围法推断出：非鸟恐龙会下硬壳蛋，它们将蛋下在巢里，父母双方或者一方很可能进行亲代抚育。现生的鳄类便采取这些行为，它们用植物或者沉积物建造丘状的巢，然后在幼崽孵化出来之前会一直守护着这个巢（一些鳄类会挖洞并将洞作为巢穴使用）。蛋一孵出来，母鳄有时会帮助幼崽爬出巢穴并将它们送到水中。这种行为代表了所谓的孵化后的亲代抚育。母鳄之后会与幼崽待在一起，保护它们免受捕食者的伤害。

在某些情况下，鳄类的亲代抚育甚至会更复杂。据报道，一些鳄类中成年个体之间也会进行合作，雌鳄有时会在彼此相邻的地方筑巢，一些鳄类会养育其他巢穴中孵出的幼崽，这种情况会导致出现拥有一百只甚至更多幼崽的“鳄鱼托儿所”。亲代抚育不是只有雌性参与，一些鳄类中的雄性会帮助雌性将幼崽移到水里，同时也会保护幼崽。少数的观察结果还表明鳄类有时也会喂养它们的幼崽，在一些例子中，鳄类照顾幼崽是一个长期行为，有时持续 3 年之久。

大家都知道鸟类会筑巢、孵蛋和照顾它们的幼崽。许多现生鸟类都在树上筑巢，但是如果我们观察最古老的现生鸟类类群，就会发现地面筑巢更为常见。一些在地面筑巢的鸟类的巢穴只是浅坑或者低矮的平台，但是另一些巢穴则由一大堆植物和沉积物筑成。还有一些鸟类会在地上挖洞或挖隧道筑巢。

现在，我们把上文中有关现生主龙类繁殖行为的知识作为基本背景信息，来看看能得出哪些关于非鸟恐龙的繁殖行

冢雉是一类奇特的鸟，左图所示的是生活于澳大利亚的眼斑冢雉（malleefowl），它们将沉积物和植物堆成巨大的巢穴，用于孵化它们的蛋。许多非鸟恐龙也会采取相似的方法来筑巢孵蛋。

为的结论。目前我们已经发现了上千枚非鸟恐龙的蛋化石，这些蛋化石中绝大多数都是在上白垩统地层发现的。虽然许多蛋化石只是一些蛋壳碎片，但是完整的蛋化石还是很常见的，人们也发现了填满了完好的恐龙蛋的恐龙巢穴。有时，人们会说第一个被科学鉴定的非鸟恐龙蛋化石是由美国自然历史博物馆的一个研究团队于 20 世纪 20 年代在蒙古发现的。这个由动物学家兼探险家罗伊·查普曼·安德鲁斯（Roy Chapman Andrews）领导的研究团队发现了一窝椭圆形的蛋，每个蛋有 23 厘米长，这些蛋最开始被认为属于早期的角龙类恐龙原角龙。当时提出来的这个鉴定结果后来被证明是错误的，这一点我们会在下文中看到。

实际上，早在 19 世纪，科学家就已经发现了非鸟恐龙的蛋化石，我们甚至从考古遗址中了解到人们早在几千年前就开始寻找并保留蛋壳化石碎片。非鸟恐龙蛋在大小和形状方面具有极其丰富的多样性。有的呈拉伸的椭球形，有的和鸡蛋的形状没有太大区别，还有的呈几近完美的球形。迄今为止发现的非鸟恐龙蛋大小不一，最小的不到 10 厘米，最大的超过 30 厘米。

这些细长的白垩纪恐龙蛋化石于 20 世纪 20 年代发现于蒙古的戈壁沙漠。很明显这些蛋是下在一起的，之后被特意排列成一圈。

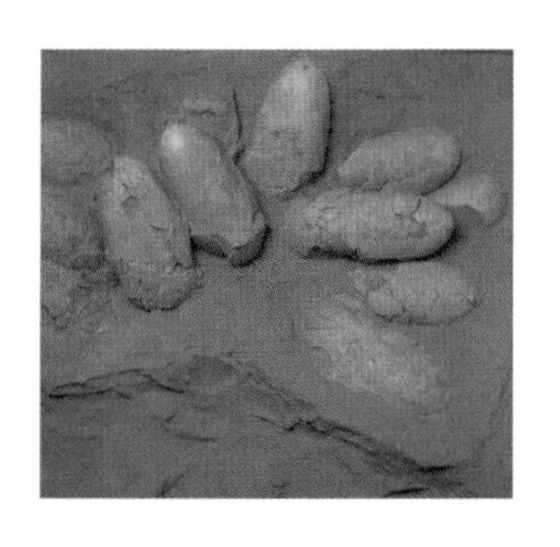

当然，围绕这些非鸟恐龙蛋的巨大谜团涉及它们的身份：这些蛋属于什么恐龙物种？在大多数情况下，这一点根本无法确定，只能进行合理的猜测，比如我们会认为一个特定的恐龙蛋属于和这个恐龙蛋发现于相同地区和相同岩层中的恐龙物种。

在一两个实例中，完整的蛋化石在母体内被发现。下面这个实例来源于在中国上白垩统地层发现的窃蛋龙类恐龙。这只恐龙的骨盆处保存有两枚恐龙蛋，若不是这只恐龙死亡，本应在几小时甚至几分钟内产出。这两枚蛋的存在表明，这只恐龙可能拥有两条可以使用的输卵管，在此之前人们便已经从非鸟恐龙的蛋都是成对产下的事实中猜到了这一点。这和现生鸟类的情况不一样，现生鸟类只有一条输卵管（左侧的那条）是起作用的。很明显，兽脚类在演化史的某一时刻

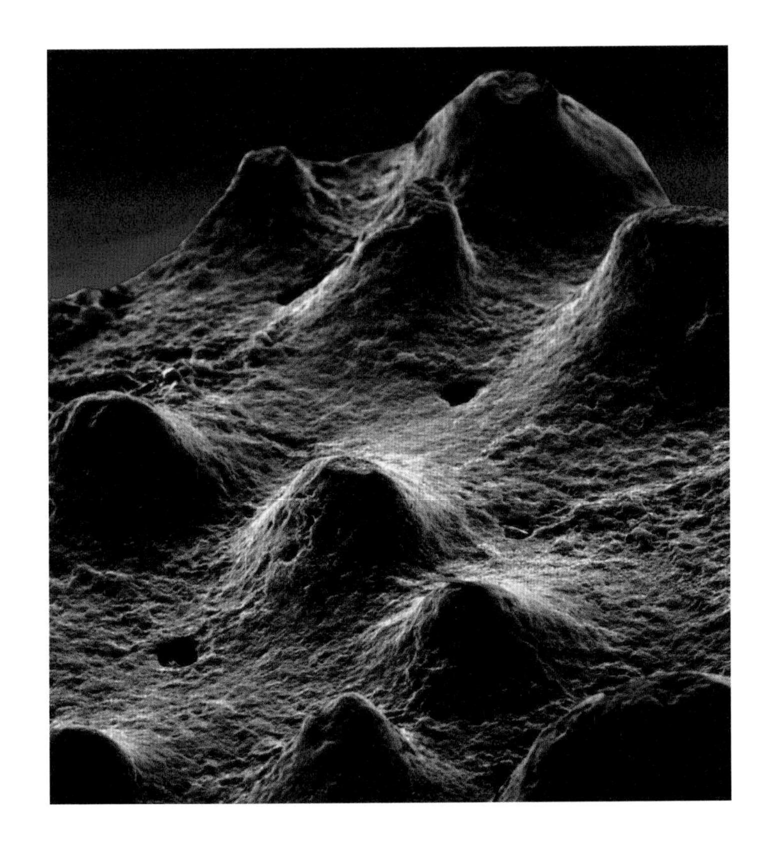

恐龙蛋壳表面的微观结构通常是凹凸不平的且具有细孔，在这幅图中，丘状的凸起和细小的气孔均可观察到。这些特征能够用于鉴别不同的蛋壳类型，但当这些蛋中存在着小生命时，这些结构也拥有实际的生物学功能。

发生了从使用两条输卵管到只使用一条输卵管的转变，这个转变很可能发生在鸟类演化史的早期。

恐龙蛋的蛋壳在微观结构上变化很大。恐龙蛋的表面结构是可变的，不仅蛋壳上微孔的数量、密度以及大小都是可变的，形成蛋壳的矿物层也是可变的。其中的一些细节在研究相关恐龙的筑巢行为时很有用。比如，特别大的微孔可以表明蛋是在潮湿的环境中孵化的，可能被埋在植物下面或者沉积物中（在这些情况下，恐龙蛋需要更大的微孔来为蛋壳内部的胚胎提供充足的氧气）。专门研究恐龙蛋蛋壳的古生物学家已经鉴别出了 40 多种不同的蛋壳类型。但是，我们又如何将这些蛋与特定的恐龙类群相对应呢?

图中这些蛋壳碎片发现于戈壁沙漠，像这样的蛋壳碎片通常有几厘米或几毫米宽，在一些地区数量十分庞大。在那些曾被恐龙用于筑巢的区域可能会存在数百万蛋壳碎片。

在某些情况下，恐龙蛋中保存了恐龙胚胎。发现于阿根廷上白垩统地层的圆形恐龙蛋中保存了泰坦巨龙的胚胎，而世界其他地区的恐龙蛋内部还保存有早期蜥脚形类、鸭嘴龙类、镰刀龙类以及其他恐龙的骨骼。那些发现于 20 世纪 20 年代的“原角龙蛋”后来被证明根本就不属于原角龙，而属于头部长得像鹦鹉的似鸟的窃蛋龙类。讽刺的是，这只窃蛋龙最开始被人们认作是这些恐龙蛋的偷窃者，并被错误地冠以偷窃原角龙蛋的罪名。事实上，窃蛋龙的学名“oviraptorosaur”的意思就是“偷蛋的蜥蜴”。

有很多恐龙蛋在被发现时都聚集在一起或者处于巢中。恐龙蛋的这种聚集状态也是变化多样的，这可能表明不同类型的产卵行为。非鸟恐龙蛋最普遍的聚集方式呈圆形，但也有一些恐龙蛋（被认为是蜥脚类产出的）保存为线形或者弧形。我们推测，许多种类的非鸟恐龙都是用堆积的植物筑巢的，毕竟，现生的鳄类和一些鸟类都这样做。而且，许多非鸟恐龙的体型太大，以至于不能坐在蛋上来保护这些蛋或者使它们保持温暖。化石记录还没有为我们提供恐龙蛋群落上保存着大量植物叶片和细枝的实例。这并不奇怪，因为成堆的植物保存成化石的可能性很低。即便在白垩纪之后，由植物筑成的鸟类巢穴实际上也未曾留下化石记录——我们只发现了两三个巢穴的痕迹，这些巢都是由类似于鸭子或者与火烈鸟有较近亲缘关系的水鸟所建造的。

自从 1979 年在北美洲发现的鸭嘴龙类恐龙慈母龙被公之于众，非鸟恐龙的亲代抚育行为就一直是人们讨论的热点。这只恐龙的化石在发现时包括成年个体的残骸、巢穴的遗迹化石、幼崽的骨骼化石以及蛋壳化石。发现这只恐龙的古生物学家杰克 · 霍纳（Jack Horner）和鲍勃 · 梅克拉（Bob Makela）还发现了一整个筑巢场所，在这个场所中保存有数层慈母龙的巢，而且一个巢叠在另一个巢之上。这个发现不仅表明慈母龙（其他的鸭嘴龙类恐龙可能也是这样）聚集在一起筑巢，连续保存的层层巢穴也表明这些恐龙每年都会在相同的地点筑巢。

慈母龙是一种大型动物——身长 7 米，体重约 2.5 吨。如果假定它们在孵育期间守着巢穴，我们只能推断出（因为体型）它们没有坐在巢上。我们知道生活于白垩纪的兽脚类恐龙手盗龙类会坐在它们的巢上。至今，我们已经发现了一些保存下来的窃蛋龙化石坐在它们填满蛋的巢穴上，还有一些伤齿龙类、阿瓦拉慈龙类和驰龙类的化石，保存了恐龙父母的骨骼和原来躺在它们下面的蛋之间的密切关系。这些化石表明，看起来和现生鸟类一样的卧巢行为在手盗龙类中广泛分布。

鸭嘴龙类恐龙——像这幅图中的慈母龙——会聚在一起筑巢，巢与巢之间会以适当的间距分散开来。恐龙父母会守护着它们的巢，可能会为它们的幼崽带来食物。像小型兽脚类恐龙和大蜥蜴这样的捕食者会猎取未保护好的蛋和幼仔为食。

我们假设这些化石表明这些手盗龙类父母是在孵蛋，即将它们的蛋保持在合适的温度。它们的做法是用体温来使蛋保持温暖，但它们也会为蛋提供阴凉处，通过移动和重新放置筑巢的材料使蛋保持在孵化温度。这些恐龙很可能在孵蛋的同时也要保护自己的巢。和非鸟恐龙生活在一起的还有哺乳类、蜥蜴以及其他动物，只要有可能，这些动物就会吃掉恐龙蛋或恐龙幼崽。有直接的证据表明恐龙幼崽会处于危险之中，人们在白垩纪时期恐龙的巢内发现了蛇类，还在一只发现于中国下白垩统地层的大小和獾类似的哺乳动物爬兽（*Repenomamus*）的化石内部，发现了以胃内容物的形式保存下来的鹦鹉嘴龙幼体的残骸。

人们曾经假定那些被发现坐在它们巢上的手盗龙类都是雌性。但是在许多现生鸟类中，坐着孵蛋并不只是雌性的行为。在某些情况下，鸟类的父母双方都会为孵化和照顾它们的蛋而贡献自己的力量。还有一些情况则是雄性承担起了孵化与保护蛋的主要工作甚至是全部工作，鸸鹋、鹤鸵、美洲鸵以及几维鸟就是如此。由于我们在雌性非鸟恐龙的骨骼中发现了髓质骨（见第三章），现在我们有时能鉴定化石恐龙的性别。雌性恐龙的骨骼内部并不是一直都有髓质骨，但即使髓质骨已经不存在了，产生和使用过髓质骨意味着它们腿部骨骼的内层会显示出结构重塑的痕迹。

“重塑”意味着相关的骨骼圈层保存了最近形状和结构上发生变化的证据。与雌性恐龙相反，雄性恐龙骨骼内相同的圈层就缺少重塑的痕迹。出于这种观点，恐龙繁殖问题研究专家大卫·瓦里基奥（David Varricchio）和他的同事们仔细检查了一只正卧巢的伤齿龙类恐龙和一只也在卧巢的窃蛋龙类恐龙葬火龙（*Citipati*）的化石骨骼微观结构。这两件标本的骨骼缺少重塑的痕迹，所以这两只恐龙似乎是雄性。

关于这些卧巢的手盗龙类，瓦里基奥和他的同事们还有一个惊人的发现。在这些非鸟手盗龙类巢中发现的蛋的数量很多（约有 22—24 个），而且这些蛋和卧巢的成年个体相比起来似乎有些大。这可能意味着这些巢中的蛋不只是一对恐龙父母所下的。这些可能是公共巢穴，每个巢中的蛋是由至少两只雌性恐龙所下的蛋放置在一起的。在现生鸟类中，鸵鸟、

我们能料到白垩纪时期体型较大的蛇类可能会以恐龙幼崽为食。2010 年，人们在印度上白垩统岩层中发现并描述了一块特别的化石。这条巨大的印度古裂口蛇（*Sanajeh*）被发现于蜥脚类恐龙泰坦巨龙类的巢穴中，就在蛋和幼崽旁边。

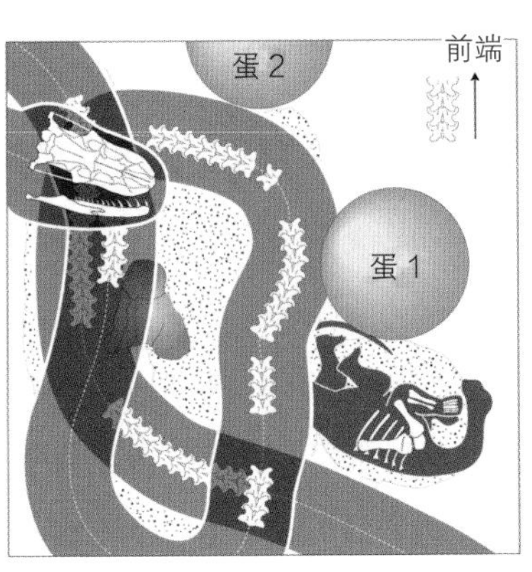

南美的美洲驼以及各种秧鸡、杜鹃，还有一些雀形目鸟类都会采取公共筑巢的方式。

这件传奇的窃蛋龙类恐龙标本发现于蒙古，这只恐龙被戏称为“大妈妈（Big momma）”，它的化石保存在一个装满蛋的巢穴上方，上肢还环绕着巢中的蛋。由于侵蚀，它的大多数骨骼都已缺失。现在的研究似乎表明，这只“大妈妈”的性别为雄性，而不是雌性。

孵化后的亲代抚育行为及其缺失

一只非鸟恐龙幼崽从蛋中孵化出来后会发生什么呢？它是会尽快离开诞生的巢穴开始自己的生活呢，还是会受到双亲的照顾？再一次，包围法提供了关于这类行为我们所期待的线索。鳄类和鸟类都会实行亲代抚育，在一些蜥蜴类群中也有发现幼崽和它们的父母形影不离的现象。甚至有一种乌龟（生活于南美洲的一种巨型河龟）会发出噪声，来为它们刚孵出的幼崽在迁徙的途中带路。在生命之树上更久远的地方，人们还发现了多种两栖类和鱼类有抚育幼崽的行为。尽管蜥蜴、乌龟、两栖类和鱼类不是恐龙的近亲，但是很明显，在那些亲代投入时间和精力照顾子代的动物中，复杂的亲代抚育行为广泛存在。

化石证据表明一些非鸟恐龙确实实行孵化后的亲代抚育。关于孵化后的亲代抚育行为，数量最多的信息来源于鸭嘴龙类，特别是发现于美国上白垩统地层的鸭嘴龙类类群的成员，其中慈母龙类最为显著。人们在坑状的巢穴中发现了看起来已经有几周大的恐龙幼崽化石，它们很可能待在这个巢穴里接受来自父母一方或双方的喂养与保护。人们认为在巢中发现的蛋壳碎片表明这些蛋壳是被恐龙幼崽踩碎的，尽管蛋壳也可能以其他方式碎成碎片。慈母龙巢穴中发现的植物碎片化石可能是慈母龙父亲或母亲为幼崽带到巢中的食物的残余。

从我们如今获得的证据来看，至少对于鸭嘴龙类来说，孵化之后的恐龙幼崽待在巢内接受来自父母一方或双方的喂养与保护仍然是一个合理的解释。在其他非鸟恐龙中，类似于鸭嘴龙类这样在孵化后实行亲代抚育的又有多广泛呢?

现生的鳄类——比如图中这只尼罗鳄——会采取所谓的孵化后亲代抚育行为。母鳄会守护它的幼崽免遭捕食者的捕食，为此甚至会将它们运到水中。有时母鳄会用它的嘴叼着幼崽四处移动，它甚至还可能会帮幼崽寻找食物。

罗伯特 · 赖斯（Robert Reisz）和他的同事为我们提供了一些可能的迹象，表明发现于南美洲下侏罗统地层的蜥脚形类恐龙大椎龙中可能存在孵化后的亲代抚育行为。大椎龙幼崽是特别小的动物，在外观上和成年个体非常不同。它们头大，颈部较短，四肢比例表明它们以四足行走。不同于成年个体和稍微年长的幼年个体，它们还没有牙齿。赖斯和他的同事认为这些笨拙的、身体比例奇怪的、没有牙齿的恐龙幼崽一定需要亲代的抚育。也许它们的父母会将嚼碎成糊的食物送到巢内来让它们食用，也许它们不能依靠自身来四处觅食。目前，这一观点仍然只是推测性的，确定其真实性仍然需要更多证据。

人们对非鸟恐龙孵化后亲代抚育行为最直观的一次了解来自一件标本，这件标本保存了一只成年个体和34只幼年个体。这些恐龙都是被泥石流淹死的，在死前较大的个体很可能试图去保护或照顾那些幼年个体。死亡的幼崽数量和我们估计一窝蛋的正常数量相比要高出许多，这可能很好地表明存在一个“托儿所”，将从不同的几窝蛋中孵出的幼崽聚集在一起。较大的个体并不是完全发育成熟的成年个体，它本身就是一只较大的幼年个体。它是其中一些小恐龙的亲代吗？毕竟，我们已经知道许多种类的非鸟恐龙在达到完全成年之前就已经可以繁殖了。或者它只是临时照看这些小恐龙的保姆，可能与和它一起死去的部分或全部幼崽有亲缘关系？人类并不是唯一会照顾朋友或亲戚孩子的动物——像这种帮助

这件发现于中国的化石标本惊人地保存了34只鹦鹉嘴龙幼崽以及一只体型较大的鹦鹉嘴龙。较大的鹦鹉嘴龙几乎不可能是偶然出现在那里的，因为这些恐龙都埋藏于同一时间。这只大恐龙是这些小恐龙的双亲之一，还是只是临时照看这些小恐龙呢？

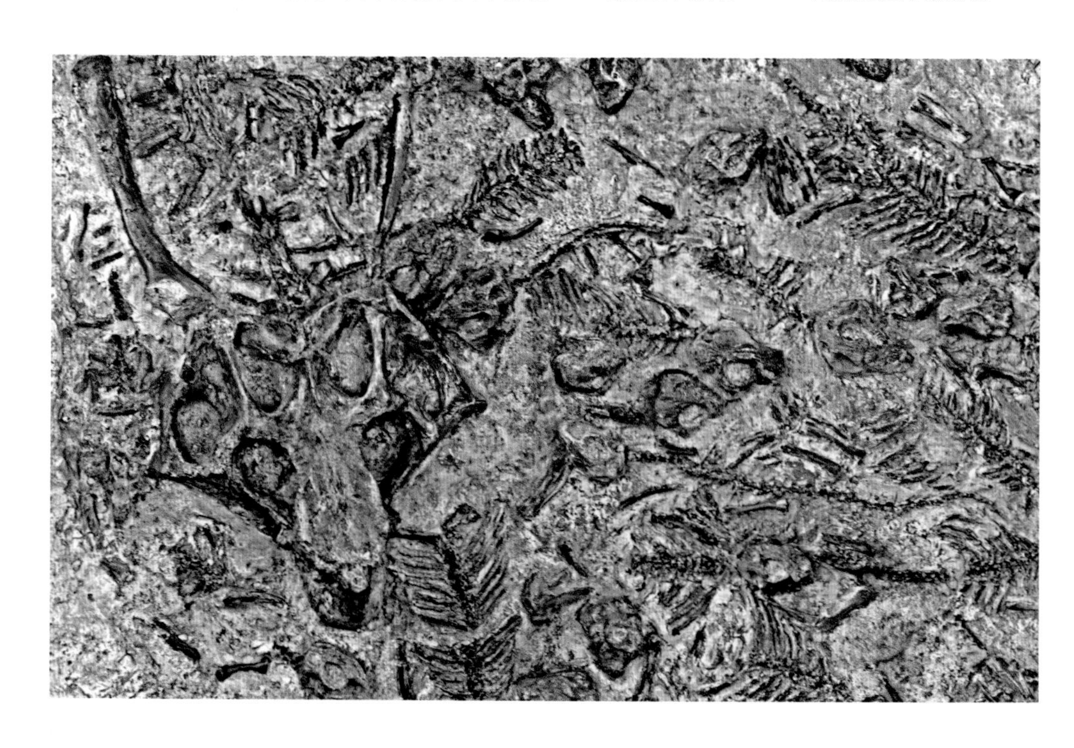

其他个体照顾幼崽的行为在鸟类中非常普遍，所以在非鸟恐龙中也很可能存在。

另一个鸟臀类恐龙聚集在一起被保存下来的实例和发现于北美洲的掘奔龙（*Oryctodromeus*）有关。在这个实例中，三件掘奔龙标本被一同发现，其中一只是成年个体，另外两只是幼年个体。它们死亡时离得很近，很可能是在洪水淹没它们那巨大、盘绕的洞穴时一起溺亡的。这样看来，一些小型鸟臀类恐龙不仅是以家庭为单位生活的群居性动物，它们还是一类经常出没于洞穴的恐龙。它们是会挖地洞的恐龙吗?考虑到掘奔龙的一些特征表明它们适应于挖掘洞穴的生活方式，它们会挖地洞的说法似乎是合理的。

当年幼的非鸟恐龙发育成熟并能够离开安全的巢内环境，接下来会发生什么呢?它们是会继续接受父母的照顾直到长得更大，还是就此和父母分道扬镳?与这个问题相关的化石记录很罕见，但是我们目前所掌握的信息表明，不同的恐龙物种在接下来会采取不同的行动。有一些恐龙——包括非鸟虚骨龙类在内的一些兽脚类恐龙——的幼年个体的化石曾被单独发现，这表明这些幼年个体似乎已经能够独自觅食并照顾自己。有一个例子便是由棒爪龙化石所提供的，在前文中我们已经提到过这个化石（见 142—144 页）。和它自身的体型相比，这只小型的棒爪龙幼年个体的牙齿和手爪特别大，胃部和肠道的内容物也表明它能够独自捕猎并喂饱自己。可能对于这种恐龙来说，孵化后的亲代抚育行为根本就不存在。

与之相反，我们也在一些例子中发现了幼年个体与成年个体之间存在直接的联系。其中一个例子来自北美洲的禽龙类恐龙腱龙，人们在一只成年个体的骨骼下方发现了四只幼年个体。这些幼年个体的长度达到了 2 米左右，所以它们大概已经有几个月大了。它们恰好被发现于一只成年个体旁边并不能作为亲代抚育行为的证据，但这具有启发意义。

如图所示，这个规模较大的盘绕地洞发现于美国蒙大拿州，这个洞是生活于北美洲的双足鸟臀类恐龙掘奔龙所使用的，很可能也是由这种恐龙建造的。这些洞似乎既被用作避难所，也被用于养育幼崽。也许挖地洞在小型鸟臀类恐龙中是一种常见行为。

最后，还有几种恐龙的幼年个体似乎会成群地生活在一起，与成年个体分开生活。这样以幼年个体组成的群体在兽脚类恐龙铸镰龙（*Falcarius*）和中国似鸟龙（*Sinornithomimus*），甲龙类恐龙绘龙（*Pinacosaurus*），角龙类恐龙鹦鹉嘴龙和原角龙，以及其他各种恐龙中都有发现。行迹化石为这一观点提供了支持，像这样由幼年个体组成的群体——有时会被称为小群（pod）——在一些非鸟恐龙中十分常见。我们还知道，在一些现生蜥蜴和鸟类中，幼年个体会在一起生活一段时间，这些动物包括鬣蜥、凯门鳄、鸵鸟、美洲鸵和乌鸦。在鬣蜥中，幼年个体会爬成一堆睡在一起，会互相清理，较大的雄性会保护较小的雌性免受鹰和其他捕食者的攻击。可能——我们一定要强调“可能”这个词——类似的行为也存在于非鸟恐龙中。

和成年个体分开生活并只有幼年个体组成的群体似乎在非鸟恐龙中广泛存在，而且幼年个体似乎只在它们的体型长至与成年个体相近时才会加入由成年个体组成的群体。我们一般会把中生代世界想象成到处都是成群的成年恐龙，它们会季节性地组成繁殖集群。但是由幼年个体组成的无数个四处流动的小群也在恐龙所主导的中生代景观中占有一席之地，这些幼年个体的年龄太小，尚不能繁殖后代，它们的身体也不拥有发育成熟的成年个体所具备的身体特征，看起来和成年个体有些不同。

性与恐龙的演化

现在还有最后一个和恐龙繁殖相关的主题领域值得我们去探讨。这个主题中的观点认为演化压力与交配成功率有关，这个现象叫作性选择，可能会对恐龙看起来的样子以及它们的演化方式产生重大的影响。换句话说，某些恐龙类群之所以演化出了头冠、头盾、棘刺、骨板、华丽的羽毛以及其他看起来十分复杂的结构，可能就是为了提高它们吸引配偶并将其基因传递给下一代的能力。还有一个与上述观点相互矛盾的观点认为，恐龙演化出这些结构是为了不同恐龙物种的成员之间能够相互辨别。事实上，这些华丽的结构在带有装饰的多个恐龙物种共同出现的恐龙群落中最为普遍，考虑到之前的观点，这是个有趣的现象。

一些现生动物拥有华丽的装饰结构，例如对图中这只鹤鸵来说，装饰结构是一个角质盔，这一结构和一些非鸟恐龙所拥有的结构非常相似。

如果观察拥有类似华丽结构的现生动物，比如鹿、羚羊、独角仙或者变色龙，我们会发现它们使用这些结构来进行性展示，而不是用作“物种身份识别证”。用于性展示的结构通常只有在该动物达到性成熟时才会生长至完整的大小，而且这个结构的生长速度通常要比身体的其他部分快得多。这些结构的生长同样需要消耗大量的能量——这对于它们的所有者来说是很高的代价，因为这些结构演化出来的全部理由就是为潜在的配偶提供一种方法，来判断拥有这些结构的动物基因质量如何。当我们将上述信息用于理解非鸟恐龙和古鸟类的那些华丽结构时，会发现它们演化出这些结构似乎也是为了进行性展示。

生活于晚白垩世的大型角龙类恐龙——如图中所示的三角龙、厚鼻龙和棘龙——以拥有一套壮观的角、头盾和刺而著名。毫无疑问，这些结构是用于视觉展示的装置。

现生鸟类通常都是显眼的、五颜六色的动物，它们会通过向（潜在的）配偶展示其艳丽的羽毛甚至跳舞，来证明自己的基因质量。很多种类的恐龙很可能也会使用相同的技巧来求偶，也许我们应该想到，角龙类的头盾、鸭嘴龙类的头冠、棘龙类的背帆等诸如此类华丽的、色彩斑斓的结构会被这些恐龙用来吸引异性的注意力。

也有人曾认为，恐龙演化出的最重要的一个结构——复杂羽毛——也是用于性展示的结构之一。化石记录显示一些兽脚类的前肢和尾部长有复杂的羽毛，而它们身体的其他部分则只是覆盖着结构更为简单的毛发状细丝。我们在化石记录中见到的最古老的复杂羽毛缺少用于飞行的形状和结构细节，并且第一次出现复杂羽毛的恐龙的前肢比较短小，它们肯定不会进行飞行或者滑行这样的空中活动，窃蛋龙类的尾羽龙（*Caudipteryx*）就是这样的恐龙。

羽毛同角、头盾一样是优秀的性展示结构，构成羽毛的物质很适合用来展示绚丽的颜色甚至呈现出虹彩，而在非繁殖季节这些羽毛可以脱落。我们从一种生活于白垩纪的手盗龙类恐龙——发现于中国的窃蛋龙类恐龙似尾羽龙（*Similicaudipteryx*）——的化石记录得知，幼年个体缺少成年个体那样大而结构复杂的翼羽和尾羽，这个事实进一步支持了这些羽毛的作用是性展示。总之，羽毛在性展示中所起的作用促进了羽毛结构向更复杂的方向演化，这是很有可能的。但考虑到羽毛在运动、保暖上所起的作用，羽毛起源的确切故事仍然难以确定。

发现于中国的窃蛋龙类恐龙尾羽龙的身上覆盖着羽毛，在它的尾部末端生长着较大的呈扇状排列的羽毛。实际上，它的名字的意思就是“尾部羽毛”。细长的腿表明它善于奔跑，而不是爬树、抓在树上或者滑翔。

如果出现在非鸟恐龙身上的这些华丽的角、头盾、精致的羽毛以及其他结构确实是在性选择的压力下演化出来的，我们应该能想到雄性恐龙和雌性恐龙看起来是不同的——换句话说，它们会表现出我们所说的两性异形。目前人们还没有在任何一种非鸟恐龙中发现并报道可靠的两性异形的实例，已发现的雌性恐龙和雄性恐龙均拥有同样复杂的结构（对于白垩纪的一些鸟类来说，这一情况则有些不同，我们会在第五章讨论这个主题）。

当今世界上，许多动物的雌性和雄性拥有极其相似或者完全相同的展示结构，例如各种海鸟、天鹅、椋鸟和尖嘴鱼。在

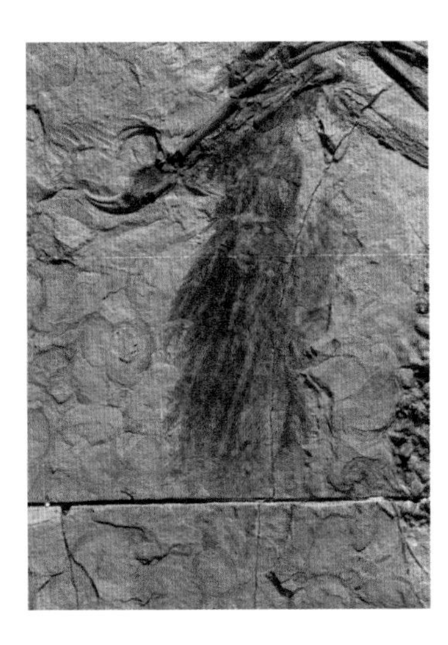

尾羽龙在其手部和尾部长有特别长的羽毛（左图）。这些羽毛不能被用于任何形式的飞行。这些羽毛会不会反而被雄性尾羽龙用于在求偶展示时四处挥舞呢？

实际上，并不总是只有雄性动物拥有显眼、华丽的装饰。许多鸟类的雌性个体也拥有羽冠和鲜艳的颜色，这使得它们看起来就和雄性一样，比如右图中的鸟类，它们是冠小海雀（Crested auklet）。

性选择是什么

演化的主要驱动力之一是自然选择。大家都知道，自然选择这个过程由达尔文发现，在这个过程中，那些最适应于在它们所处的环境中生存下来的生物能产生数量最多的存活后代。自然选择不是推动演化进程发生变化的唯一过程。另一个是性选择，那些在性选择的过程中最能将它们的基因遗传下去的生物从长远来看是更成功的。换句话说，性选择描述了能让生物的交配成功率提高的过程。在现生动物中，性选择涉及的特征包括头冠、鹿角、鲜艳的颜色、精致的羽毛以及其他能让动物在求偶时更具吸引力的结构。但这些特征通常会为生物带来显著的不利因素——它们使所有者更难以逃脱捕食者的追捕，更难以躲避恶劣的天气，也更难以保持干净和整洁。因此这些特征有时会与自然选择的力量发生矛盾。

这些动物中，雌性身上拥有向潜在的配偶以及竞争者进行炫耀的装饰，和雄性所拥有的装饰非常相似。这个现象叫作相互性选择，一些已经灭绝的恐龙支系非常有可能会出现这种现象。

恐龙的成长和个体发育

人们曾经认为非鸟恐龙——特别是体型庞大的非鸟恐龙——会以近似于陆龟和鳄类的生长速率生长，它们的寿命和上述的现生爬行动物相当，或者超过它们。就在 20 世纪 70 年代晚期，一些古生物学家提出大型蜥脚类的寿命可能超过 200 岁。中等大小的蜥脚类直到 60 岁才成年，而更大的蜥脚类，比如腕龙，被认为要到 100 岁之后才发育成熟。研究表明，大型动物如果要完全成功地繁殖后代，必须在它们生命的最初几十年进行繁殖，因为过了这个年龄，动物繁殖前的死亡率（由疾病、捕食者、事故以及饥饿所导致的死亡）会大大提高。考虑到这一研究结论，恐龙生长超级缓慢的观

现生的大型爬行类，比如图中这只加拉帕戈斯象龟（Galapagos tortoise），一般需要几十年的时间发育成熟，而它们的寿命超过 100 年。长期以来，人们认为恐龙的生长模式和寿命与这些现生的大型爬行类相似。

点是非常不可能的。

恐龙生长缓慢这一观点不仅与之前的理论相矛盾，还与恐龙骨骼解剖学的研究成果相矛盾。针对各种中等大小的恐龙（包括兽脚类中的伤齿龙类，蜥脚形类的大椎龙和鸟臀类的鹦鹉嘴龙）的研究表明，这些恐龙在 2 至 15 岁时便可长到最大体型。在更大的恐龙中，慈母龙似乎在大约 8 岁时便可以长至成年体型。在一项 2004 年的研究中，学者检查了 7 只暴龙标本，他们发现这些暴龙都是在 20 岁之前便达到了最大体型。这些恐龙在长到最大体型之后并没有活很长时间。目前所研究过的暴龙标本中，最老的暴龙是在 28 岁或者 29 岁时死的。这项研究中所检查的其他三只暴龙在停止生长几年后便死掉了，这表明暴龙在达到完整的成年体型后并不会继续存活数十年时间。在其他非鸟恐龙中，人们也发现了相似的结论：即使是最大的蜥脚类，在 20 至 30 岁时便也成年了。

非鸟恐龙的身体比例与外貌会随着它们的生长而发生改变。动物成长的过程叫作个体发育（ontogeny），在描述生长过程时，这个词通常是指发生的个体发育变化。我们推测非

这是“苏（Sue）”，一只著名的巨型暴龙，它的骨骼标本在美国芝加哥的菲尔德博物馆（Field Museum）展出，这只暴龙在死亡时的年龄似乎不超过30岁。据我们目前所知，暴龙的寿命通常不会超过30岁。

鸟恐龙所经历的个体发育过程和现生动物是相似的，这一点从我们发现恐龙胚胎化石、刚孵化的恐龙幼崽和年龄稍大一些的幼年个体所获得的信息得到证实。躯干、头部、四肢的形状及其相互之间的比例在恐龙个体发育的过程中发生变化。比如，和成年个体的头骨相比，幼年个体头骨的吻部更短、眼睛更大。我们还知道，那些长有角、头盾和头冠等结构的恐龙，它们的幼年个体也拥有成年个体所拥有的这些结构，但是是尺寸更小的原始类型。和成年个体相比，蜥脚类幼年个体拥有比例更短的脖子。我们对这些变化同样不感到惊讶，因为这些变化在现生动物中很常见。

恐龙生长迅速，甚至体型巨大的恐龙也能够在二三十年内生长至最终大小。这张图展示了巨型兽脚类恐龙暴龙在它们年幼的时候会以逐渐加快的速度增长，在它们生命中的第三个十年会停止生长。

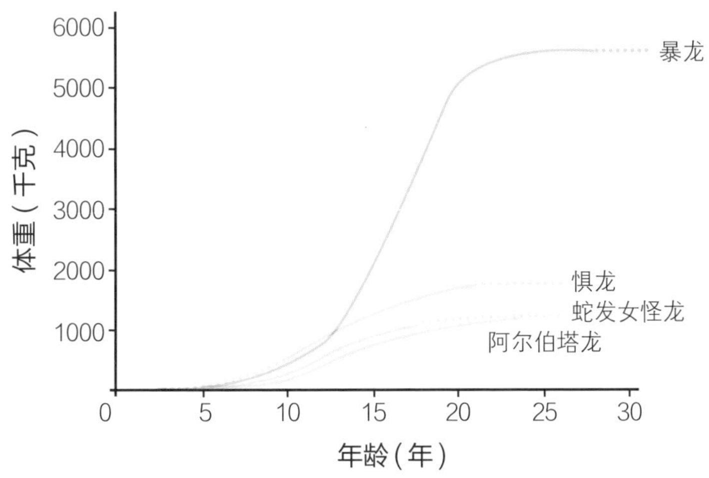

非鸟恐龙生物学中最有趣的观点之一是一些恐龙并不会以我们所预料的方式发生变化，而是会经历非比寻常的个体发育变化过程。在20世纪80年代，在蒙大拿州上白垩统地层中发现了一种新的暴龙类恐龙，被命名为矮暴龙（*Nanotyrannus*）。学者对这只暴龙的描述只基于其被发现的头骨，推测它的总长只有5米，但是他们仍然声称它是一只成年个体，这个解释会使得这只暴龙成为暴龙类家族中一个矮小的成员。和巨大的暴龙类恐龙暴龙相比，矮暴龙的吻部浅而精致，牙齿呈扁平状，犹如匕首，而不是像暴龙一样牙齿较厚，切面呈圆形。

当1999年暴龙类专家托马斯·卡尔（Thomas Carr）指出当时唯一发现的头骨显然不属于一只完全发育成熟的动物，而是属于一只幼年个体——一只几乎可以确定是霸王龙的幼年个体时，矮暴龙可能是暴龙类中特别矮小的成员这个观点遭到了抨击。矮暴龙的头骨有着幼年个体所拥有的典型的纤维状骨结构，同时组成头骨的大多数骨骼之间仍然有缝隙，并没有像成年个体那样闭合。

可以说，将“矮暴龙”解释成霸王龙的幼年个体比认为矮暴龙代表了一个不同的物种这个观点更加有趣，因为这样便为霸王龙的幼年个体和成年个体十分不同的观点提供了很好的证据。霸王龙的成年个体是牙齿厚重、头部宽大，具有强大力量的超级捕食者。而幼年个体则体型细长、轻巧、吻部浅、牙齿呈匕首状，它们的生活方式和捕猎的猎物都与成年个体十分不同。换句话说，幼年个体和成年个体是如此不同，以至于它们实际看起来和表现得都像两个不同的物种。

一些专家认为这种现象在非鸟恐龙中广泛存在，原先被解释为不同物种的恐龙实际上可能是不同成长阶段的恐龙。

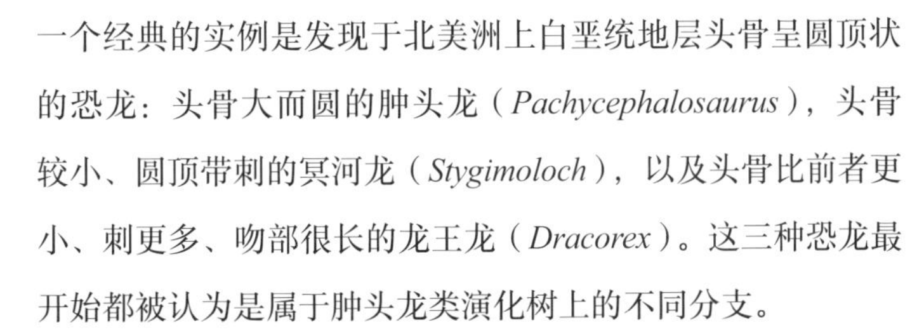

一个经典的实例是发现于北美洲上白垩统地层头骨呈圆顶状的恐龙：头骨大而圆的肿头龙（*Pachycephalosaurus*），头骨较小、圆顶带刺的冥河龙（*Stygimoloch*），以及头骨比前者更小、刺更多、吻部很长的龙王龙（*Dracorex*）。这三种恐龙最开始都被认为是属于肿头龙类演化树上的不同分支。

三种发现于北美洲上白垩统地层的鸟臀类恐龙可能是同一种恐龙的不同生长阶段。龙王龙体型最小，头上刺最多。冥河龙体型中等，长有最长的角。肿头龙体型最大，头上刺最少，但是其圆顶状的头骨最大、最厚。

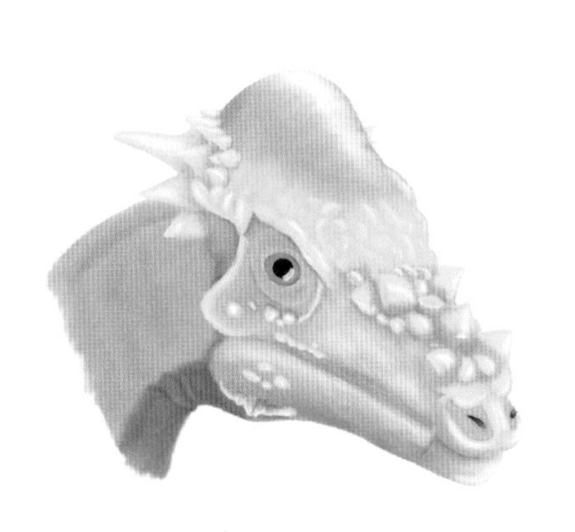

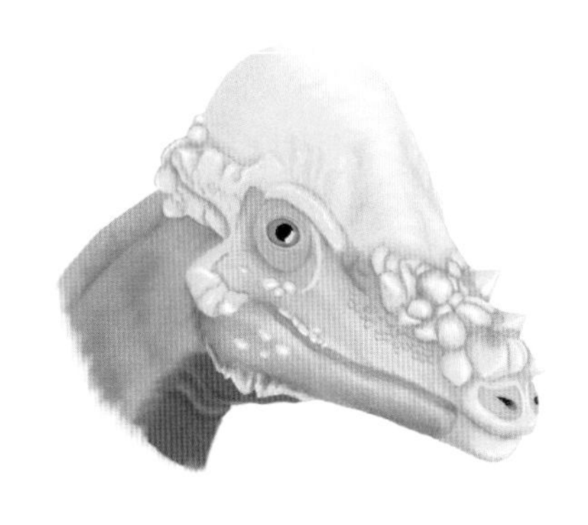

杰克·霍纳最有名的工作是发现了慈母龙的筑巢地，他指出，这三种恐龙共有的特征表明它们可能属于同一种动物的不同生长阶段。通过认真检查这些恐龙头骨的圆顶和角的生长模式，霍纳和他的同事马克·古德温（Mark Goodwin）推断出：随着它们发育成熟，肿头龙类的头骨会逐渐吸收头上的角和刺，同时长成一个体积更大、顶部更圆的头骨。如果这个观点正确，那么肿头龙类在它们生命开始的时候头上长着许多尖刺，后来随着它们发育成熟，头骨也变得越来越光滑。和我们在现生动物中所见到的相比，这个生长模式很不寻常，但是这些恐龙可能真的就是如此奇怪。

肿头龙类在生长的过程中会经历较大的变化，这一观点可能会影响到龙王龙—冥河龙—肿头龙生长序列外的肿头龙类成员。正如我们在第二章中所看到的那样，肿头龙类长期以来被人们认为由两个不同的类群组成，即头骨呈平顶状的类群和呈圆顶状的类群。但是对这两类恐龙了解得越多，我们会发现这两类恐龙越加相似。比如平顶龙（*Homalocephale*）的平顶状头骨上长有骨质突起和小块，它们的形状和分布方式与头骨呈圆顶状的倾头龙是一样的，而倾头龙和平顶龙发现于同一地点同一时期的地层内。这两种恐龙是如此相像，如果我们想象平顶龙的头上长了一个圆顶，我们就会得到一只倾头龙。可能倾头龙就是平顶龙的成年个体，可能所有头骨呈平顶状的肿头龙类都是幼年个体。

霍纳和他的同事还提出一个观点，他们认为相似的生长变化也发生在角龙类中。三种巨大的头上长角的恐龙——三角龙、双角龙（*Nedoceratops*）和牛角龙（*Torosaurus*），它们生存的时期大致相同，并且都生活在北美洲西部的相同区域内。人们依据这三种恐龙的面部、角和头盾在形状上的差异，将它们鉴定为三种不同的但又存在亲缘关系的物种。

霍纳和他的同事再一次观察到了骨骼内部的微观结构在生长过程中发生的变化，这让他们认为这些角龙类恐龙也代表了一个生长序列。他们提出头盾巨大且长并具有两个椭圆形穿孔的牛角龙实际上代表了三角龙（拥有较短的实心头盾）中年龄较大的成年个体，而和三角龙较为相似但头盾上有较小穿孔的双角龙，被解释为处于三角龙和牛角龙之间的生长阶段。

三角龙型的恐龙经过双角龙型的发育阶段变成了牛角龙

有充分的证据表明，发现于蒙大拿州的体积较小的“矮暴龙”头骨属于一只霸王龙的幼年个体。霸王龙最初发现于蒙大拿州，后来发现于美国南部的新墨西哥州和得克萨斯州以及加拿大阿尔伯塔省的地层中。这幅图片展示了一件十分著名的霸王龙头骨化石标本，现收藏于纽约的美国自然历史博物馆。

毫无疑问，巨大的北美洲角龙类恐龙三角龙的头骨解剖结构会在其逐渐成熟的过程中发生改变。但是，图中右下角的巨大头骨所代表的头盾较长的巨型角龙类恐龙牛角龙也是三角龙生长序列的一部分吗？

型的恐龙，这个观点还是有争议的。其他学者认为这个观点与这三种恐龙吻部和头盾的形状相矛盾，此外拥有和牛角龙相似特征的幼年恐龙是存在的，拥有和三角龙相似特征的更年长的恐龙也是存在的。不同学者的观点仍然存在分歧，许多学者对霍纳和他的同事提出的这个独特观点仍持怀疑态度。然而，它提醒了我们，随着一些恐龙物种发育成熟，它们的形态会经历彻底的改变。

如果矮暴龙真的是霸王龙的幼年个体，如果龙王龙真的是肿头龙的幼年个体，那么就有证据表明，一些恐龙在它们不同的生长阶段可能表现得和它们的亲代像是不同的“物种”。在不同的生长阶段拥有不同的生活方式，选择不同的生境以及运用不同资源的能力，可能使得这些恐龙和其他恐龙相比在演化上更有优势。还有可能这是一个在恐龙中广泛分布的现象，这有助于解释为什么恐龙能在如此长的时间内如此成功。之前我们提到，恐龙幼年个体的化石通常是和成年个体的化石分开发现的，这也支持了（至少在一些恐龙物种中）幼年个体和成年个体的生活方式不同且不在一起生活这个观点。

非鸟恐龙和现生动物在很多方面都有相似之处，但也有迹象表明它们可能也会在某些方面表现得十分不同。

恐龙群落

非鸟恐龙和古鸟类生活在一个动植物种类多样的生机盎然的世界里，这些动物也包括其他的恐龙物种。虽然一些恐龙生活在相同的生境中，但是它们相互之间可能几乎不存在任何关系，而另一些恐龙之间则可能会经常相互影响，甚至有一些恐龙对环境造成的影响如此重大，以至于它们影响了同时期其他恐龙的演化、分布以及生活方式。在现生动物群落中，这种相互作用很常见并且非常重要，所以生物学有一整个分支专门研究这种相互作用，这个分支学科叫作群落生态学。

当然，我们并不能直接观察非鸟恐龙和古鸟类与同时期其他动物或者环境之间的相互作用，所以必须要通过查看大量来自不同方面的证据，来建立我们对这些群落中动物和动物之间以及动物和环境之间的相互关系的认知。

虽然我们对于古动物群落结构的一些观点是推测出来的，但我们至少能够确定某些恐龙生活在同一时期。比如，迷惑龙（属于梁龙类）和梁龙确实曾在一起生活过，它们的化石和其他多种恐龙的化石均发现于同一个采石场，其他恐龙包括剑龙，鸟脚类恐龙弯龙（*Camptosaurus*），大型兽脚类恐龙异特龙、角鼻龙和蛮龙，以及小型兽脚类恐龙嗜鸟龙（*Ornitholestes*）和长臂猎龙（*Tanycolagreus*）。人们很容易想象这些动物会共同组成一个复杂的动物群落，和今天的动物群落非常相似。比方说，存在于今天热带非洲的动物群落：长颈鹿和非洲象吃着树木高处的植物，犀牛和羚羊则在低处啃食着灌木上的嫩枝嫩叶，狮子在附近睡觉，而鸵鸟、珍珠鸡和犀鸟则在地上啄取食物颗粒。

但是除了知道一个群落里有哪些恐龙外，我们还能对恐龙群落有进一步的了解吗？我们能够知道一种已经灭绝的恐龙如何适应它们所处的环境吗？它们与周围一起生活的动物又是如何相互影响的？首先，我们要对群落内相关恐龙的取食与觅食习性进行假设。正如我们在前文中所讨论的，大量对诸如颌部功能形态学以及牙齿磨损等取食与觅食相关主题的研究工作已经完成，这些研究工作能让我们设想出这些恐龙吃什么、怎么吃，以及在哪里吃等详细情况。

我们继续讨论研究较为充分的生活于北美洲晚侏罗世的蜥脚类恐龙，这些蜥脚类恐龙拥有不同的头骨形状、牙齿形态、颈部长度以及身体形状，这表明圆顶龙、迷惑龙和梁龙以及其他蜥脚类恐龙会通过开采不同类型的食物来避免直接竞争。对这些恐龙进行的牙齿微观磨损研究和有限元分析研究支持这一观点，这些方法我们已经在第四章介绍过。2014年，由

在晚侏罗世时期，北美洲西部生活着大量恐龙，它们的骨骼化石保存完好。如图所示，剑龙、异特龙和梁龙便属于这些恐龙。正是由于科罗拉多州和怀俄明州这些化石资源丰富的化石产地，我们知道这些特别的恐龙确实生活在一起。

蜥脚类恐龙研究专家大卫·巴顿（David Button）领导的一项研究揭示了头骨较深的圆顶龙比吻部较浅的梁龙拥有更强大的咬合力的原因，以及这两种蜥脚类恐龙是如何取食不同类型的植物的。也就是说，这些生活于同一时期的蜥脚类恐龙实行了生态位分离，即生活于同一地区同一时期的动物会使用同一生境中的不同区域或不同资源，以共享同一生境并避免竞争。

支持蜥脚类实行生态位分离的其他证据来源于这些恐龙拥有不同的颈部长度，这表明其中一些蜥脚类恐龙比另一些更方便取食更高位置的植物。蜥脚类对避免竞争乃至利用其他动物无法利用的资源的需求，很可能是它们颈部长度发生演化的主要驱动力之一。

和恐龙群落结构相关的证据在其他植食性恐龙中也可见到。在晚白垩世的坎帕期，北美洲西部是很多角龙类和鸭嘴

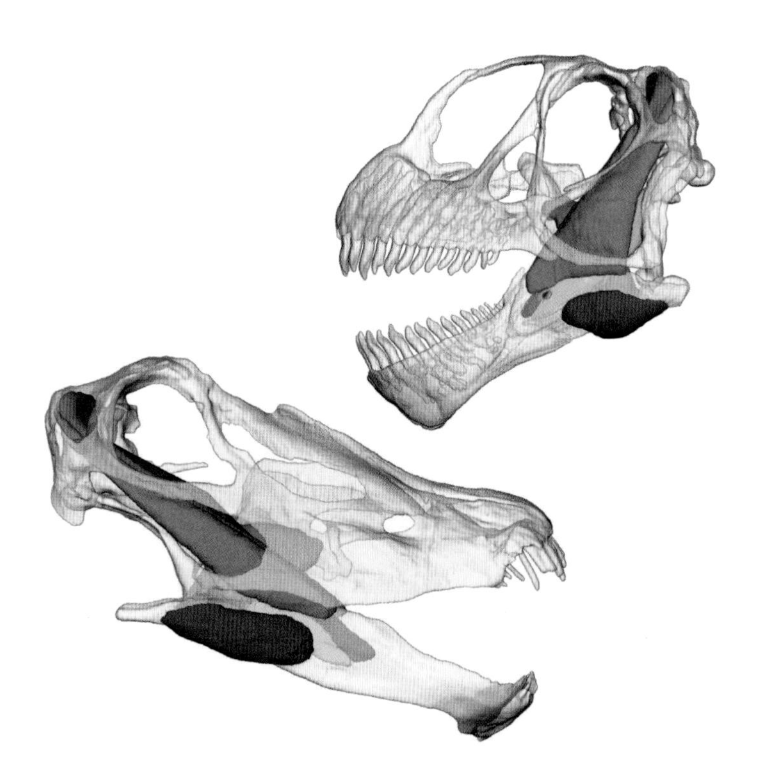

侏罗纪蜥脚类恐龙圆顶龙（上）和梁龙（下）的头骨数字复原模型表明，它们颌部肌肉的大小与形状相差巨大，因此它们的咬合力也存在较大的差异。这两个复原模型中均展示了一些比较重要的用于张开与闭合颌部的肌肉。

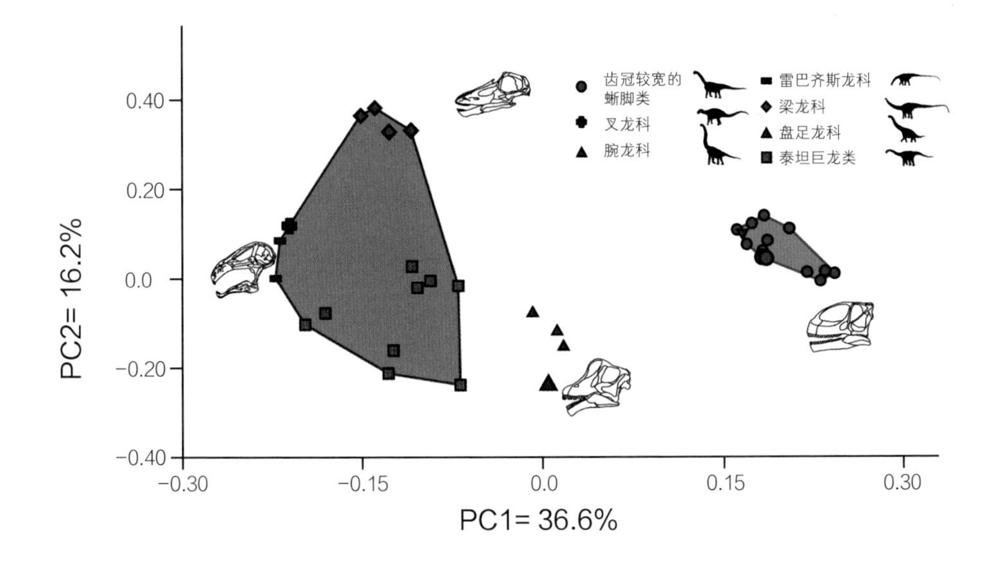

当我们将蜥脚类恐龙的头骨与牙齿的测量结果加以比较时，会发现它们分成了两大集群。牙齿较细的蜥脚类恐龙位于图表左侧，牙齿较宽的蜥脚类恐龙位于图表右侧。这些截然不同的集群中的成员在取食方式与食性喜好方面肯定也是不同的。一些蜥脚类恐龙的牙齿形态介于两大集群中间。（PC1是主成分1，PC2是主成分2。百分数是指这个主成分对总体方差的贡献率。具体到这个图，主成分1和主成分2可以解释总体方差的20.96%。总体方差反应的是群体的离散程度。在这幅图中，我们可以看出，基于PC1，这些样本可以分为两个主要群体，基于PC2，也是两个主要群体。两个主成分综合来看，则可以分为三个群体。——译者注）

龙类恐龙的家园，这些恐龙以它们的头盾、角和头冠而著名。吻部较窄的角龙类和嘴部宽大的甲龙类的取食高度均不超过地面以上2米，与之生活在一起的鸭嘴龙类的取食高度则超过5米。学者们又一次针对这些恐龙的咬合力、牙齿磨损、嘴部形状以及取食高度进行了研究，研究表明，这些不同种类的恐龙也实行了生态位分离，即不同类群的恐龙通过专门食用不同类型的植物来避免竞争。

这些坎帕期的恐龙群落所包含的恐龙物种的绝对数量以及它们在古北美洲的分布方式令人惊讶。在当今世界上，大型动物通常都有着广阔的分布范围，这种范围可以是整个大陆。然而许多坎帕期的恐龙的分布范围似乎更加局限。可能这是因为那时北美洲的植物异常茂盛，环境十分复杂，植物的多样性也十分丰富，也许导致了这些恐龙和现生的大型动物或中生代其他时期的大型恐龙相比，更适合在特定的生境或者区域内生活。这些由区域性分布的恐龙所组成的拥挤的恐龙群落根本不是晚白垩世的典型群落，这些恐龙在仅仅几百万年之后就完全消失了，被物种更为单调、组合更为简单、个体数量更少的恐龙群落所替代，新的恐龙群落主要由三角龙、埃德蒙顿龙和暴龙组成，它们在之前的恐龙群落生活过的区域内以及更多区域连续不断地出现。

最后一点，当我们谈到重建中生代恐龙群落时，所有人都确信在我们重建后的群落场景中存在大量缺失的部分。也就是说，几乎可以确定群落内还有许多细微的令人惊讶的关系没有被我们察觉到，而这些关系肯定是存在的。许多现生动物之间都拥有特殊的或者不常见的关系，如果这些动物灭绝了，我们便不会发现它们之间的关系。比如，一些鸟类会

人们在北美洲西部上白垩统地层中发现了物种格外丰富的恐龙动物群。下面这幅图展示了多种恐龙在坎帕期生活在一起的场景，它们所生活的地点位于现在的蒙大拿州。暴龙类恐龙蛇发女怪龙（*Gorgosaurus*）（最左）正盯着甲龙类恐龙埃德蒙顿甲龙

（*Edmontonia*）、鸭嘴龙类恐龙短冠龙、小型肿头龙类恐龙剑角龙、角龙类恐龙开角龙与戟龙。

趴在大型植食性哺乳动物的身上，大型捕食者像是狮子和土狼之间存在着充满恨意的相互关系，人们曾记录非洲森林中由犀鸟、小羚羊和猴子组成的动物混生群体中存在合作互惠的信息交流系统。不幸的是，化石记录不太可能揭示这些微妙而特化的相互关系的存在。

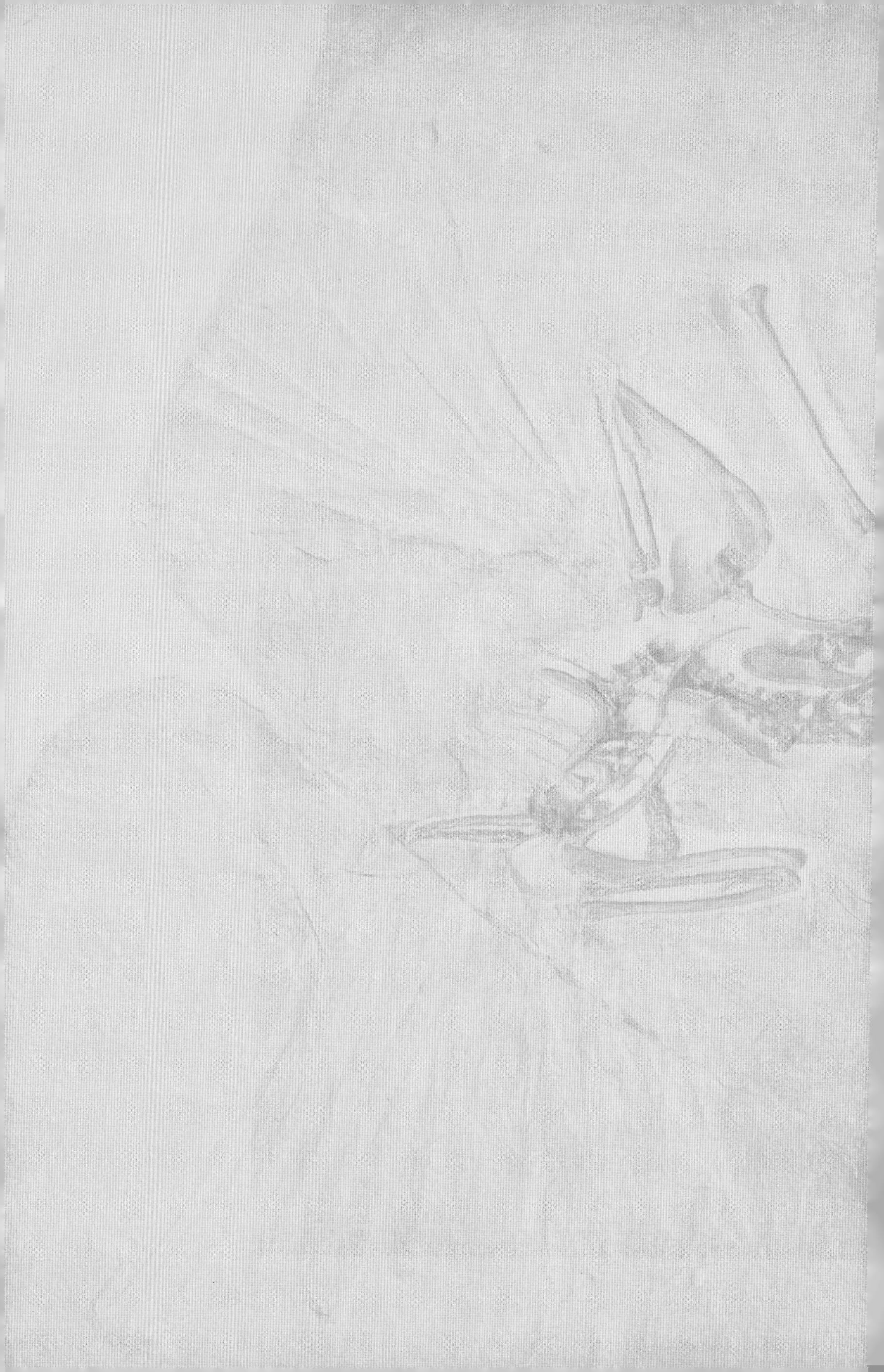

第五章

鸟类的起源

自从1859年达尔文提出了基于自然选择的生物演化论，鸟类是爬行动物的近亲这一观点已经为人们所认同。一些科学家甚至进一步认为鸟类就是长有羽毛、会飞、脑容量增大且更加美丽的爬行动物。鸟类和鳄类有许多共同的解剖学和行为学特征，所以鸟类属于主龙类这一观点至今没有任何合理的怀疑，也就是说，鸟类属于一个包括鳄类、恐龙以及它们的近亲在内的巨大的爬行动物类群。鸟类的化石记录稀少，意味着它们已灭绝的近亲在地质记录中长期缺失，因此人们长期以来对鸟类在主龙类演化树中的位置也存在疑问。

如今，局面不再是这样的了。我们现在已经发现了大量和鸟类亲缘关系密切的主龙类化石，在这些化石发现之前，人们曾对鸟类的祖先应有的特征进行过预测，而发现的化石恰好拥有这些五花八门的特征。在很多实例中，相关的动物看起来就像人们想象中的鸟类祖先一样，或者至少是鸟类祖先的近亲，而这些动物就是兽脚类恐龙。

当约翰·奥斯特罗姆提出他的假说——鸟类从兽脚类当中演化出来时（见第一章），有大量的解剖学数据支持他的观点。我们尽可能简单地阐述他的观点，他提出类似恐爪龙的手盗龙类恐龙演化成了更小的类似始祖鸟的动物，其中一些最终演化成了现生的鸟类。在那时，人们只发现了少量的非鸟手盗龙类化石，在非鸟恐龙和古鸟类中只有始祖鸟保存了身上有羽毛覆盖的直接证据。

从那以后，我们对鸟类祖先的认知得到了巨大的提升。今天人们已经发现了大量似鸟手盗龙类恐龙的化石，这些化石与早期鸟类共有的解剖学特征不存在于其他动物类群中。在这些特征中较为明显的是：细长的、长有三指的手，存在于腕部的可以让手和小臂的骨骼之间发生旋转的半圆形骨骼，以及有着较大脑容量的头骨后方存在着一系列中空的开孔。鸟类和非鸟手盗龙类的髋部、肩带和脊柱也具有共同的未见于其他动物的特征。

这幅创作于20世纪80年代的经典插图描绘了约翰·奥斯特罗姆的观点，即在地面奔跑的兽脚类恐龙以某种方式演化出了羽毛和飞行能力，最终演化出了鸟类。如今，人们大概再也不会认为鸟类实际上以这种方式演化而来。

化石记录也表明非鸟手盗龙类被羽毛完全覆盖，它们的上肢、手和尾部长有复杂的大羽毛，有时它们的下肢和足部也长有复杂的大羽毛。结构更简单的丝状体以及复杂的细小羽毛则覆盖了身体的其余部分。这种身上广泛覆盖着羽毛的特征在窃蛋龙类、伤齿龙类、驰龙类以及其他一些手盗龙类类群中十分典型（这些类群在第二章中均有讨论）。这意味着这些恐龙整体看起来和鸟类惊人的相似。

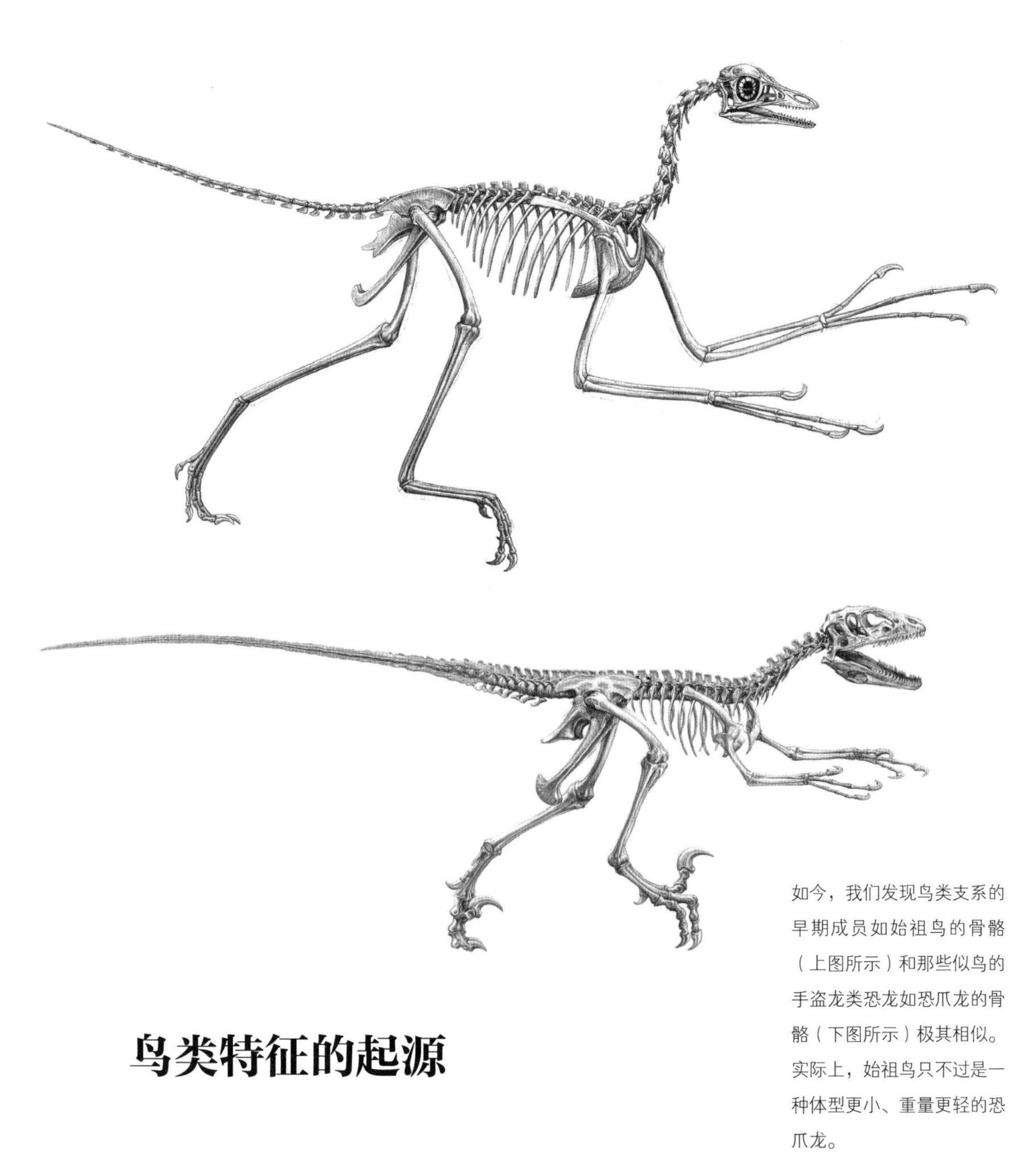

如今，我们发现鸟类支系的早期成员如始祖鸟的骨骼（上图所示）和那些似鸟的手盗龙类恐龙如恐爪龙的骨骼（下图所示）极其相似。实际上，始祖鸟只不过是一种体型更小、重量更轻的恐爪龙。

鸟类特征的起源

如今大量的化石证据使鸟类和它们近亲之间发生的演化转变过程愈发清晰，这让我们对鸟类起源的认知与 20 世纪 90 年代以前相比发生了巨大的转变。我们现在拥有一系列化石可以表明：深而具齿的吻部是如何转变为浅而无齿的喙状吻部的；上肢和手是如何变得更长并转变为翅膀的；长有三根分开且具爪的手指的手是如何演化成现生鸟类那手指融合在一起、能够支撑羽毛的手的；适合奔跑的足部是如何转变为善于抓握物体的足部的；还有尾部是如何变短并用于支撑宽大的扇状羽毛的。

在20世纪90年代之前，人们认为许多与鸟类相关的解剖特征——包括羽毛、叉骨、分布于全身的气囊系统，以及善于抓握的足部——和鸟类是同时起源的。实际上，化石证据表明，鸟类从更早的恐龙那里继承了一些特征，其中包括羽毛和叉骨。同时，还有一些被认为是鸟类的典型特征，比如无齿的颌与增大的胸骨，是在鸟类演化史后期才演化出来的，而对处于演化史早期的鸟类来说，这些特征并不典型。实际上，最早的鸟类——比如发现于德国上侏罗统地层的始祖鸟，还有发现于中国上侏罗统地层的近鸟龙和晓廷龙（*Xiaotingia*）这样的动物——和驰龙类以及其他非鸟手盗龙类高度相似，我们几乎可以肯定它们的生活方式也非常相似。

许多早期鸟类的头骨和窃蛋龙类、伤齿龙类以及驰龙类的较为相似。它们拥有较钝的、长有牙齿的吻部，呈钉状的牙齿暗示它们是杂食性动物。其他早期鸟类则长有更大、更像刀片、适合捕捉小动物的牙齿。只有在后来更高级的、一个被称为今鸟类（ornithurine）的类群中，鸟类的吻部才变得更浅、更轻，与我们所见到的现生鸟类更加相像。

鸟类在它们演化史的大多数时间中都具有牙齿。左下图是生活于白垩纪的颌部很长的潜鸟黄昏鸟。锥状的尖齿沿着其下颌以及部分上颌的边缘排列。

现代鸟类的头骨完全无齿，与中生代的鸟类相比，它们的头骨体积更大，脑容量也更大。同时，现代鸟类在它们喙部的基部与头骨其余部分的交界处通常存在一个可以活动的区域。右下图所示的头骨属于麻鸦。

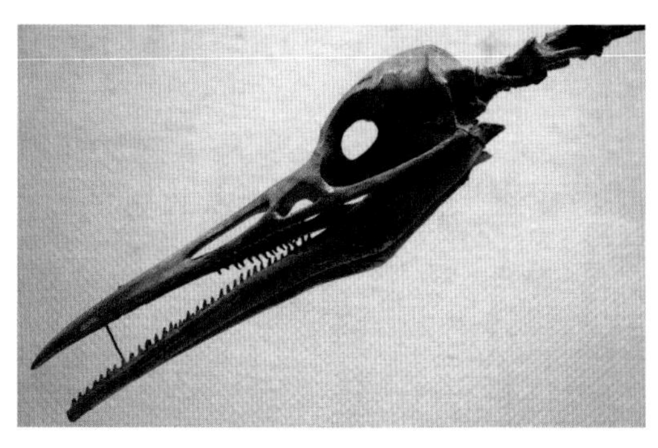

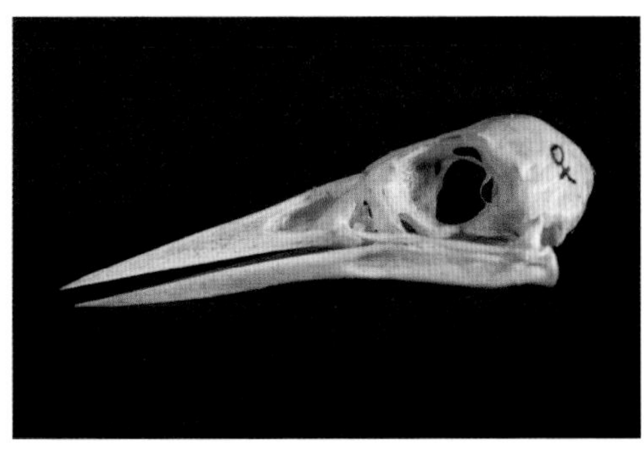

通过观察现生鸟类，我们发现好像所有鸟类的喙部组织都覆盖了上下颌的边缘，但直到今鸟类的起源我们才能说鸟喙演化了出来。早期的今鸟类——包括发现于美国上白垩统地层的鱼鸟（*Ichthyornis*）在内的一些鸟类——拥有向后弯曲的、没有锯齿的刀状牙齿，这些牙齿看起来适合用来捕捉鱼类，但在后来，随着角质的喙组织开始覆盖吻部与颌部的更多区域，牙齿的数量开始减少，也更小了。人们经常会说鸟类失去它们的牙齿是为了减轻体重而采取的适应性策略，但是这一观点似乎不太可能，计算结果表明牙齿在鸟类身体总重量中所占的比例微不足道。也许喙组织能够承担牙齿的功能，是因为和牙齿相比鸟喙的用途更加广泛：喙组织在鸟类一生中都

孔子鸟是迄今为止发现的最古老的无齿短尾的鸟类之一。这些特征使得它们和现生鸟类相似。然而，和现生鸟类不同的是，它具有巨大而弯曲的手爪。

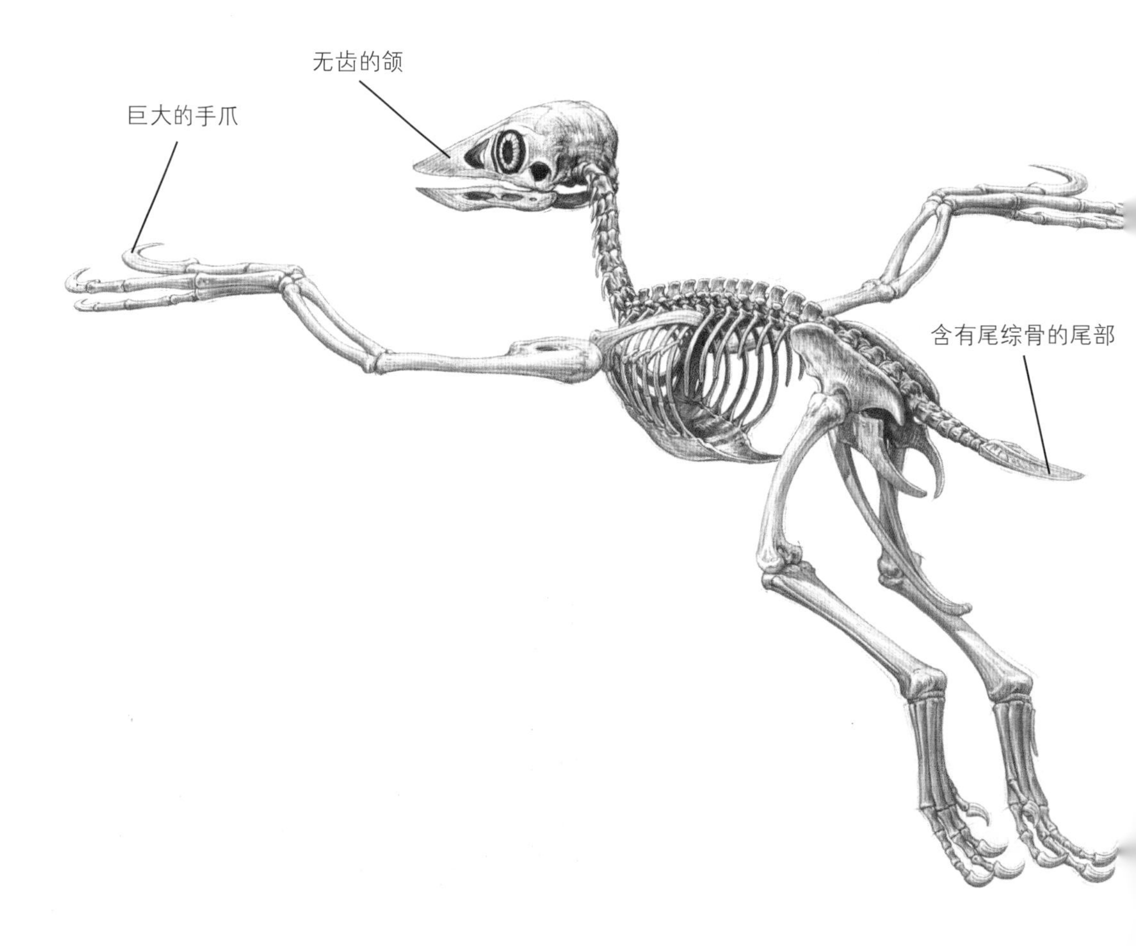

在生长，它们的形状会依据使用方式迅速发生改变，和牙齿相比鸟喙可能适应性更强，并且能更快地应对这些变化。鸟喙由一种叫作角蛋白的坚硬的蛋白质组成，角蛋白和组成爪子、鳞片以及羽毛的蛋白质非常相似，与组成牙齿的釉质和齿质相比，它们是一种更容易形成、成本更低的生物组织。

现生鸟类的另一个典型特征是它们拥有特别大的胸骨。许多飞行的现生鸟类的胸骨呈船型，沿着胸骨的下表面长有一块纵向延伸很深的突起，叫作龙骨突。这个结构的功能是为巨大的胸部肌肉提供主要的附着位置，这些肌肉的功能是在鸟类拍打翅膀飞行的过程中将翅膀向下拉，所以人们通常认为巨大的胸骨是鸟类解剖结构中必不可少的组成部分。巨大的片状胸骨在驰龙类和某些早期鸟类中也有出现，比如长有长尾巴的热河鸟（*Jeholornis*）和没有牙齿的孔子鸟。这些化石似乎都支持这样一个观点，即在鸟类的整个演化史中类似于现生鸟类的胸骨一直存在。但是如果说化石记录教会了我们什么，那就是演化事件通常是复杂的，有时会出现我们未曾预料的迂回曲折。

令人惊讶的是，迄今为止发现的所有始祖鸟标本都缺少骨质的胸骨，早期鸟类近鸟龙和会鸟（*Sapeornis*）也缺少胸骨。这两种动物的特征都是从它们各自 100 块以上的标本中知道的，所以我们可以确信地说，胸骨缺失是它们真实存在的解剖特征。由此我们不得不得出这样一个结论，即在鸟类演化史的早期，鸟类是没有骨质胸骨的。这个结论很重要，因为这表明对于最早的鸟类来说，做出强有力的来回拍打翅膀的动作乃至飞行的动作都是不可能的。可能这也表明对今鸟类和与它们有较近亲缘关系的鸟类类群来说，骨质胸骨是一个新演化出来的结构，而不是从驰龙类和其他非鸟手盗龙类的胸骨直接演化而来的。

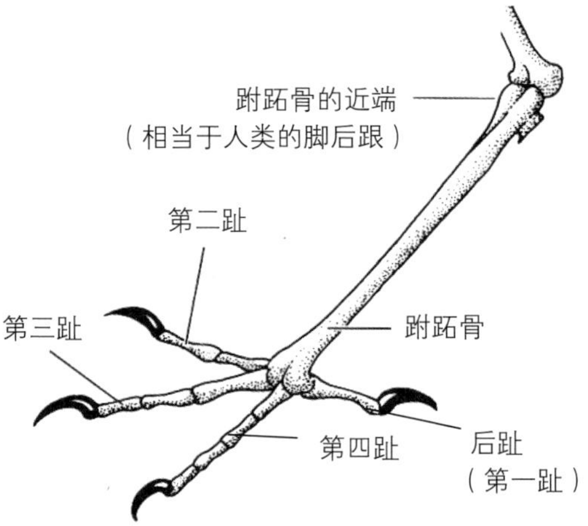

另一个被人们认为是自鸟类演化史之初便已经存在的特征是增大的内趾，或叫后趾。现生鸟类的后趾较大，位于足部较低位置，指向后方。因此后趾的活动方式和人类的大拇指相似，后趾的分布位置使得鸟类的足部可以进行对握。增大的、可与前三趾对握的后趾对鸟类飞落栖息的生活方式至关重要，当鸟类用脚捕捉猎物、抓取果实或花朵时，也会用到后趾的对握功能。顺便提一下，并不是所有的现生鸟类都拥有后趾，一些因生活方式需要大量奔跑而发生特化的鸟类，比如鸵鸟，在它们的演化过程中失去了后趾。

现代鸟类和其他兽脚类恐龙的后趾（位于足部内侧的脚趾）有所不同，它们的后趾更大并且朝向后方。长期以来，人们一直认为这种足部结构也适用于中生代的古鸟类。实际上并不是这样。

有观点认为，鸟类在它们的整个演化史中一直都拥有较大的、与其他三趾方向相反的后趾。这个观点与另一个观点息息相关，那就是鸟类一直都是树栖动物，它们发生特化的特征都是为了适应在树上生活。但是详细的研究和保存完好的化石都不支持这个观点。始祖鸟和其他早期鸟类的第一趾就指向前方，并且在足部所处的位置不够低，不足以完成抓握动作。早期鸟类的足部和其他兽脚类的足部非常相似——这对鸟类飞行起源的过程有一定的影响，我们会在后文中看到。在后来的中生代鸟类类群中，像反鸟类（见第254页），它们的第一趾相比于指向前方更像是指向内侧，直到现代鸟类起源后，指向后方的较大的后趾才演化出来。

化石还能让我们很好地了解鸟类那些不同寻常的内部特征是如何以及何时演化的。我们在第三章看到，包括会鸟在内的某些白垩纪鸟类拥有嗉囊和砂囊，因此它们和现生鸟类拥有相似的消化道解剖特征。相对于其他爬行类，另一个使得现生鸟类与众不同的特征是，雌鸟只使用它们的一条输卵管，而不是通常成对的两条（许多鸟类的右输卵管随着它们的成熟发生退化）。非鸟手盗龙类一次会下两枚蛋，这证实了成对的输卵管在这些恐龙中是存在的。但是，我们能在化石记录中找到恐龙从使用成对的输卵管转变为只使用其中一条这一过程的迹象吗?

答案可能是——能。一些白垩纪鸟类化石，包括热河鸟和两种发现于中国的反鸟类，在它们的体内都保存了看起来像正在形成的卵细胞结构，同时这些结构只出现在它们身体的左侧。热河鸟属于鸟类演化树最早的分支之一，所以这便是单输卵管系统在鸟类演化史的早期——紧随鸟类起源之后——已经演化出来的证据。人们还不完全明白为什么鸟类会发生这一变化，但是人们通常最倾向的解释是，鸟类为了减轻体重失去了右输卵管，而减轻体重则有助于飞行。

在整个兽脚类的演化史中，出现了几个长期演化趋势，鸟类也应该被看作其中一个演化趋势的最终产物。在长达 5000 万年的演化过程中，那些和鸟类同处于一个演化趋势上并最终演化为鸟类的兽脚类变得越来越小，演化出了更细、更长、更轻的骨骼。和鸟类亲缘关系较近的兽脚类也逐渐演化出了更长的前肢以及更大的上肢与胸部肌肉。因此，我们可以把鸟类看作这种存在于兽脚类演化史中长期而连续的演化趋势的“最终产物”，这个“最终产物”是这一演化趋势的必然结果。在第三章中我们已经看到虚骨龙类兽脚类的尾股长肌是如何越变越小的，这个变化使其尾部变得更细、更短、更轻。反鸟类、今鸟类和一些其他鸟类的极短的尾部是这一演化趋势的最终发展结果。现生鸟类的尾股长肌在鸟类行走中几乎没有起到实质性的作用，尾部的主要功能是控制飞行（用作方向舵和提供升力）和进行炫耀。

如今，我们会将一些特征与现生鸟类联系在一起，现生鸟类获得这些特征的方式相当复杂。鸟类应该被想象成一类手盗龙类恐龙，它们拥有这个类群的大多数典型特征，包括大而复杂的羽毛、脑容量大的头骨和较长的前肢。化石证据表明，所有这些特征都起源于约 1.7 亿年前的侏罗纪中期。鸟类同样具有兽脚类整体上所拥有的一些典型特征，例如叉骨和气囊系统——这些特征是在约 2 亿年前侏罗纪刚开始时演化出来的。

但是，在这一套鸟类和其他兽脚类共同拥有的特征之上，还叠加有鸟类支系所独有的结构。其中一些结构——例如只有一个输卵管——是在鸟类演化史早期演化出来的，可能发生在约 1.3 亿年前的早白垩世。而像无齿且具喙的吻部、反向的后趾、巨大的胸骨和缩短的尾部这些特征是在后来才出现的，在早期鸟类中根本不存在。然而，当这套特征聚集在一起，它们被证明是一套使鸟类在演化道路上获得成功的特征组合。后来鸟类继续演化并成为所有恐龙类群中最成功的类群。它们是唯一活过白垩纪末大灭绝的恐龙，如今它们拥有超过 1 万个现生物种。

鸟类可以被看作是兽脚类恐龙在 5000 万年演化史中体型逐渐缩小的“最终产物”。在某些兽脚类恐龙支系中，确实有许多类群分别演化出巨大的体型，但是最终演化出鸟类的兽脚类类群的体型是逐渐减小的。

羽毛起源之谜

羽毛被称为动物皮肤上生长的最复杂的结构。羽毛最初是以管状羽芽的形式生长，这些羽芽形成了一种叫作羽囊（follicle）的皮下小囊。随着羽毛从皮肤中长出，它们向上伸直并形成一个平整的板状结构，这个结构由一个中心硬化的肋状结构和两边具有弹性的片状结构组成。肋状结构叫作羽干（rachis）或羽轴（shaft），弹性的片状结构叫作羽片（vane），每片羽片都由细小的、毛发状的被称为羽支（barb）的结构组成。羽支两侧则生长着更细小的结构，叫作羽小支（barbule），羽小支的两侧还生长着更加细小的钩状结构，叫作羽纤支（barbicel）。每根羽纤支和羽小支互相钩锁在一起，有助于羽片保持整洁与片状形态。这里要说明的是，上述描述适用于典型的羽毛——许多鸟类的羽毛结构和这里所描述的不一样。

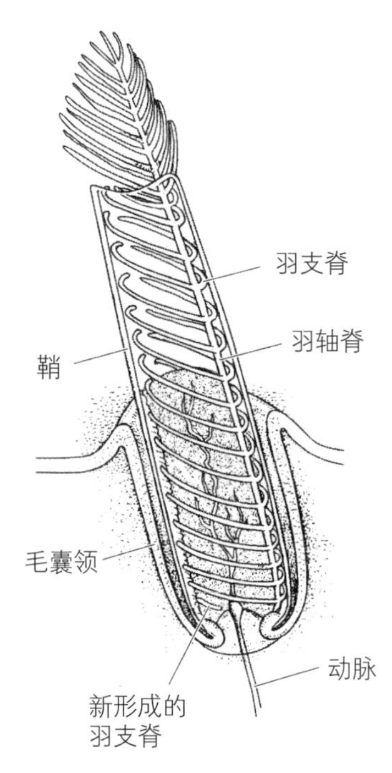

和其他长在皮肤表面的结构相比，羽毛的结构显得奇怪而复杂。一根羽毛最初是一根管状物体，被一种坚硬的鞘状结构包裹，这种结构叫作角质鞘（pin）。等角质鞘脱离之后，羽毛就会展开。

最早的结构复杂的羽毛保存在发现于中国上侏罗统地层的手盗龙类恐龙近鸟龙和晓廷龙的化石上，这两种恐龙被许多（但并非全部）专家认作鸟类支系的早期成员。但是正如我们之前所看到的那样，复杂羽毛并不是鸟类所独有的，它们同样存在于和鸟类只有较远亲缘关系的手盗龙类类群中，比如窃蛋龙类。因此羽毛出现于鸟类之前，鸟类是从更早的手盗龙类那里继承了羽毛这一特征。

羽毛起源的方式与原因是脊椎动物学最大的谜团之一。过去的观点认为羽毛是发生改变的鳞片，这些鳞片边缘散口并分散开来，而散开的片段则演化成了羽支。但是羽毛和鳞片并不完全由相同的材质组成，上述观点与这个事实是矛盾的。此外，兽脚类的化石记录表明丝状体先演化出来，羽毛则演化自结构愈加复杂、分支越来越多的丝状体。所以，兽脚类为何要演化出这些丝状体呢？有可能它们最开始的功能和胡须一样，是一种感觉器官，也有可能由于它们有助于恐龙保持体温，或者可以用于炫耀，所以它们对兽脚类来说是一种有利的结构。

复杂羽毛和丝状体处于相同的连续演化序列，这个事实为我们带来了一个关于这些结构的名称问题。如果非鸟兽脚类的丝状体真的是复杂羽毛的原始形态，难道它们不应该也被称为羽毛吗？一些学者便是这么认为的。其他一些学者则使用“原羽毛（proto-feathers）”这个术语来指代丝状体。另一个解决方案是限制使用“羽毛（feather）”这个词，用它专指复杂羽毛，而那些细丝状的原始形态的羽毛则简称为丝状体（filaments），我们在本书中便是这么做的。

我们认为，在虚骨龙类兽脚类的演化史中，它们的丝状体演化出了分支结构，这些分支后来演化出了更小的钩状结构和位于两侧的更细小的分支，这些小钩和分支最终使片状的羽片得以演化出来。如果将我们在兽脚类中所见到的丝状体的解剖形态按照这些兽脚类在恐龙演化树上的位置进行排列，所得到的结果支持上述的羽毛演化序列。目前还不清楚羽毛的演化为什么会越来越复杂。关于羽毛起源最“传统的”观点认为，羽毛的演化是在鸟类飞行的大背景下进行的——即早期鸟类（或鸟类的直接祖先）演化出羽毛是因为羽毛可以让它们在跳跃和滑翔中具有优势。随着下文的进一步讨论，我们会发现这个观点并不受我们所了解的兽脚类多样性和生物学的支持。

人们在侏罗系和白垩系地层中发现了大量带羽毛的小型手盗龙类恐龙化石。如图所示的近鸟龙和晓廷龙均为发现于中国侏罗系地层的乌鸦大小的恐龙。它们似乎是鸟类支系的早期成员。

羽毛起源的另一个可能是，结构愈加复杂的丝状体和羽毛被证明有助于保持身体的热量。也许这才是羽毛起源的原因。这个观点与小型兽脚类（包括早期鸟类）是内温动物（见第四章）这一观点相符，羽毛优良的绝热性也支持这一观点。最后，还有一些学者认为，复杂羽毛的演化是被它

们在性选择中所发挥的作用驱动的，这个观点我们在第四章提到过。

难怪专家们至今未就羽毛演化的原因这一问题给出唯一的答案，因为羽毛在保护、运动、绝热和性展示方面都发挥着作用。这个问题没有唯一的答案可能就是因为不存在唯一的答案——随着羽毛的每一步演化，它们的上述所有功能同时得到加强，可能这才是羽毛演化的驱动力。

这件中华龙鸟标本发现于1996年，是最早被发现的身上具有类似羽毛结构的非鸟恐龙。毛发状的丝状体明显可见地沿着颈部、背部与尾部分布，如同暗色的鬃毛一样。在身体的其他部位也保存有这些丝状体。

飞行的起源

在中生代的某个时间点，可能是在1.6亿年前的侏罗纪中期，有羽毛的小型兽脚类演化出了一套解剖特征，这些特征使它们能够对飞行进行初次尝试。快进到数千万年之后，我们发现了能够真正扑翼飞行的鸟类，这些鸟类似乎把飞行作为它们四处移动寻找食物和栖息之处的主要方法。

科学家们就鸟类飞行如何起源这一问题已经争论了数十年。即使在今天，我们已经拥有那么多的化石来作为解决这一问题的依据，关于这一问题的热烈讨论也丝毫没有衰退的迹象。鸟类祖先是从树枝上向下跳跃起飞（“树栖起源”假说）还是直接在地面学会了滑翔、拍打翅膀或者起飞（“地栖起源”假说）？或者是否存在这两种版本的假说结合在一起的第三种假说？或者是不是在鸟类最早尝试飞行的背后还存在着其他原因？

关于鸟类飞行演化最普遍的一个观点是鸟类祖先是伸开上臂跳跃的滑翔者。因为重力和加速度都是影响滑翔能力的关键因素，滑翔者不能只通过从地上起跳就滑翔到空中——

滑翔能力曾在生命演化史中发生过多次演化。像这只鼯鼠（flying squirrel）（左上图）一样的滑翔动物通常在它们身体与四肢的边缘长有巨大的翼膜。

甚至有些蛙类（右上图）也会滑翔。它们手指与脚趾之间巨大的蹼以及四肢之间扁平的皮肤可以帮助它们在遇到危险时跳起来脱险。这类动物和手盗龙类恐龙非常不同，这使得鸟类祖先似乎不太可能在演化过程中经历一段专门滑翔的阶段。

也就是说，一只动物需要从高处下落才能完成滑翔。所以只要滑翔被认为是飞行起源中的一个环节，攀爬乃至树栖或崖栖就可能是飞行起源假说的一部分。

但这个观点带来一个直接问题，那就是它与我们所了解的早期鸟类和与早期鸟类有亲缘关系的手盗龙类的解剖结构相矛盾。这些动物的前肢和足部都适应于行走或奔跑。与大多数中生代兽脚类一样，它们看起来像是专门在陆地上活动的动物，它们的解剖结构中没有明确的迹象表明它们专门适应于攀爬、抓握或者在树上和悬崖上进行活动。我们在前文中看到小型驰龙类（比如小盗龙）可能能够进行攀爬与滑翔，但是它们的腿和身体的形状以及在一件小盗龙标本的腹部保存了一条鱼的事实，都表明它们大部分时间在地面生活。

始祖鸟生活在干旱的岛屿上，岛屿上的植物主要由低矮的灌木组成。这意味着所有展现它们生活在高大树木以及茂密森林里的典型的始祖鸟复原图很可能是错的，始祖鸟很可能也是主要生活在陆地上的动物。

如果这些动物是奔跑者和行走者，是不是说明鸟类和鸟类的飞行能力是从地面起源的？鸟类起初是陆地生活的动物，

始祖鸟似乎拥有多样的运动能力，它们能够在地表奔跑，也可能会爬到树上在树枝间跳来跳去。目前并没有明确的迹象表明，始祖鸟像艺术作品经常展示的那样是一种专门生活在树上的动物。这幅现代复原图展示了身上大面积覆羽的始祖鸟在其存活时的样子。

最早尝试飞行的鸟类是在地面奔跑、跳跃时逐渐起飞的，这些观点得到一些古生物学家的支持。这是鸟类飞行起源的“地栖起源”假说。

一些专家认为，一种善于奔跑的、类似始祖鸟的手盗龙类在奔跑时可能会通过拍打翅膀来提高奔跑速度，拍打翅膀提供的推力能够使动物逐渐达到足以离开地面的奔跑速度。尽管这种“跑动起飞”的模型从理论上来讲是可行的，但是现生鸟类的飞行行为表明，这种起飞方式只存在于那些需要从水面起飞的鸟类身上。

也许这些恐龙并不是以奔跑的方式起飞，而是从站立的姿态直接跳到空中并起飞——这个方法有时被称为翅膀辅助跳跃。如今的鸟类通常都用这种方式起飞。这个方法需要强壮有力的后肢和从地面跳起后翅膀能迅速产生升力的能力。

现生鸟类可以分成多个类群——上图展示的是一种叫作石鸡（chukar）的野禽，它们可以通过用力地扇动翅膀在陡峭的平面上奔跑。专家们就此现象展开争论：早期鸟类和似鸟的手盗龙类恐龙是否会采取这种方式爬到高处。

这个方法可能最初是从手盗龙类肉食性恐龙中演化出来的，这些捕食者会先跳到猎物身上并用脚踩住猎物（正如第 172 页讨论的那样），它们的四肢和尾巴表面已经有羽毛覆盖，这有助于它们产生升力，并提高它们在猛扑猎物时跳跃轨迹的精度。2016 年，亚历克斯·德切基（Alex Dececchi）和他的同事在一项研究中发现，对于长着长羽毛的手盗龙类（比如小盗龙）来说，翅膀辅助跳跃是可能实现的。

又或者，体表覆盖有羽毛只不过为恐龙移动到更高的位置提供了优势？包括某些山鹑和鸽子在内的一些现生鸟类的雏鸟，在逃离危险时能够跑上陡峭的山坡和树干等。它们在使用爪子攀爬的同时也会拍打翅膀，这能够让它们快速地爬上陡坡并逃出险境。这种行为叫作翅膀辅助的斜坡奔跑（wing-assisted incline running），或简称为 WAIR。当我们研究飞行起源时，翅膀辅助的斜坡奔跑是一个值得注意的研究焦点，因为采取这种行为的雏鸟翅膀短小，它们翅膀和身体的比例和中生代的非鸟手盗龙类相似。

缺少鸟类那种又大又长的翅膀，非鸟手盗龙类使用它们长有羽毛的前肢的方式可能和现生鸟类的雏鸟一样。这些恐龙的体型都很小，像鸡或者乌鸦一样大，它们很可能经常处于来自更大的捕食者的危险之中，但是这些捕食者缺乏跑上陡坡或爬上树木的能力。如果非鸟手盗龙类能够做到翅膀辅助的斜坡奔跑，我们可以想象这个能力会为这些动物提供足够大的生存优势。因此，随着演化的进行，它们的身体结构会越来越适应这个能力，它们会演化出更大的羽毛、更长的前肢以及更加强劲有力的胸部与前肢肌肉。最终，这些羽毛会演化得足够完美以至于真正的飞行成为可能。如果这些动物需要在树枝间跳跃或从高处降落至地表，羽毛在这些方面也会为它们提供优势。

和其他所有关于飞行起源的观点一样，也有一些学者不同意鸟类飞行起源于鸟类祖先采取翅膀辅助的斜坡奔跑这个假说。因为具备这个能力的现生鸟类都拥有巨大且肌肉发达的胸骨与翅膀，能让它们轻易到达远高于地面的位置。似乎这些结构并不存在于早期鸟类或它们的近亲中。我们在前文已经看到早期鸟类缺少巨大的骨质胸骨，这一事实表明它们缺少发达的胸部肌肉来完成有力的振翅飞行。由于这些原因，一些研究鸟类飞行的专家认为翅膀辅助的斜坡奔跑对这些动物来说根本是不可能的。

考虑到所有这些关于鸟类飞行的相互矛盾的观点，想要搞清楚鸟类的飞行到底是如何起源的真是一件难事。鸟类飞行起源于发生特化的滑翔者这一观点看起来不太可能，将鸟类第一次起飞的过程解释为用力拍打翅膀或快速奔跑起飞也存在问题。许多似鸟的手盗龙类和早期鸟类是食性广泛的捕食者，它们主要在地表捕食，但同样有可能会在灌木与乔木的树枝间跳跃攀爬，四肢上有很大表面覆盖羽毛也许可以让它们在跳跃的过程中很好地控制位置与方向。许多非鸟手盗龙类是肉食性动物，它们似乎会用足部猛扑来捕捉猎物，所以当它们扑到猎物身上时，这种捕食方式很可能增强了它们的平衡和振翅能力。

难道是跳到猎物身上保持平衡、在树枝间鼓动翅膀跳跃、使用长有羽毛的四肢和尾部来提升运动的操控性这些因素结合在一起才真正揭示了鸟类飞行能力的演化起源吗？这还是很难说，可能我们永远都不能肯定地说哪个观点是正确的。

鸟类的繁盛

今天，在全球各地生活着约 1 万种鸟类，它们生活在地球上几乎所有不同的栖息地。我们来大致总结一下现生鸟类的多样性。有像鸵鸟和鸸鹋这样巨大的、不会飞而善于奔跑和行走的走禽，有各种各样的海鸟，有像鸭子、天鹅、鹈鹕、鸬鹚、鹡鸰、鹬和鹭这样会涉水、游泳、潜水以及在水边觅食和取食的鸟类。然后，还有像鹰、雕、隼和鸮这样的捕食者，像秃鹫和秃鹰这样的清道夫，像鹦鹉、鼠鸟和蕉鹃这样以果实为食的攀禽，像乌鸦、鸫鹟、莺和麻雀等各种各样的小型雀形目鸟类。我们从化石记录中得知这些类群大多数都起源于 4000 万年前——也就是新生代的始新世。但是在现代鸟类演化出来之前，鸟类的演化史又是怎样的呢？

早在 19 世纪 60 年代我们就已经发现了真正的古鸟类，即著名的长有牙齿、尾巴较长的始祖鸟，其德语名称为“Urvogel”，意思是“最早的鸟类”，发现于德国巴伐利亚上侏罗统的索伦霍芬灰岩中。始祖鸟与它的非鸟手盗龙类近亲极其相似，相似到一些专家有时认为始祖鸟更可能是那些手盗龙类中某一类群的成员，而不是“真正的”鸟类。和其他侏罗纪时期身上长满羽毛的小型手盗龙类相比，始祖鸟并没有明显地更像鸟类。事实上，始祖鸟对我们理解鸟类演化有着至关重要的作用，主要原因是在它们被发现时，古生物学研究才刚刚开始。不过，鸟类起源于类似始祖鸟的手盗龙类的观点仍然存在。

目前我们至少发现了 11 件始祖鸟标本，有一些保存得非常完好，近乎完整且骨骼之间有关节连接，这意味着我们对始祖鸟的解剖结构非常了解。始祖鸟拥有一个浅浅的三角形

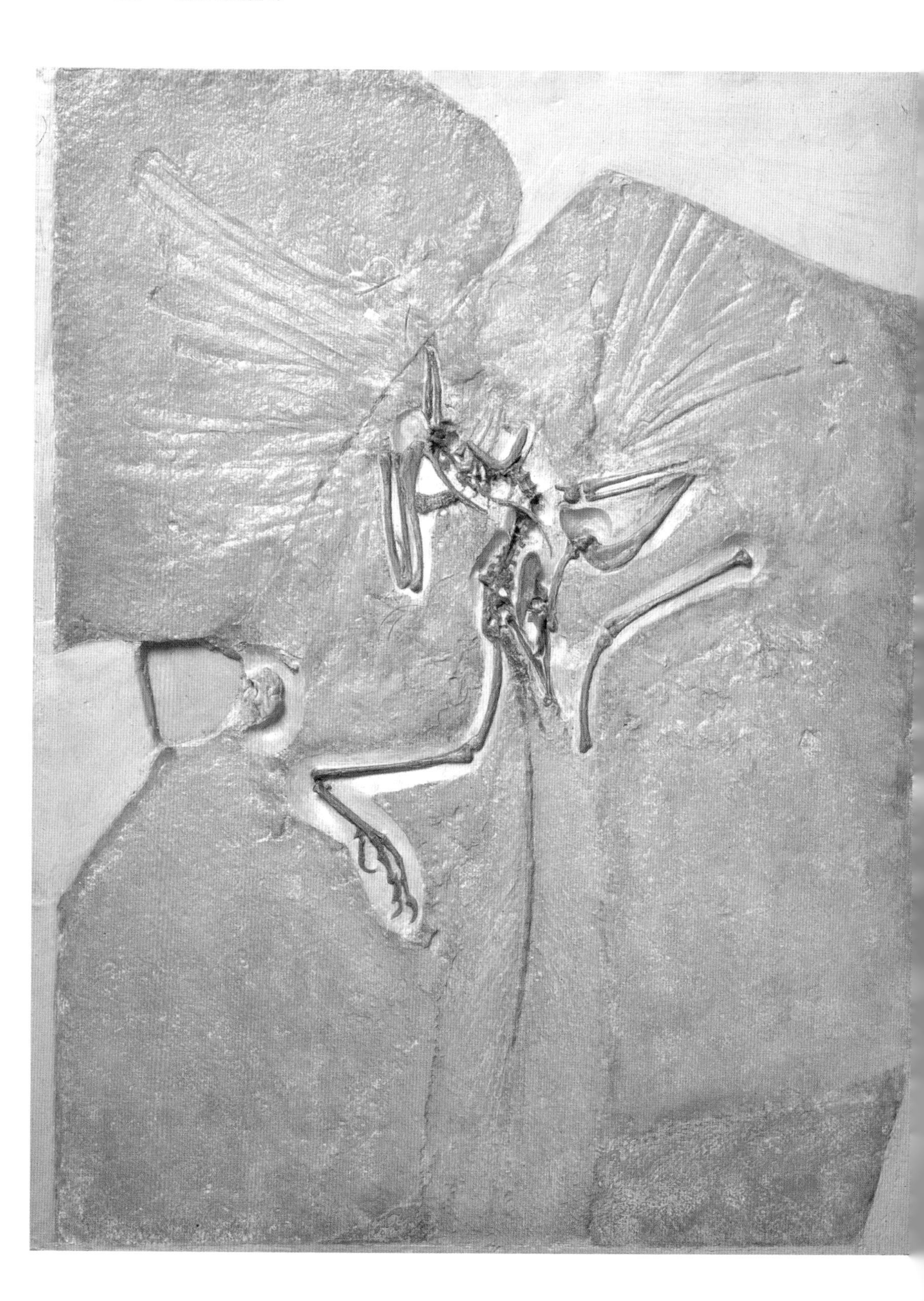

对页中的始祖鸟标本保存于伦敦自然历史博物馆，这块标本发现于1861年，在其前肢骨骼周围清晰地保存着巨大翅膀上的羽毛的印痕。它长长的尾骨两侧同样生长着长长的成对的羽毛。

吻部以及浅的下颌，它们三根手指上的爪子强烈弯曲，爪尖锋利。足部第二趾的爪子和其他趾相比稍大一些，弯曲也更强烈，第二趾基部的关节也表明第二趾可以抬至足面之上——这个特征在鸟类中并不常见，而在另一些手盗龙类类群中却有出现。

大多数人都知道一些始祖鸟标本原位保存了羽毛（或者羽毛的印痕）。它们的上肢和手都长有长长的羽毛，这使得上肢看起来像翅膀一样，成对的羽毛从它们长长的骨质尾巴的两侧生长出来。短而细的叶片状羽毛覆盖着它们的身体和颈部，胫骨部位长有较长的羽毛。

就在不久之前，始祖鸟还是人们所知道的唯一拥有骨质尾巴的化石鸟类。但现在情况已经不再是这样了，我们已经发现了一些长有长尾巴的化石鸟类，这些鸟类化石大多数发

始祖鸟的上下颌均长有小小的尖牙。这些牙齿表明始祖鸟是一种杂食性动物，一种能够利用各种食物资源的小型捕食者，它的食物包括植物、昆虫、甲壳类，也可能包括鱼类。

现于中国的下白垩统地层。它们是长有牙齿的热河鸟类，粗壮的颚骨和足部表明它们在地面生活，而非树栖鸟类。有一件热河鸟类标本的胃部区域保存了大量的种子。另一件标本的尾部末端长有呈扇形排列的羽毛，同时在尾部的基部向上生长着更短的呈扇形排列的羽毛。尾部末端呈扇形排列的羽毛是手盗龙类应有的典型特征，但是生长在尾部基部的第二个扇形结构肯定不是。

孔子鸟是人们了解得最为深入的白垩纪鸟类之一，它发现于中国的下白垩统地层，属于一个叫作孔子鸟类（confuciusornithids）（以著名的中国哲学家孔子命名）的小类群。它们属于最古老的拥有较短的尾部骨骼的鸟类，我们认为它们演化自尾巴较长的热河鸟类型祖先。目前人们发现的孔子鸟标本多达上百块，这些孔子鸟大多都在火山喷发后死亡，随后保存在了湖泊或池塘底部的淤泥中。它们的第一指和第三指上长有特别大的爪子，颌部没长牙齿，这和更早的鸟类不同。

许多现生鸟类的雄性与雌性长有明显不同的羽毛，它们有时在体型与喙部形态上也有差异。一些白垩纪鸟类似乎也存在这种情况。雄性孔子鸟标本拥有长长的尾羽，而雌性孔子鸟则没有。

孔子鸟的位置靠近鸟类演化树的基部，因为它缺少一套能与反鸟类和今鸟类归为一类的解剖特征，所以它不属于演化出现代鸟类的那个庞大的鸟类类群。然而那些更高级的鸟类中有许多还拥有牙齿，这意味着孔子鸟的无齿特征是独立于其他鸟类类群中存在的无齿特征而演化的。一些专家认为这些无齿的喙状颌部适应于一种以叶片或种子为主的食性，但是孔子鸟的胃内容物却表明它们是吃鱼的，至少偶尔会吃鱼类。

孔子鸟在另外一些方面也很独特。除了拥有较短的尾部和尾部末端由几块尾椎愈合而成的一块骨（被称为尾综骨）等现生鸟类的典型特征，它们也缺少扇状尾羽。更有趣的是，一些标本的尾部保存了一对长长的带状结构。因为这些结构和在一些现生鸟类的雄性中出现的带状尾羽看起来较为相似，所以不管怎么看它们都像是用来进行展示的结构，很可能是基于性选择压力（见第四章）所演化出来的特征。支持这一观点的直接证据来自在缺少这些带状尾羽的孔子鸟标本中发现了髓质骨（我们在前文说过，这个特殊的骨骼类型与产卵

孔子鸟是一种无齿、长翼、短尾的白垩纪鸟类。它的足部表明它是一种能够栖于树上的鸟类。关于它是否能够飞行的争论如今仍在继续。一些专家认为它只能滑翔，但是孔子鸟的习性显然包括在湖泊上空向下猛扑抓鱼，只能滑翔这一观点与它的这种习性很难相符。它是世界上最著名的化石鸟类之一。人们发现了上百件的孔子鸟标本，有时是两三只一起发现的（右下图）。它们明显是一种高度群居的鸟类，可能会成群生活与觅食。

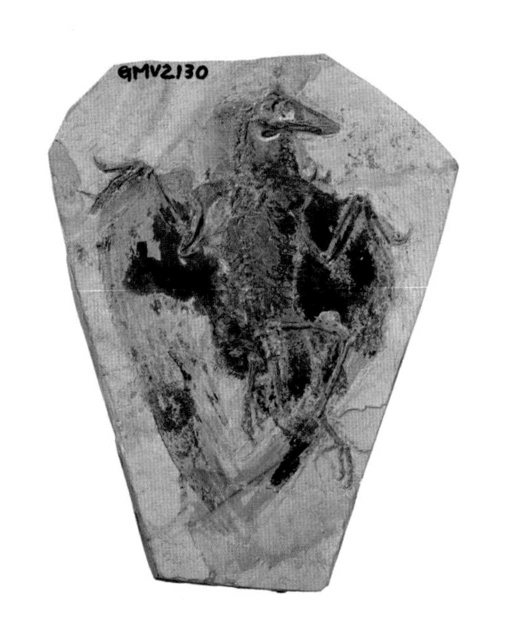

有关），这表明这些孔子鸟是雌性的。

一类和孔子鸟相似但缺少孔子鸟那独特特征的鸟类后来演化出了在白垩纪鸟类多样性中占据主要地位的两大类群。第一个类群就是反鸟类（enantiornithines 或 opposite birds）。反鸟类化石最初发现于阿根廷，是一些分离的骨骼，在 1981 年由化石鸟类专家西里尔·沃克（Cyril Walker）描述。这个鸟类类群的解剖特征比较特别，它们的一些骨骼以一种看起来几乎是现代鸟类解剖结构的镜像方式组装在一起，这个特征也解释了为什么沃克要将这个鸟类类群命名为“反鸟类”。

如今，人们已经鉴定出了超过 100 种反鸟类，其中很多以具关节的骨骼化石为代表。从这类保存完好的化石遗骸中，人们最初发现的反鸟类（比如发现于西班牙的伊比利亚鸟 [*Iberomesornis*] 和昆卡鸟 [*Concornis*]，发现于中国的中国鸟 [*Sinornis*]）是在水边栖息地觅食的杂食者或捕食者，以甲壳类、蠕虫和小鱼为食。随着越来越多的反鸟类化石被发现，人们逐渐清晰地认识到反鸟类的多样性经历过爆发性增长，它们的体型和生活方式经历了几乎和今鸟类相同的演化历程。有头骨较长的捕食者，有能够爬树、足部结构适应于攀援在树皮上的反鸟类，还有颌部长、牙齿小，可能以水生动物为食的物种。大多数反鸟类的体型和麻雀或椋鸟相当，但是最大的反鸟类的翼展可超过 1 米。

许多白垩纪的反鸟类与现生的鸣禽和麻雀的体型相似，比如图中这只发现于中国的反鸟类。它们纤细小巧的骨骼只能在细颗粒的泥质沉积物中原位保存，细颗粒的泥质沉积物能快速掩埋这样的小动物。

最后，我们来看看今鸟类。今鸟类包括了现代鸟类和许多生活在白垩纪的具齿或无齿的鸟类类群。在这些鸟类类群中，有和海鸥略微相似的发现于美国上白垩统地层的鱼鸟，还有一类不会飞的潜鸟，被称为黄昏鸟类（hesperornithiforms）。早期的黄昏鸟类体型小，也许能够飞行，但是后来的黄昏鸟类则发生了高度特化，适应于潜入水里或海里的生活方式。

鸟类曾发生过很多次失去飞行能力的演化。黄昏鸟是一种大型、具齿、不能飞的白垩纪海鸟。它的翅膀仅剩很少的残余部分，在其存活的状态下这一结构几乎是看不到的。它的趾上生长着巨大的片状结构，用于在游泳时提供推力。

它们的翅膀退化到只剩下一点残余（手和小臂的骨骼均发生缺失），它们拥有巨大而有力的腿部和足部，与狭长的骨盆相连，它们还有细长、具齿的颌部。后出现的黄昏鸟类体型也很大，体长可达 2 米。在这些巨大的黄昏鸟类中，最有名的是发现于美国、加拿大和俄罗斯上白垩统地层的黄昏鸟，它们为了适应游泳发生了过度特化以至于在陆地上的行动都受到了一定程度的限制。

现代鸟类的起源

像鱼鸟和黄昏鸟类这样的今鸟类肯定和当时现代鸟类的祖先有着较近的亲缘关系。我们知道一些生活于白垩纪的小型鸟类（包括游禽、岸禽以及陆禽和走禽）和现代鸟类的祖先亲缘关系较近，现代鸟类当时的祖先是唯一活过白垩纪末大灭绝的恐龙类群。一些特征使得现代鸟类和其他鸟类类群相比十分不同。现代鸟类没有牙齿，它们的头骨拥有更加复杂的可活动区域，它们下颌的两半在下颌中间牢固地聚合在一起（其他大多数恐龙下颌中间的关节仍然是可活动的）。研究骨骼微观结构所获得的数据同样表明，现生鸟类的生长和成熟速度要比其他鸟类类群更快。

现代鸟类起源的准确时间至今众说纷纭。基因研究结果使得一些专家认为早在白垩纪早期，约 1.3 亿年前，现代鸟类就已经起源了。而在另一个极端，一些专家认为现代鸟类直到白垩纪末大灭绝事件之后才出现，在这种情况下整个类群的年龄“只有”约 6600 万年。化石记录似乎与第二个观点相矛盾。人们在上白垩统岩石中已经鉴定出了早期的鸭子、野鸡和潜鸟的化石，甚至有些白垩纪的鸟类化石被认为是早期的鹦鹉或是鸬鹚与鹈鹕的近亲。即使这些化石被鉴定错了，我们在白垩纪之后的古新世形成的地层中所发现的数量众多的鸟类化石，也表明了现代鸟类很可能在白垩纪结束之前就已经开始分化了。

第六章

大灭绝及之后

在大约 1.6 亿年的时间里，恐龙一直是陆生动物中占据主导地位的类群，它们是整个中生代后期各个生境与生态系统中体型最大和最重要的动物。但是在 6600 万年前一次大灭绝事件发生之后，这种局面发生了彻底的改变。这次事件消灭了所有的非鸟恐龙，同时也导致了翼龙，大多数海生爬行动物类群，一些鸟类、蜥蜴和哺乳类类群，以及许多浮游生物和海生无脊椎动物的灭绝。大灭绝事件导致了白垩纪的结束，其实也导致了整个中生代的结束。一个新的地质年代——新生代（Cenozoic）——开始了，新生代次一级地质年代划分中的第一个被称为古近纪（Paleogene）。我们将这个灭绝事件称作 K-Pg 事件：K 代表白垩纪（C 不能被用于代表白垩纪，因为它已经被用作 5.41 亿—4.85 亿年前的寒武纪 [Cambrian] 的官方符号），Pg 代表古近纪。这场大灭绝中发生了什么？为什么恐龙会受到如此严重的影响？

和演化一样，灭绝也是生命史中的一部分。物种会发生演化，但它们也会灭绝，地质记录告诉我们，数以百计甚至千计的物种在出现之后随着时间的推移彻底消失了。地质记录还表明在生命史中发生过几场规模较大的灭绝事件，其中

在 6600 万年前发生的 K-Pg 灭绝事件的很久之前，在距今约 2.52 亿年的时候，地球上发生了一次规模更大的灭绝事件。一些动物类群的所有成员都在这次灭绝事件中灭绝了，包括这幅复原图中所示的许多下孔类（synapsids）动物。

一些的规模要比其他的大很多。而有些灭绝事件比其他的更加神秘——因为在这些灭绝事件中，只有很少的数据保存下来，专家仍在努力地研究以试图确定哪个气候或生态事件可能与灭绝事件本身有关联。约 3.6 亿年前泥盆纪末的大灭绝仍然是一个巨大的谜团，这个灭绝事件的主要原因可能是气候变化、海平面波动以及大气变化这一系列因素的组合。一场更大的灭绝事件——约 2.52 亿年前二叠纪末的灭绝事件——同样也不能进行简单的解释，其原因也是一系列因素的复杂组合。

尽管这些大灭绝事件意义重大，但在古生物学研究团体之外，泥盆纪末和二叠纪末的灭绝事件并不是那么广为人知。这与 K-Pg 事件形成了鲜明的对比。几乎每个人都听说过这个事件，也知道这是一个充满不确定性的领域，是科学家们争论的焦点。

在某种意义上，人们对 K-Pg 事件的熟悉是一件坏事——长期以来，人们一致认为，K-Pg 事件是如此神秘以至于几乎任何可能的原因都值得提出。这种对 K-Pg 事件的认知态度造成的结果是，人们对于 K-Pg 事件已经提出了超过 60 种解释。这个灭绝事件曾被认为由以下原因导致：疾病，温度变化引起后代的性别改变，有害的真菌，寄生虫或性病的传播，贪吃的毛虫，新出现的有毒植物物种的扩散，恐龙演化为适应性差、注定要灭绝的物种的趋势，气候变得太冷或太热或太干燥或太潮湿，等等。

实际上，依据我们拥有的和 K-Pg 事件相关的证据，所有这些观点都不是 K-Pg 事件的解释，很多观点只是缺乏证据支持的随口一说。在 20 世纪 80 年代之前，K-Pg 事件的解释是一个充满猜测的领域，直到 20 世纪 80 年代之后，我们才发现了可以为我们提供关于 K-Pg 事件确切线索的地质学证据。

地外撞击事件

数年以来，关于 K-Pg 灭绝事件的原因，人们已经提出了许多观点，其中最可能的观点之一一直是来自外太空的物体（一颗彗星或小行星）撞击了地球并引发了全球性的灾难。毕竟，我们早就知道这种撞击事件在整个历史上都曾发生过。月球表面布满了史前的撞击坑，最大的撞击坑直径能达到 50 千米，地球表面也存在一些明显的撞击坑，包括位于北美洲的亚利桑那陨石坑和魁北克曼尼古根陨石坑。在 20 世纪 80 年代之前，这个白垩纪末撞击事件的假说不过是个有趣的推测而已。

1980 年，路易斯 · 阿尔瓦雷茨（Luis Alvarez）和他的同事宣布，他们在意大利和丹麦白垩纪末的岩层中发现了金属铱。铱在地球上很稀有，它存在于地球的途径之一便是通过太空岩体的撞击。研究表明，白垩纪末岩层中存在的铱元素具有地外岩质天体所特有的化学特征，而不是地球上的沉积物所拥有的元素。基于这项数据，阿尔瓦雷茨和他的团队提出一个解释——在白垩纪即将结束时，一个巨大的天体猛烈地撞击到了地球上，同时这场撞击事件导致了大灭绝。他们描述了这次撞击是如何将大量的岩石尘埃抛洒到大气当中，这些尘埃会在接下来的数年中遮住天空，并阻碍植物的生长。植物的死亡导致了大多数生态系统的崩溃，最终导致了所有生物类群的灭绝。这个观点一经提出，便很快引起了其他科学家和公众的注意。这个观点被称为阿尔瓦雷茨假说。

很快，人们又发现了一些地质学证据，为撞击假说提供了额外的支持。人们在白垩纪末的沉积物中发现了远离撞击地点的冷却的玻璃熔滴（被称为玻璃陨石），据报道还发现了

许多独立的证据都表明，在6600万年前地球上曾发生过一次小行星撞击。大量沉积年龄为白垩纪末的岩石中都保存了具有大量断裂痕迹的石英碎片。这些石英碎片一定是被小行星撞击的力量炸到了很远的地方，并且分布较广。

带有微观断裂痕迹的石英矿物碎片，这是发生大规模爆炸或撞击事件的典型特征。

最后，在墨西哥尤卡坦半岛的沉积物中发现了所有证据中最令人信服的关键证据——保存在恰好为灭绝发生年代的岩层中的一个巨大撞击坑。这个叫作希克苏鲁伯撞击坑（Chicxulub Crater）的地理特征于1978年被石油地质学家发现，他们当时正在寻找有望产油的新地点。但直到1990年，人们才将它与阿尔瓦雷茨及其团队所搜集的撞击数据联系起来。希克苏鲁伯撞击坑有着合适的年龄，恰好可以与撞击发生的时间联系在一起；它的大小也合适，180千米的直径意味着最初撞击地球的天体约有10千米宽；它还处于合适的地点，因为那些和撞击相关的地质学证据（玻璃陨石、冲击石英等）大多数发现于加勒比地区以及北美洲大陆上与加勒比地区邻近的区域。

在白垩纪末期，尤卡坦半岛依然被海洋覆盖。因此希克苏鲁伯撞击应该是撞击体坠落在海洋中，而不是撞击到干燥的陆地上。撞击引起了巨大的海啸，可能有100千米—300千米高，席卷了撞击点附近的北美洲和南美洲沿岸。这些事件

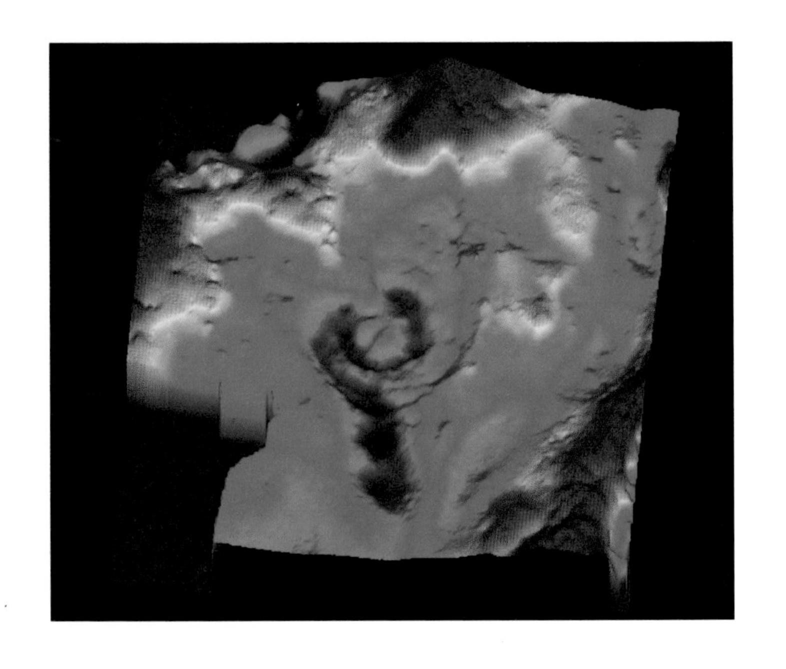

这幅计算机生成的图像描绘了墨西哥尤卡坦半岛附近的海底形状。图片中心位置的巨大圆形凹陷标志着6600万年前撞击该地区的巨型小行星的撞击地点。

的地质证据来自加勒比和得克萨斯州同时期混乱且被强烈扰动的岩层。墨西哥发现的滑塌构造的岩层为撞击引发的大地震提供了地质证据。

撞击产生的碎石被炸到空中之后散落在邻近的大陆上，它们的温度足以引起森林大火，一些专家认为，一个地区的地层中出现古木炭是该地区在当时遭受了猛烈的森林大火席卷的证据。还有人认为撞击产生的热浪，温度足以将动物烤死。这两个观点——毁灭性的野火和“全球性的热浪”——都是有争议的，它们都没有得到地质证据或模拟撞击影响的计算机模型的充分支持。木炭出现在白垩纪末期的沉积物中（它也是由雷击引起的古代森林大火的证据），但是木炭同样存在于整个中生代的岩石记录中，而且实际上，白垩纪末期沉积物中木炭的含量比更古老的沉积物中的要少。

一些科学家认为，当时在世界的其他地方还有其他的撞击事件与希克苏鲁伯撞击事件同时发生。北海（大西洋东北部的边缘海）有一个撞击坑被称为银坑陨石坑（Silverpit Crater），乌克兰还有一个撞击坑叫作波泰士陨石坑（Boltysh Crater），这两个撞击坑可能是由体积更小的物体撞击形成的。在印度还有一个更大的撞击坑被称为湿婆陨石坑（Shiva Crater），这个陨石坑也被鉴定为白垩纪末期的一个撞击点。支持这些构造被鉴定为撞击坑的地质证据并不像希克苏鲁伯陨石坑的地质证据那样令人信服，不过可能同时发生多个撞击事件这个观点也并不是不合理。1994 年，苏梅克 - 列维 9 号（Shoemaker-Levy 9）彗星在撞击木星之前碎成了 20 块。

且不论关于森林大火、热浪和多个撞击事件的争论，起码支持墨西哥发生撞击事件的证据是令人信服的。对于希克苏鲁伯撞击坑确切年龄的疑问，同样意味着该区域的沉积物已经通过多种不同的方法进行了一次又一次的测年研究。就我们目前所知，希克苏鲁伯撞击事件确实和 K-Pg 灭绝事件是同时发生的。

恐龙的衰亡

目前看来，白垩纪末期发生了灾难性的地外撞击事件这一观点没有受到严重质疑，并且这次撞击事件对当时的生命造成了严重影响这一观点得到了良好的数据支持。但我们还是有充分的理由认为这次事件并不是导致 K-Pg 事件的唯一因素，其他更长期的事件同样导致了非鸟恐龙的灭绝。

纵观整个恐龙的演化史，我们会发现白垩纪最末期的恐龙组合与早前的恐龙组合相比十分不同。大约 7600 万年前，在晚白垩世的坎帕期，多个恐龙类群发展得十分繁盛，类群的多样性十分丰富。北美洲西部——坎帕期恐龙化石组合保存最完整的区域之一——生活着五种甲龙类、多达十种不同的角龙类、七种或以上鸭嘴龙类以及三种或以上暴龙类。

这个恐龙组合并没有显示出任何衰退或处于困境中的迹象。如果我们现在将这个坎帕期的恐龙组合与同一地区白垩纪最末期（马斯特里赫特期晚期，约6800万年前）的恐龙组合相比，会看到一副十分不同的景象。巨型角龙类代表现在只有三角龙和牛角龙，马斯特里赫特期晚期唯一的鸭嘴龙类是埃德蒙顿龙：所有那些拥有精美的骨质头冠的鸭嘴龙类早就消失了，在坎帕期与埃德蒙顿龙型鸭嘴龙一起生活的几个长着鹰钩鼻和实心头冠的鸭嘴龙类支系也已经消失了。此外，大型肉食性恐龙在当时只有一个物种——臭名昭著的霸王龙——代表了之前一整组与之相似的动物。

无论白垩纪最末期发生了什么，角龙类、鸭嘴龙类、暴龙类和其他非鸟恐龙类群的多样性程度都远低于几百万年前。

恐龙组合多样性下降的一个原因可能是生境发生变化，

在距今约7600万年的坎帕期，有着丰富多样性的恐龙群落生活在北美洲西部，这个群落包括大量长有精致头冠的鸭嘴龙类恐龙和角龙类恐龙（左下图）。在距今约6800万年的马斯特里赫特期末期，同一地区恐龙的多样性大幅度减少，只有一些几乎不带有装饰的恐龙生活在那里（右下图）。

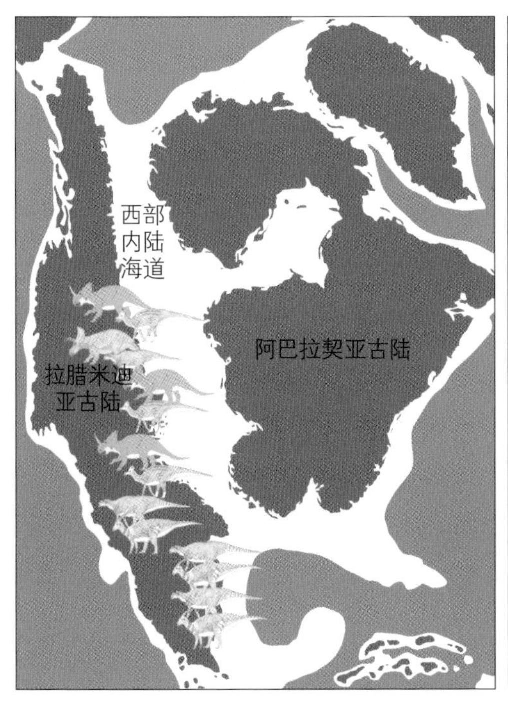

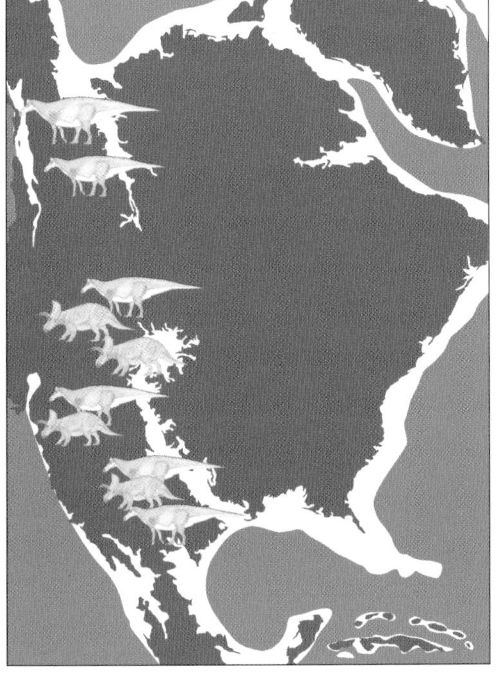

乃至生境丧失。在马斯特里赫特期的最后阶段，海平面下降导致当时大陆边缘的海岸线发生了后退，这样的事件叫作海退（marine regression）。马斯特里赫特期海退导致当时全球约2900万平方千米的海盆暴露出来形成了陆地。你可能认为出现大片干燥的新陆地对像恐龙这样的陆生动物来说是一件好事。实际上，据预测，这种海退所造成的沿海环境的变化会造成大型动物的多样性下降。这些变化意味着植物富饶的沿海生境的丧失、新的陆桥的形成以及全球温度的降低。

当一个动物类群的多样性下降时，它们更容易灭绝，这是理所当然的——当类群内的物种数量减少到只有一个物种时，这个类群灭绝的风险要比类群内同时有多个物种存在时要高。因此，生活在马斯特里赫特期晚期北美洲西部的这个恐龙组合看起来像是一个“有灭绝倾向的”恐龙群落。

但是我们能确定当时全球的恐龙群落都是这种情况吗？在K-Pg事件中灭绝的其他动物类群当时的情况又是怎样呢？实际上，情况有些复杂。欧洲和亚洲的恐龙组合似乎就很繁盛，在灭绝事件的发生前夕这些恐龙组合没有多样性下降的明显迹象。一些海生爬行动物类群似乎也很繁盛，比如颈部较长的蛇颈龙类（plesiosaurs），多样性也没有下降的趋势。但是另一些化石生物类群，包括生活在海洋里的沧龙（mosasaurs）和某些重要的浮游生物及软体动物类群，它们的多样性确实在马斯特里赫特期晚期呈现出下降的趋势。

火山作用的影响

至少全球某些地区的动物群落在马斯特里赫特期晚期确实发生了变化，很可能是因为海平面变化改变了生境和生态系统的分布方式。但是还有另一个因素也可能会对动植物群落造成影响。

马斯特里赫特期是火山活动频发的时期。环绕太平洋边缘、格陵兰岛以及南大西洋的岛屿上存在着众多的活火山。持续不断的火山活动造成了全球二氧化碳（CO_2）浓度的上升，同时大气中微尘的含量也有所增加——两个已知的会导致气候变化的过程。印度中部发生的巨大而长期的火山活动，

在晚白垩世时期，印度部分地区的火山活动多得惊人，这些地区的动物群落也受到了强烈的影响。几千米长的巨大裂隙源源不断地向地面喷出大量的岩浆和灼热的气体。

规模要远超其他地区的火山事件。在长达数十万年的时间里，这里有大量熔岩从地下流出并形成了德干暗色岩（Deccan Traps）这一地质特征。德干暗色岩是由约200万立方千米的熔岩从火山裂缝或火山口中喷涌出来凝固形成的，这些熔岩最终覆盖的面积要比法国、德国和西班牙加起来的面积还要大，或与墨西哥的面积相当。形成德干暗色岩的一些熔岩流有50米厚，还有一些熔岩流的厚度令人难以置信，可达150米。

德干暗色岩并不代表一次突然发生的单一的火山事件，这与希克苏鲁伯撞击的瞬时效应明显不同。这种持续的火山活动肯定会导致大量二氧化碳和二氧化硫的释放，很可能就是这些气体导致了晚白垩世出现的全球变暖期。这两种气体都会将热量保留在大气中，也都是造成今天全球变暖的部分原因。这些气体还可能促进酸雨的产生。酸雨对陆地和海洋的生态系统都会造成破坏，它不仅会造成植物死亡，还会引起海水化学成分的改变，损害或溶解掉海生动物的骨骼，最终杀死它们。

晚白垩世火山活动造成的大气污染似乎导致了气候的变化，并产生了有害的酸雨。现代的酸雨可以毁灭整片森林。

由于悬浮在大气中的尘埃会反射阳光并导致大气温度下降，所以火山事件同样会引起全球变冷。规模较大的火山事件既可以引起变暖又可以引起变冷，这个事实可能解释了为什么在马斯特里赫特期晚期，全球温度会波动得如此剧烈——气候逐渐变冷、快速变暖然后又快速变冷，这些变化都发生在白垩纪最后的150万年内。这种气候变化会扰乱动物的繁殖和迁徙周期，也会使某些地区的植物生长周期变得不可预测且不可靠，最终导致生态系统陷入混乱。

很有可能就是马斯特里赫特期的火山事件——尤其是产生德干暗色岩的火山事件——引起了全球气候变化，带来了酸雨，并在总体上导致了世界部分地区的环境恶化。这对很多环境中的生物都产生了生存压力，进而导致它们的数量下降。这一观点的直接证据来源于在印度洋马斯特里赫特期沉积物中发现的浮游生物化石。我们发现马斯特里赫特期浮游生物总体上的多样性大幅下降，适应低氧环境的浮游生物的数量有所上升，最后，那些只能在贫营养的水体与受到生存压力的群落中繁盛的浮游生物的数量变得异常丰富。顺便说一句，虽然K-Pg事件的关注焦点大多都围绕着恐龙，但真实的情况可能是：那些像浮游生物这样数量庞大的微小生物的化石为我们提供了更多关于当时气候和环境的趋势与变化的信息。

白垩纪最末期的沉积物显示浮游生物在数量和多样性上发生了重大的变化。这些被挑选出来的浮游生物化石展示了马斯特里赫特期一些典型的浮游生物。

综合假说

在 20 世纪 80 年代和 90 年代，火山活动导致了 K-Pg 事件这一观点被视为阿尔瓦雷茨地外撞击假说的直接竞争对手。在那时，对 K-Pg 事件感兴趣的科学家们认为导致大灭绝发生的原因只能是上述两种观点中的一个，非此即彼，一些更支持火山假说的研究人员甚至完全否认了撞击的发生。如今，人们普遍接受这样一种观点，那就是希克苏鲁伯撞击和大型火山活动在当时是同时发生的。难道是这些事件共同导致了灭绝事件的发生吗?

希克苏鲁伯撞击事件可能会瞬间杀死大量的动物，该事件会对那些距撞击地点几百千米内的生境立刻造成巨大的影响，而且还会在接下来的几百年或更长的时间内对这些生境和动物群落造成长期的影响。古生物学家毫不怀疑像这样的撞击对当时活着的动物来说是件坏事。但问题是，有证据表明，某些恐龙和其他动物类群的多样性在撞击发生之前就已经在下降。因此，人们通常认为撞击事件更像是“最后一根稻草”，是对当时本来就已经受到生存压力、多样性下降的生物造成严重破坏的可怕事件。

甚至在把地外撞击的重要性加入灭绝事件之前，我们就必须把当时的世界想象为：某些地区的恐龙多样性就已经低至危险状态，持续的火山活动以及长期的环境变化对气候和生态系统的健康造成了影响。那些远离南亚火山活动的恐龙有许多也许会幸存下来，并继续演化出新的物种，那些远离希克苏鲁伯撞击的恐龙可能同样会度过这段困难时期。但实际上并不是这样。全球环境都发生了恶化，其严重程度足以导致大多数恐龙和大量其他生物类群走向灭绝。

这种观点可以叫作“综合假说”，它结合了我们对白垩纪末期发生的灾难性地外撞击事件和火山活动的理解以及恐龙多样性下降的长期局面。

幸存的恐龙

白垩纪末期的灭绝事件一直被描述为一件对恐龙来说的灾难性事件,这很容易理解。对于在当时灭绝的恐龙支系来说，这件事显然正像人们所想的那样。但是，正如我们在本书自始至终所看到的那样，恐龙并没有灭绝。几个鸟类支系幸存了下来，这意味着恐龙作为一个整体并没有灭绝。同时幸存下来的鸟类并不属于一个支系，有四个或以上类群的鸟类都渡过了这道难关。古颚类（palaeognath）支系的早期成员幸存了下来（这个类群包括鸵鸟和鸸鹋），野鸭和野鸡所在的支系也幸存了下来，还有演化出后来的海鸟、鹰、雀形目等鸟类的支系同样幸存了下来。

为什么这些鸟类类群得以幸存而其他的恐龙类群却没能幸存呢？这是个好问题，这个问题至今没有得到令人满意的回答。人们已经提出了几种设想。大部分鸟类体型小、行动敏捷，所以和它们生活在地面的大型近亲相比，它们很可能更容易找到避难的地方。当一个地区变得难以维持生存时，它们也能飞到一个新地区。和它们体型更大的表亲相比，鸟类作为体型较小的动物饮食需求更低，这是它们的一大优势。有人还曾认为许多幸存下的鸟类类群大多栖息于南半球，在那里灭绝事件的影响可能没有那么严重。

但生活于晚白垩世的其他鸟类类群没能幸存，这使得鸟类幸存的问题变得更复杂了。反鸟类没有幸存，那些长有牙

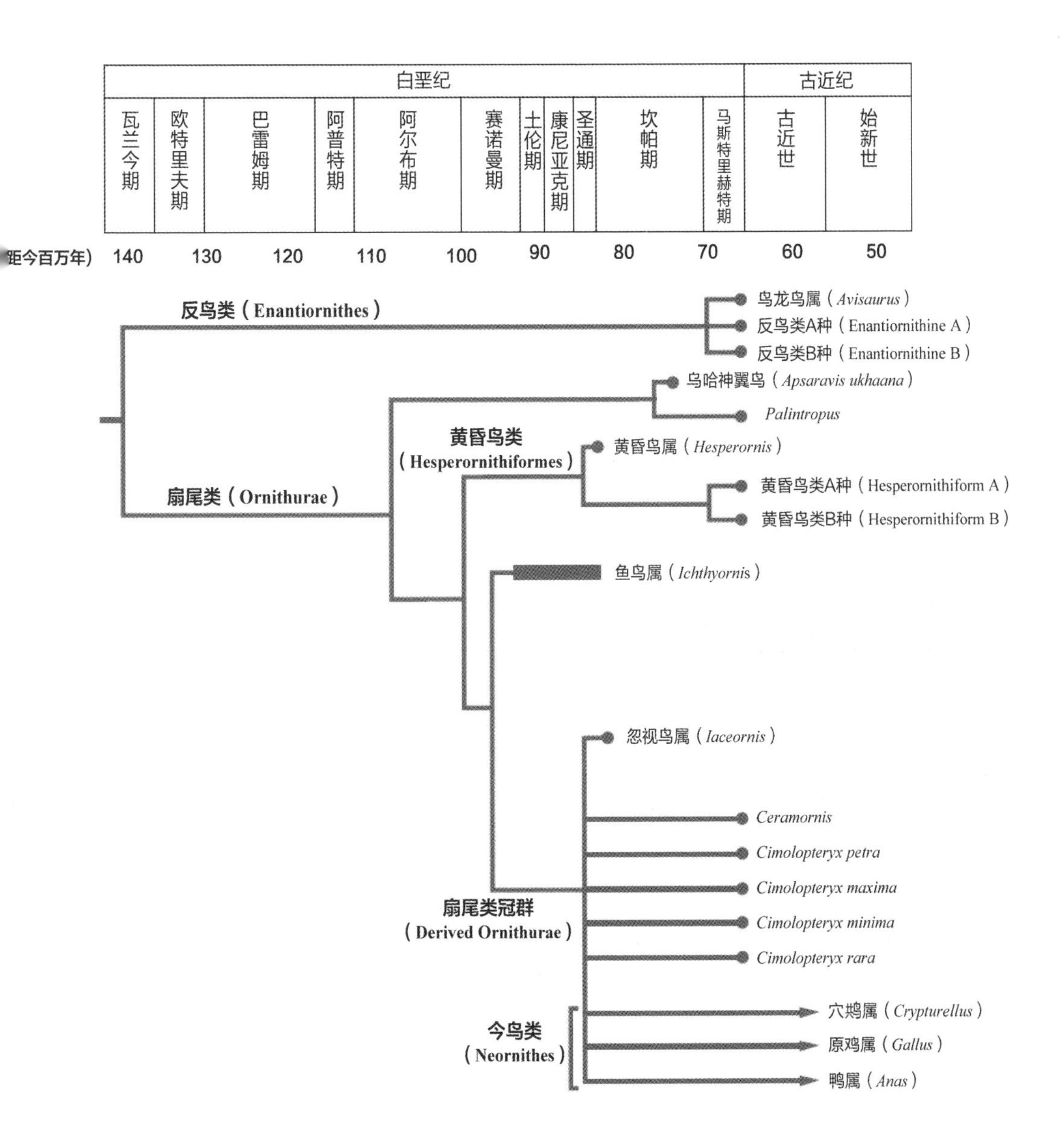

在白垩纪最末期的所有恐龙类群中，只有鸟类活了下来。然而，鸟类也不是轻轻松松就活过了大灭绝事件。正如上面这幅图所示，许多鸟类支系都在大灭绝中灭绝了，只有那些属于今鸟类的鸟类类群活了下来。

齿的海鸟也没能幸存。似乎这些类群直到白垩纪与古近纪的分界时间才没能存活下来，都在大灭绝中灭绝了。但实际上，在灭绝事件发生之前它们就已经明显地开始消失了，所以它们可能是环境逐渐变化的受害者。

还须记住的是，灭绝的鸟类类群（比如反鸟类）和现代鸟类在生物学或习性上并不完全相同。骨骼微观结构表明，现代鸟类比反鸟类等鸟类类群生长得更快，成熟得更早。现代鸟类同样拥有一些其他鸟类类群所没有的解剖结构——最显著的就是适应性强、无齿的喙部，这可能会使它们能够更快地从取食某一种食物类型转换为取食另一种。可不要小瞧现代鸟类喙部的适应性。一些鸟类能在几周之内改变它们的喙部形状，比如蛎鹬（oystercatcher）。即使是那些不能如此快速改变喙部形状的鸟类类群，其中一个物种的成员通常也只需要两三代就能演化出新的喙部形状。这种适应能力可能并不存在于其他鸟类类群中，它们中的大多数仍然长有牙齿并缺少现代鸟类所特有的广泛覆盖颌部的角质喙。

白垩纪之后的恐龙

在大型非鸟恐龙消失后的世界里，从 K-Pg 事件中幸存的动物类群开始迅速演化出较大的体型，过去被鸭嘴龙类、角龙类和其他类群所占据的生态位如今空在那里等待着其他动物任意去占领，一些鸟类支系发生演化并开始占据这些生态位。到始新世（约5500万年前），古颚类演化出了一些大型物种，它们的体重可达几百千克，与此同时一个如今已经完全灭绝的叫作冠恐鸟类的类群也演化出了类似的巨大体型。这个不会飞的鸟类类群的成员生活在北美洲、欧洲和亚洲。一些专家认为，深厚且强壮的头骨和颌部证明了它们是以咬碎骨骼为取食习性的肉食性动物，而另一些专家则认为这证明它们的取食习性包含咬碎坚果、切断嫩枝。

与大多数其他鸟类相比，这些动物的体型都比较巨大，

冠恐鸟（*Gastornis*）是最早演化出巨大体型的鸟类之一，它是一种发现于欧洲、亚洲和北美洲的不会飞的鸟类。冠恐鸟通常会被人们想象成一种肉食性动物，但实际上它更可能是一种杂食性动物或植食性动物。冠恐鸟经常也被称为不飞鸟（Diatryma）。

甚至与当时许多哺乳类和其他动物相比也是如此。虽然如此，它们还是没有达到侏罗纪和白垩纪时期大型非鸟恐龙的大小，在这些大型非鸟恐龙中，即使是中等大小的物种，身长也超过 5 米，重达几百千克。为什么鸟类没能像其他恐龙类群那样成功地占据“大型动物”这一生态位呢？这可能是因为鸟类的身体形态为了适应飞行的生活方式发生了太多特化，以至于它们无法再变成大体型、大质量的动物——所有的鸟类都用两条腿走路，它们的前肢发生特化专门用于飞行，无法轻易地演化出适合巨大体型的身体形态。另一个原因可能是鸟类也许从来都没有像过去的恐龙类群那样经历过一种使其演化出巨大体型的演化压力。

这些体型巨大且不会飞的鸟类自始新世演化出来之后，一直都在鸟类多样性中占有一席之地，甚至在今天还有不会飞的大型鸟类生活在南美洲（美洲鸵）、非洲（鸵鸟）和澳大利亚（鸸鹋和鹤鸵）。不会飞的大型古颚类同样在马达加斯加（象鸟）和新西兰（恐鸟）发生演化，在这些岛上它们没有天敌，所以生长缓慢、繁殖率低的生活方式演变为常态。不幸的是，这种生长特性使得它们在面对新来的捕食者（比如人类）时很容易受到伤害。在过去的几百年里，象鸟和恐鸟已经被捕杀殆尽。

第二个现代鸟类类群——今颚类——的个体数量和物种数量要远超过古颚类。如今，有上千个鸟类物种属于今颚类，它们通常可被分为约 30 个类群，鸟类学家花了几十年的时间试图理解和阐明它们复杂的演化史。多亏了专家们在搜集和分析上百种鸟类的 DNA 样品时所做的不懈努力，他们最近已经能够将这些信息拼凑成一棵崭新的今鸟类演化树。

恐鸟（moa）是新西兰特有的不会飞的植食性鸟类，它们因不会飞的生活方式而发生过度特化，以至于它们的骨骼缺少翅膀存在的痕迹。图中展示的是最大的一种恐鸟（*Dinornis*）。在过去的几百年中，恐鸟被人类捕杀至灭绝。

这些研究所支持的一些鸟类亲缘关系和之前人们基于解剖学和行为学数据所预测的亲缘关系相比非常奇怪。譬如，长腿、采用滤食方式进食的火烈鸟和用足划水、会潜水的䴙䴘似乎有着最近的亲缘关系。鹦鹉、隼和鸣禽似乎也是近亲，这意味着隼并不是像长期以来人们所想的那样，和鹰、雕还有秃鹫有着较近的亲缘关系。这些发现揭示了鸟类内部奇特的亲缘关系，但是这也让那些只基于解剖数据来重建动物演化关系的学者感到几分担忧——这意味着过去那些明显有说服力的、合理的假说有可能是完全错误的。

尽管如此，如果我们对之前的结果持完全悲观的态度，那就又走到另一条错误的路上了，因为还有许多其他的鸟类亲缘关系，在得到基于 DNA 研究的支持之前，就已经被基于其他

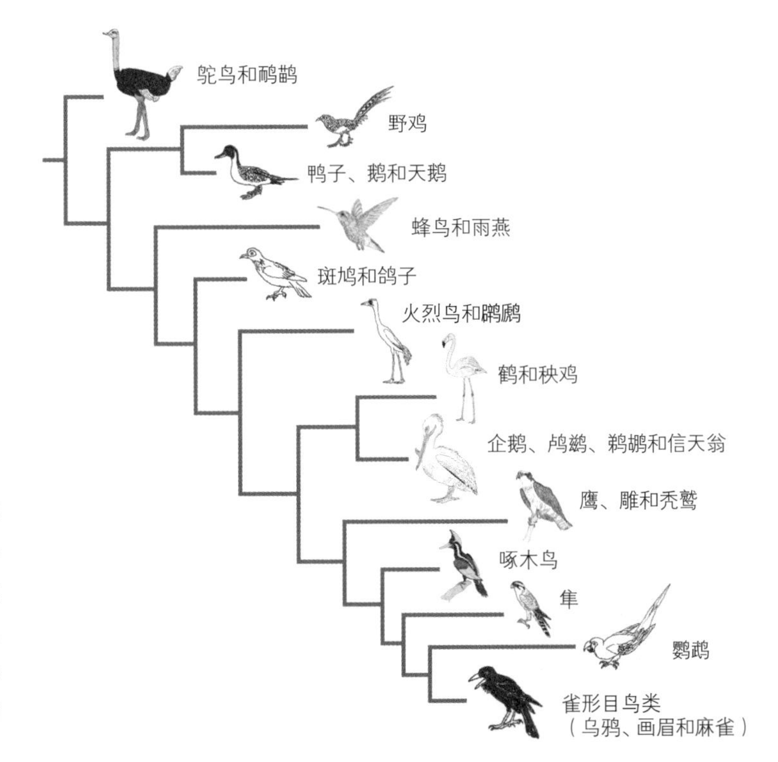

鸟类学家进行了大量鸟类解剖学和行为学特别是遗传学的研究工作来拼凑出今鸟类的演化树。许多关于鸟类之间可能存在亲缘关系的传统观点被这棵演化树证明是错误的。

在约6000万年前，一类和信天翁（albatrosses）有着亲缘关系的会游泳的海鸟失去了它们的飞行能力，并变得更善于在深海潜水以及在寒冷的极地环境下觅食与繁殖。它们就是企鹅，如今世界上存在着约18种企鹅。

信息所得出的结论正确地预测出来了。野鸡和野鸭同属于今颚类演化树上的一个主要分支，另一个分支包括大部分的海鸟和水鸟，剩下的分支包括雕、鹰、秃鹫、啄木鸟及其近亲，然后是鹦鹉、隼和鸣禽组成的类群。这些鸟类中的许多类群都适应了中生代的非鸟恐龙从未采取过的生活方式。

信天翁是生活在海洋上的滑翔专家，它们长着狭长的翅膀，这种翅膀能让它们利用暖气流、上升气流和海浪上的阵风来飞行。信天翁是一类鼻孔呈管状的海鸟，它们和海燕（petrel）、暴风海燕（storm petrel）、鹈燕（diving petrel）同属于一个类群。

其他海鸟会通过迅速潜入水中来捕食鱼类和其他海洋猎物。塘鹅（gannet）和鲣鸟（booby）是精通潜水技能的专家，它们专门使用头部向下突然扎入水中的潜水方式。塘鹅（如这只北方塘鹅）可以以 24 米 / 秒的速度扎入水中。

正如我们在本书前文所看到的，一些非鸟恐龙可能是游泳者、涉水者或捕鱼者，但是没有一种恐龙演化成像塘鹅、企鹅、海燕或信天翁这样专门适应水边生活的动物。身体被绝热的浓密羽毛覆盖、体型小和拥有飞行能力这些特征使得鸟类能够演化出飞越大面积的海域来搜寻鱼类和鱿鱼作为晚餐的物种，还演化出了能够在海平面以下追逐猎物的潜鸟（水下飞行员），以及在冰冷的极地环境（这在中生代时期是不存在的）中捕猎和繁殖的鸟类。你可以把这部分演化史中的许多鸟类想象成恐龙演化史中全新的一章，它们是兽脚类演化树中一个非常成功的分支，这个分支是如此特别以至于我们不可能基于侏罗纪和白垩纪那些在地上奔跑、长有羽毛的小型手盗龙类来预测它们的出现。

较小的体型以及拥有飞行能力同样意味着鸟类可以采取如下生活方式：它们能够捕捉在空中飞行的昆虫，或到达一棵植物远离地面的部分——只有小型动物能到达这里并利用

一些鸟类类群中包括专门在空中捕食昆虫的鸟类。雨燕（swift）是最特化的鸟类之一。雨燕有着丰富的化石记录，生活于4000万年前的雨燕和现生雨燕基本相似。

蜂鸟是雨燕的近亲，它们也是所有鸟类中最特化的鸟类之一。现代蜂鸟只生活在美洲，但是化石记录表明它们至少起源于4000万年前的欧洲。这是一只棕冠蜂鸟（Rufous crested coquette）。

这里的资源。雨燕和蜂鸟（hummingbird）属于最特化也最特别的鸟类，雨燕专门在空中捕食昆虫，长着宽大的嘴巴、镰刀状的翅膀、细小的腿与足部，而蜂鸟则用它们长长的舌头吸食花蜜。解剖学、遗传学研究和化石证据都表明这两个类群是近亲，它们都属于一个更大的鸟类类群，这个类群还包括大多数在夜间出没、高度隐蔽的夜鹰（nightjar）、林鸱（potoo）、油鸱（oilbird）和裸鼻鸱（owlet nightjar）。这整个类群叫作夜鸟类（Strisores），一定会被认为是所有恐龙类群当中最奇怪的类群之一。

还有一些鸟类，它们拥有优秀的视觉和听觉，会在飞行途中使用强有力的、可抓握的足来捕捉其他动物。体型最大的雕能够杀死像鹿一样大的猎物；猫头鹰是捕猎技术高超的捕食者，它们经常在夜间捕食各种动物；鹰、鹰雕、鸢还有鹞会捕食从昆虫、蜗牛到蜥蜴、哺乳类及其他鸟类的各种生物。在某些方面，现代猛禽所采取的生活方式早在 2 亿年前中生代时期便已经出现了。当然那些在地面捕食的鸟类（非洲的蛇鹫就是最好的例子之一）和非鸟兽脚类在习性和总体形态上有几分相似。但是飞行能力使得这些鸟类能够相对轻松地穿过一段遥远的距离，并能在树顶、山上和悬崖上筑巢和捕猎——这又使这些鸟类能够利用它们的中生代祖先不能利用的栖息地，捕食它们的祖先捕食不到的猎物。是的，它们是兽脚类捕食者，但它们是一类全新的兽脚类，它们所表现出的高超技能与采取的生活方式对于它们的祖先来说都是不可能的。

我们最后来看看今颚类演化树上一个比较大的分支，这个分支包括了啄木鸟及其近亲、鹦鹉、隼和雀形目鸟类。这个鸟类组合包括上百种鸟类，它们有的能够爬到树干上，有的能在树枝细细的尖端觅食，有的取食水果、坚果和种子，

今天，曾被在陆地上生活的手盗龙类食肉恐龙（比如伶盗龙）占据的生态位大部分都被哺乳类占据。但是手盗龙类确实还占据着天空中的捕食者生态位。大型的雕（eagle）会使用强有力的足部与巨大而弯曲的爪来捕捉和杀死包括哺乳类、其他鸟类以及鱼类在内的猎物。

鱼鹰（osprey）会使用它们弯曲的足爪、灵活的足部和粗糙具刺的足部皮肤在水面抓鱼。有些其他的肉食性鸟类（包括某些猫头鹰和雕）同样变得适应于捕食鱼类。

还有的在落叶中、树皮下、土壤里甚至溪流中捕食无脊椎动物。鸟类演化树上这部分所包含的鸟类最显著的一个特征就是它们大脑的复杂程度与占身体的比例。鸦类是雀形目的成员,它们和鹦鹉及灵长类的大脑体积（所占身体的比例）相似。它们是最“聪明的恐龙”，拥有优秀的记忆力，能够学习并完成复杂的任务，它们中的一些物种天生拥有制作和使用工具的能力，还拥有与猴子和猿类同样复杂的社会生活。一些研究表明某些鹦鹉拥有较高的智力，最显著的就是非洲灰鹦鹉，

鹦鹉和隼有着共同的祖先，这一发现表明隼与鹰和雕并没有十分近的亲缘关系。全世界至少存在着370种鹦鹉，大部分鹦鹉生活在森林中，它们使用有力而弯曲的喙部来咬开果实与种子并取食里面的养分。

这两只生活在南美洲的叫鹤属于陆栖鸟类的一个类群，这类陆栖鸟类的分布范围曾比现在更加广泛，多样性也更高。它们大多数都是肉食性鸟类，但是最早的成员可能是杂食性的乃至植食性的。

其智力水平和四岁的孩子相当。

基于 DNA 进行的鸟类演化研究得出一个令人惊讶的发现，那就是一个主要生活在南美洲的腿部较长的肉食性鸟类类群也属于鸟类演化树的这一部分。这个鸟类类群的唯一现生成员就是叫鹤（seriema），而它们已经灭绝的成员包括骇鸟类（phorusrhacids）——它们生活在 5000 万到 200 万年前，是一类长着钩状的喙、不会飞、在草地和森林里捕猎的捕食者。最大的骇鸟类，像生活于 1500 万年前阿根廷的卡林肯恐鹤（*Kelenken*）身高可达 2 米，头部有 70 厘米长。它们是迄今为止地球上演化出的最壮观的鸟类之一，如果它们能幸存到今天，那我们所生活的世界上最有力量、最壮观也是最危险的捕食者仍然会是兽脚类恐龙。

骇鸟类是最惊人的化石鸟类之一。巨大而弯曲的喙部、巨大的体型和长而有力的腿表明它们是以较大的哺乳类等猎物为食的肉食性鸟类。右下图的这个头骨复原模型属于恐鹤（*Phorusrhacos*），是一种生活于约 1500 万年前阿根廷的骇鸟类。卡林肯恐鹤（左下图）拥有更长更浅的头骨。它至少有 2 米高。

与骇鸟类形成真实对比的是，鸟类演化树上属于这个特别分支的绝大多数鸟类体型都很小——长度小于 20 厘米，重量只有几十克。大多数鸟类都是这样的，约 60% 的现生鸟类都属于雀形目这个类群，而雀形目的成员大多数都是小型鸟类。体型小、能飞行，以及使它们能生活在从热带到极地的各种环境中的生理学和解剖学特征共同将雀形目鸟类打造成了最成功的鸟类类群，因而也是最成功的恐龙类群。灶鸟（ovenbird）、琴鸟（lyrebird）、园丁鸟（bowerbird）、极乐鸟（birds-of-paradise）、黄鹂（oriole）、伯劳（shrike）、鸦（crow）、山雀（tit）、太平鸟（waxwing）、鹪鹩（wren）、燕子（swallow）、河乌（dipper）、鸫（thrush）、鵖（chat）、莺、鹟（flycatcher）、拟八哥（grackle）、椋鸟、百灵（lark）、鹨（pipit）、鹡鸰

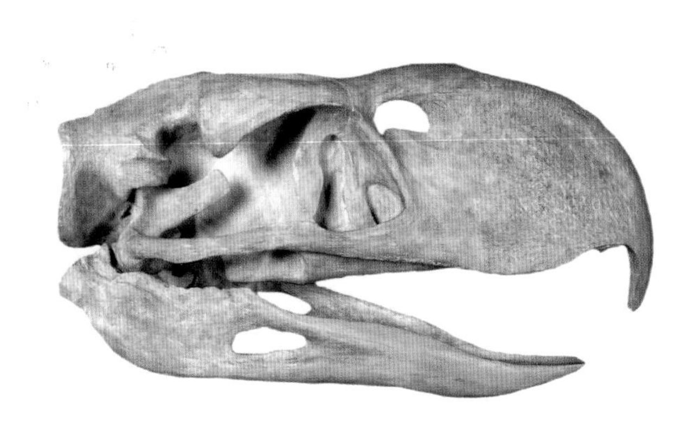

（wagtail）、麻雀、织布鸟（weaver）、北美红雀（cardinal）、雀科鸣禽（finches）以及其他各种各样的鸟类都属于雀形目这个类群。

纵览全书，我们看到了恐龙那丰富多彩、变化多端而又错综复杂的过去。我们同样看到了在过去的时间里，随着我们发现新的化石、掌握或发现新的科学技术，以及技术的进步能让我们更好地研究或理解那些化石，我们关于恐龙的知识水平得到了不断提高。现在我们知道恐龙也是现存的动物，过去几十年的恐龙研究将一个关键的事实呈现在世人眼前，那就是恐龙并没有在6600万年前灭绝。它们生活在我们身边，在我们周围的环境中扮演着重要角色，而其中一些被我们当作宠物或食物饲养的物种更是我们日常生活中重要的一部分。

今天的恐龙——也就是鸟类——数量如此庞大、分布如此广泛、多样性如此丰富，以至于许多鸟类类群的成员似乎必然会延续到未来，所以在未来的几百万年中恐龙仍会是一个重要的动物类群。我们也知道气候变化，野外生境的破坏，以及人类的捕猎、贪婪和愚蠢会使得上百种鸟类走向灭绝。因此，许多鸟类类群（其中一些类群包含着少数保存有独特的解剖和遗传特征的物种）会在未来的几十年中完全消失。恐龙拥有未来，但十分讽刺的是，它们的部分未来却主要掌握在我们的手中。

目前世界各地饲养着至少200亿只家鸡。鸡已经成为人类经济和饮食中至关重要的一部分。所有的家鸡都起源于生活在亚洲热带地区森林中的原鸡（junglefowl）。

术语表

解剖、解剖学 与动植物的组合方式以及动植物各个部分与结构发挥功能的方式相关的任何内容。anatomy 这个术语既可以指动植物某一部分的结构和功能，又可以指研究这些内容的学科。

阿巴拉契亚 存在于白垩纪和古近纪时期的一块形状不规则的古陆，位置相当于如今美国与加拿大的东部地区。

主龙类 双孔类爬行动物的主要类群，包括鳄类和它们所有的近亲，以及鸟类和它们所有的近亲（包括非鸟恐龙）。

新生代 从 6600 万年前开始持续至今的一大段时间，也是所谓的“哺乳动物时代”或“新的生命时代”。在新生代时期鸟类的数量要超过哺乳类，所以这个时期被叫作“鸟类时代”可能更合适。

支系 由单一的共同祖先产生的所有后裔物种与该祖先物种所组成的一群生物 。

白垩纪 距今 1.45 亿—0.66 亿年的一段时间，属于中生代的一部分。在白垩纪时期劳亚大陆和冈瓦纳大陆开始分裂并形成今天大陆分布的雏形。当时地球上的许多环境看起来或多或少与现在有些相像，但是当时的温度要比现在高。

鳄类 一个包括现生鳄科、短吻鳄科和长吻鳄科，以及它们已灭绝的近亲在内的主龙类类群。鳄类是镶嵌踝类主龙支系唯一的现生代表。

CT 扫描 完整的名称是计算机断层扫描。CT 扫描是从不同的角度使用 X 射线检查一个物体的内部结构，然后使用这些信息来建立一个数字模型并以计算机文件的形式保存。这项技术在帮助古生物学家理解化石生物内部的解剖结构时已经表现出极大的重要性。

双孔类 爬行类的一大类群，包括蜥蜴和蛇以及它们所有的近亲，还有主龙类以及它们所有的近亲。Diapsid 的意思是“两个孔”，这是指这些动物眼眶后面的头骨上存在两个开孔。

恐龙形类 由恐龙以及一些和恐龙亲缘关系相近、形似恐龙的类群组成的主龙类类群，与翼龙类共同组成一个叫作鸟颈类的主龙类类群。

演化 生命逐代产生变异，这些变异是会遗传的，由亲代遗传给子代，而变异的持续性也会根据自然选择的过程发生变化，上述过程简称为演化。

有限元分析 一种为应用于工程学而被发明出来的技术，这项技术使用数学原理来计算一个结构在受到应力、振动或运动时所做出的表现。

窗孔 在解剖学中，是指骨骼中的大开孔，被骨骼环绕，复数形式是 fenestrae。

冈瓦纳大陆 存在于侏罗纪和白垩纪时期的南方超大陆。在白垩纪时期，冈瓦纳大陆裂解成了南极洲、澳大拉西亚、非洲、印度、马达加斯加和南美洲。别名 Gondwanaland 有时也会被使用。

假说 因解释所观察到的现象而提出的观点，其所涉及的一些信息其他人是可以获得的，这可以使其他人来验证这一解释成功与否。

侏罗纪 距今 2.01 亿年至 1.45 亿年的一段时间，属于中生代的一部分。大大小小的恐龙在侏罗纪时期的生命中占据着主导地位。气候具有季节性变化但主要还是热带气候。盘古大陆分裂成了南北两块相互独立的大陆，分别叫作冈瓦纳大陆和劳亚大陆。

幼年个体 还没有达到完全成年状态（针对其所在的物种而言）的个体。

拉腊米迪亚 一块狭长的古陆，存在于晚白垩世时期，相当于如今美国和加拿大的西部地区。人们所熟知的恐龙——包括暴龙类、三角龙类和鸭嘴龙类恐龙便生活在拉腊米迪亚古陆上。

劳亚大陆 存在于侏罗纪和白垩纪时期的位于北方的超大陆。与冈瓦纳大陆以特提斯海相隔。在白垩纪时期，大西洋的扩张导致劳亚大陆裂解成了北美大陆和欧亚大陆。

辽宁 位于中国东北的一个省份，与黄海相邻，因其白垩系地层产出大量恐龙化石而在古生物学家中享有盛名。大量保存完好的白垩纪恐龙（以及其他化石生物）化石发现于辽宁，包括世界上几乎所有带羽毛的非鸟恐龙。

头饰龙类 包括肿头龙类和角龙类在内的鸟臀类类群。这个类群的恐龙头骨的后方通常拥有骨质的架状结构。长有角、头盾和骨质圆顶的带装饰的头骨在该类群中很常见。

中生代 距今 2.52 亿年至 0.66 亿年的一大段时间，也是所谓的“爬行动物时代”或“中间的生命时代”。中生代被分为三个部分：三叠纪、侏罗纪和白垩纪。

微观磨损 动物存活时在它的牙齿上所造成的微小（通常是显微镜可见的）痕迹，这与牙齿之间相互接触的方式或牙齿与食物接触的方式有关。

鸟臀类 恐龙的一大类群，包括盾甲龙类、鸟脚类以及头饰龙类。它们主要是植食性恐龙，在它们下颌的前方有一块独特的骨骼——前齿骨。它们通常被叫作“臀部类似鸟类的恐龙”，因为它们髋部骨骼的排列方式也是鸟类的典型排列方式。然而鸟类并不属于这一类群。

古生物学 研究过去生命的科学叫作古生物学，研究古生物学的科学家叫作古生物学家。古生物学研究的内容包括古老的微体化石、植物、动物、生物所留下的遗迹以及远古的环境与生物群落。

盘古大陆（泛大陆） 存在于晚古生代和三叠纪时期的古代超大陆。在侏罗纪时期它裂解成了南北两个部分（分别叫作冈瓦纳大陆和劳亚大陆）。

摄影测量法 一项用于将地形或物体可视化并加以研究的技术，这项技术需要从不同的角度对地形或物体进行拍摄，之后将这些地形或物体上的已知点的测量数据相结合来恢复它们的大小和形状。

系统发生学 对特定生物的演化史的研究。在描述一类生物演化关系的假说时，我们也用图解树来表示系统发生。

生理、生理学 与生物的身体运行方式相关的任何内容，即生物控制和维持其体内运转的方式，包括温度控制、水盐平衡、能量利用方式、生长方式等。physiology 这个术语既用来表示各种生物过程本身，又用来表示专门研究这一领域的学科。

翼龙类 一个已经灭绝的主龙类类群，在整个中生代都存在，包括了著名的具有膜状翅膀的爬行动物，过去被称为“翼手龙”。翼龙类是恐龙形类的近亲，它们同属于主龙类鸟颈类类群。

爬行类 脊椎动物中的一大类群，包括龟、蜥蜴、蛇、主龙类和它们所有的近亲。爬行类这个词的科学含义与它的一般用法有些不同，因为以科学的观点来看，“爬行类”包括鸟类。

蜥脚形类 蜥臀类的一大类群，包括人们熟悉的蜥脚类以及一些生活于三叠纪和早侏罗世的双足行走的杂食性恐龙，这些恐龙经常被非正式地称为“原蜥脚类”。

蜥脚类　生活于晚三叠世、侏罗纪和白垩纪的四足行走的、具有长脖子的蜥脚形类。大部分蜥脚类恐龙的体型都很巨大，其中包括地球上迄今为止最大的陆生动物。人们熟悉的蜥脚类包括梁龙、雷龙和腕龙。

物种　一个物种是一个生物群体，其中所有个体共同拥有在其他的生物群体中不存在的特征，这些生物通常看起来都比较相似，相互之间都能够繁殖后代。

兽脚类　蜥臀类恐龙的一大类群，通常被叫作捕食性恐龙或肉食性恐龙，包括所有双足行走的肉食性恐龙和鸟类。人们所熟悉的中生代兽脚类恐龙包括巨齿龙、异特龙和暴龙。

行迹　单个动物在基底上运动时所留下的一系列痕迹（有时被称为足迹）。化石行迹通常都比较短，但是最长的恐龙行迹可达 130 米。

三叠纪　距今 2.52 亿年至 2.01 亿年的这一时间，属于中生代的一部分。恐龙起源于三叠纪时期，当时的世界十分炎热，唯一的超大陆是盘古大陆，其表面大部分被一望无际的沙漠覆盖。

转子　在解剖学中，这个词是指一根骨骼上的一块凸起，这块凸起在动物存活时是肌肉或韧带的附着位置。

出版后记

提到恐龙，我们一般会想到什么？是巨大的体型、夸张的外表、白垩纪大灭绝，还是《侏罗纪公园》和《侏罗纪世界》这样的科幻电影？仅“恐龙”二字就足以让人浮想联翩，一方面是由于恐龙这一类群本身的复杂性和多重魅力，另一方面也是因为其所处的时代太过久远，即使科学家们已经对恐龙做了上百年的研究，我们在今天仍然难以充分认识恐龙。

这本《恐龙研究指南》可能不是一本我们熟悉的恐龙书，如果你想深入了解恐龙，那么它是一本相当不错的研究入门书籍。作者打破了我们对恐龙的一些传统观念，从多个角度展示和阐述科学家们的最新研究成果，带领我们走近恐龙，认识全新的恐龙世界。

本书主要从恐龙的演化树、解剖学、生态学、生理学等多重角度来对恐龙进行讨论，以此串起恐龙的兴盛与衰落并最终演化出鸟类的复杂历程。通过阅读本书，你不仅可以了解到恐龙与翼龙的关系，恐龙是如何崛起并成为中生代霸主的，它们又是如何衰亡的，恐龙是不是鸟类的祖先等方面的信息；而且可以知道不同种类的恐龙在各个方面的区别和联系，比如它们的体型、捕食习惯、骨骼特征等；不仅如此，你还可以了解到科学家是如何对恐龙展开研究的，比如恐龙演化树是如何建立的、恐龙物种的命名法则、恐龙的体重是如何计算的、恐龙的生物形象是如何复原的等等。

书中一些物种的拉丁文或英文学名没有翻译，其中有几处是由于该物种目前还没有约定俗成的中文译名，比如第271页图表中的部分物种；还有几处是由于不需要中文译名，比如第7页主要讨论的是物种的命名法则——双名命名法，在提及一些恐龙物种时直接用拉丁文更容易理解。由于作者在书中阐述了一些关于恐龙的最新研究，其中有不少观点和我们熟知的很多知识相悖，在此也希望读者可以用更开放的角度去看待书中的一些内容。由于编者水平有限，书中难免有错漏之处，敬请广大读者批评指正。

想象一下，此时窗外一只正在鸣叫的鸟，是一只活着的“恐龙”，这难道还不足以令人感到兴奋吗？赶快打开本书，跟随古生物学家的步伐一起走进恐龙的世界，感受这1.6亿年的演化史吧！

服务热线：133-6631-2326　188-1142-1266

服务信箱：reader@hinabook.com

后浪出版公司

2022 年 6 月

图书在版编目（CIP）数据

恐龙研究指南 /（英）达伦·奈什著；（英）保罗·巴雷特著；牛长泰译. -- 北京：中国友谊出版公司，2022.12

ISBN 978-7-5057-5436-2

Ⅰ. ①恐… Ⅱ. ①达… ②保… ③牛… Ⅲ. ①恐龙－普及读物 Ⅳ. ① Q915.864-49

中国版本图书馆 CIP 数据核字 (2022) 第 039824 号

著作权合同登记号 图字：01-2021-5739

书名 恐龙研究指南
作者 [英] 达伦·奈什　保罗·巴雷特
译者 牛长泰
出版 中国友谊出版公司
发行 中国友谊出版公司
经销 新华书店
印刷 雅迪云印（天津）科技有限公司
规格 720×1000 毫米　16 开
18.5 印张　210 千字
版次 2022 年 12 月第 1 版
印次 2022 年 12 月第 1 次印刷
书号 ISBN 978-7-5057-5436-2
定价 80.00 元
地址 北京市朝阳区西坝河南里 17 号楼
邮编 100028
电话 （010）64678009